女人受用一生的习惯课

双色版

郑一◎编著

中国纺织出版社

内 容 提 要

幸福的女人,不是因为命好,而是来自于日常生活中的点滴积累。日复一日,这些点点滴滴就会形成一种生活中的习惯。良好的习惯是女人储存的幸福资本,这个资本会不断增值,女人能够毕生享用它的利息;坏习惯则是人生中无法偿清的债务,这种债务能够用不断增长的利息去折磨女人,使她沮丧、失败、苦命,以致整个人生达到破产的地步。本书结合诸多新颖的、具有启发性的小故事,分析习惯对女人命运和缔造幸福生活的影响,详细阐述了习惯与女人职业、婚恋、心理、健康、魅力、快乐等因素的联系和作用,教会女人了解习惯、看透习惯、培养习惯,让女人乘着习惯的列车抵达幸福的目的地。

图书在版编目(CIP)数据

女人受用一生的习惯课 :双色版 / 郑一编著. —北京:中国纺织出版社,2016. 8 (2022.3 重印)

ISBN 978-7-5180-2325-7

Ⅰ. 女…　Ⅱ. 郑…　Ⅲ. 女性—习惯—通俗读物　Ⅳ. B842. 6-49

中国版本图书馆 CIP 数据核字(2016)第 023819 号

责任编辑:闫　星　　　责任印制:储志伟

中国纺织出版社出版发行
地址:北京市朝阳区百子湾东里 A407 号楼　邮政编码:100124
销售电话:010—67004422　传真:010—87155801
http://www. c-textilep. com
E-mail:faxing@c-textilep. com
中国纺织出版社天猫旗舰店
官方微博 http://weibo. com/2119887771
佳兴达印刷(天津)有限公司印刷　各地新华书店经销
2016 年 8 月第 1 版　2022 年 3 月第 3 次印刷
开本:710×1000　1/16　印张:21
字数:280 千字　定价:59. 80 元

序言
Preface

亚里士多德曾经说过："人的行为总是一再重复。因此，卓越不是单一的举动，而是习惯。"习惯是由一个人的行为累积而形成的定式，它首先决定人的性格，进而成为决定人生的重要因素。一个人一天的行为中，大约只有5%是属于非习惯性的，而剩下的95%的行为都是习惯性的。

习惯是决定女人一生平坦与坎坷、成功与失败、乐观与悲观、得意与失意的关键因素。习惯深刻而广泛地影响着女人的一生，拥有好习惯的女人，可以用"坐看风起云涌时"的闲暇心态，轻松地应对生活中的各种困境，从而拥有一个美好的人生；没有好习惯的女人，则常常被困在各种生活和工作难题中，颠沛流离，欲脱身而不得，只能无奈地高呼："蜀道难，难于上青天！"

一位著名的动物学家做了一个实验：他将一群跳蚤放入实验用的大量杯里，上面盖上一片透明的玻璃。跳蚤生性爱跳，于是很多跳蚤都撞上了盖上的玻璃，不断地发出"叮叮咚咚"的声音。过了一阵子，动物学家将玻璃片拿开，发现所有跳蚤依然在跳，只是都已经将跳的高度调整为接近玻璃盖的地方，以免撞到头。几分钟过去了，竟然还没有一只跳蚤跳出来——可能它们已经适应了环境，在潜移默化中形成了跳到一定高度的习惯。

后来，那位动物学家在量杯下放了一个酒精灯并且点燃了火。不到5分钟，量杯烧热了，所有的跳蚤都自然发挥求生的本能，再也不管头是否会被撞痛，结果全部都跳出了量杯以外。这个试验证明，跳蚤并不是真的失去了跳出量杯的能力，是由于受到了环境的限制和坏习惯的束缚，才甘愿降低才能、封闭潜能。

其实，生活中有很多女人也习惯性地被圈在自己的环境中，不愿轻易地去改变。因此，习惯决定了她们生存空间的大小，眼界的开阔程度，以及日后的幸福、快乐与成功。因此，养成好习惯对女人们获取幸福生活起着至关重要的作用。

阅读本书，聪明的女人会发现：

培养良好的快乐习惯，可以帮助女人建立自信，战胜困难，走出逆境，重新点燃生命之火。

养成良好的生活习惯，可以帮助女人敞开心胸，与他人一起享受人生的甜蜜和喜悦；可以帮助女人拥有很多的知心朋友，使她们哭泣的时候有人安慰，快乐的时候有人陪伴。

养成良好的工作习惯，可以帮助女人从切实可行的基础做起，脚踏实地地工作，在工作中找到生命的乐趣，觅得人生的价值，最终实现自己的目标，达到成功的彼岸。

养成良好的婚恋习惯，可以帮助女人轻松地经营自己的婚姻，游刃有余地处理各种家庭矛盾，从而拥有一个幸福的家庭。

养成良好的健康习惯，可以帮助女人合理安排自己的时间，形成良好的作息规律。在“生命在于运动”的真理中，获得健康的身体，为自己的人生奠定坚实的基础。

……

任何一个女人，都可以通过改变习惯来改变命运，即便命运多舛，只要能够保持良好的习惯，积极地开拓进取，就必能排除人生旅途中的各种艰难困苦，赢来“柳暗花明”的一天。

本书将从幸福、快乐、健康、思维、命运等方面全面阐述习惯对女人的影响、意义、作用以及培养良好习惯的方法。让女人借助好习惯，在生活、工作、社会以及家庭中拥抱快乐幸福的人生。

本书语言通俗易懂，里面的小故事生动活泼，所诠释的道理精辟独到、意味深长，能帮助女人恰到好处地处理生活、工作中各种各样的问题和烦恼，营造出和谐幸福的生活氛围。当你阅读本书时，你会发现，想要拥有一个快乐、幸福的人生其实并不困难，只要你认真去体味，细心去经营，便可以获得；当你阅读本书时，你会明白这样一个道理：好习惯，可以左右你一生，能让你在人生的舞台上活得更轻松、更自在、更洒脱，也更接近成功！

习惯的力量是惊人的。习惯能载着女人走向幸福的彼岸，也能驮负女人滑向失败悲惨的深渊。女人的命运如何，完全取决于自己。正所谓：习惯决定命运，命运决定女人的一生！在现实生活中，其实所有女人的起点都相去不远，人与人之间的命运原本并没有太大的区别，真正的区别在于点滴的习惯。女人如果想要主宰自己的命运，主宰自己的幸福，那么，请先主宰你的习惯——做自己习惯的主人。

编著者

2009 年 4 月

目录
Content

上篇：徜徉于缤纷多彩的习惯花园

Chapter 1 习惯矿脉：挖掘和储蓄幸福的本钱

女人的生活时刻都受到习惯的影响，可以说，是习惯一步步造就了现在的我们，也决定了女人未来的命运轨迹。培根曾经说过："习惯是一种顽强的力量，它可以主宰人生。"习惯伴随、影响着每一个女人，并在其人生道路上发挥出巨大的力量，而女人，则要尽早地认识习惯、看透习惯，给自己储备更多良好习惯的本钱。

Chapter 2 性情女人：好习惯让快乐芬芳四溢

很多女人每天都处于一种平淡的、模式化的生活中，觉得生活已变得越来越乏味，快乐也越来越少，而烦恼和不安却与日俱增。事实上，消除烦恼获得快乐不仅是一种感受，更是一种习惯。心理学博士凯伦·撒尔玛索恩女士说："我们的生活有太多不确定的因素，你随时可能会被突如其来的变化扰乱心情。与其随波逐流，不如有意识地培养一些让你快乐的习惯，随时帮助自己调整心情。"

Chapter 3 雅致女人：好习惯让魅力持久永恒

每个女人都希望自己永远魅力四射，无论在男人中还是在女人中都能卓尔不凡，成为令人瞩目的焦点和中心。魅力是女人的综合指数，年轻、皮肤好、身材好，每一项都不等于魅力；魅力是女人从内心深处自然而然涌动、喷发、流露出来的一种气韵和态度，女人的魅力不是天生的，也不是“妆”出来的，它还需要良好的习惯给予维护和增值。

Chapter 4 机智女人：好习惯提升受欢迎的指数

拥有好人缘的女人，她们的人生处处逢源，喜欢她的人比较多，帮助她的人比较多，做事也更顺利，这就是受人欢迎的女人；相反，如果一个女人总是自私自利，斤斤计较，唠叨不完，还喜欢疑神疑鬼，难免遭人讨厌。受人欢迎不是一时的利益满足和欲望填补，而是女人自身表现出的毫不做作、体谅他人、善于吃亏等良好习惯让人感觉到与之相处非常愉快。

Chapter 5 铿锵玫瑰：好习惯助你轻松走出困境

人生中没有困境，就没有更多的喜悦、快乐和满足。因此，那些幸福的女人会凭借丰富的阅历在风雨来临时以坚强的姿态来面对。同时，诸多良好的习惯会帮助女人快速走出困境的泥潭，早早看到美丽的彩虹。就如一位心理学家所说，女人在困境中会担心，但更应该有信心，有恒心。当然，更睿智的女人会在这一切来临之前培养自己应对困境的良好习惯。

Chapter 6 跨越藩篱：坏习惯的克服是幸福前提

哲人说：“影响我们人生的绝不是环境，而是我们所养成的习惯。”习惯能成就女人，也能毁掉女人。在女人的身上，好习惯与坏习惯是并存的，好的习惯能让女人一生幸福，坏习惯会不断阻碍女人获得美满的幸福生活的脚步。因此，养成良好的习惯，是女人迈向幸福人生的第一步，同时，女人应该尽快地克服那些坏习惯，这样才能让自己更快地投入幸福的生活中。

下篇：历练自己成为出色的习惯园丁

Chapter 7 健康习惯：女人青春永驻的幸福资本

很多女人认为，健康是到了中年之后才需要关注的事情，这使得她们对自己的身体健康粗心大意，在日常生活中不注重培养和保持健康习惯。据研究发现，女人每天高达90%的行为都出自于习惯。良好的生活习惯是储存健康的银行，不健康的生活习惯是袭击健康的杀手。健康的身体是女人幸福的必备条件，而健康习惯则让女人受益一生。

Chapter 8 心理习惯：女人潇洒处世的心理指南

心理学家说："人的生活首先也主要是由人的心理与行为支撑的。"心理一直是一个神秘的领域，心理世界的奇妙不亚于一片浩瀚的海洋，同时又好似一个五彩缤纷的万花筒。一个女人倘若心理是残缺的，哪怕只是消极的，她的人生也定会与幸福相去甚远。良好的心理习惯会给女人的心开启一扇迎接阳光的天窗，更会让她在积极的自我暗示下成就非凡的人生。

Chapter 9 思维习惯：女人开阔人生的思维壁纸

我们在日常生活中经常会看到，有的女人冰雪聪明、事业顺利、爱情甜蜜，时刻都是众人的焦点；而有的女人做事中规中矩，终其一生默默无闻，不会被人们记住。这并不是因为上天不公，而是源自不同女人在思维能力和思维习惯上的差别。良好的思维习惯让女人拥有无尽的创造力，从而更加主动地掌控自己的命运。

Chapter 10 说话习惯：女人人见人爱的口才秘籍

自古人们都会对那些能言善辩的人刮目相看，很多女人也因自己的伶牙俐齿、口吐莲花而受人欢迎。善于说话的女人即使是严厉的批评，都可能让人欣然接受；笨嘴拙舌的女人即使是由衷的称赞，都可能让人极其反感。这就是说话的艺术，也是智慧女人应该注意养成的说话技巧和说话习惯。

Chapter 11 婚恋习惯：女人游走围城的幸福智慧

钱钟书把婚姻比作围城。女人从恋爱到婚姻，进入围城绝非是一路坦途，而良好的习惯是女人在婚恋道路上的护身符。幸福的女人总结说，婚姻是一件瓷器，做好它很费事，打破它很简单，而收拾起那些碎片又很麻烦。良好的习惯就如包装箱上常有的“轻拿轻放，切勿倒置”提示语一样，会让婚恋的这艘小船行驶得更稳妥。

Chapter 12 工作习惯：女人闯荡职场的默默心机

培根说：“人的思考取决于动机，语言取决于学问和知识，而行动，则多半取决于习惯。”习惯可以决定一个女人的命运，而工作习惯可以决定她日后成就的高低。良好的工作习惯可以提高工作效率，让女人早日敲开成功的大门；不好的工作习惯则常常拖女人的后腿，阻碍女人前进的步伐。那些高喊独立、赚钱和幸福的女人们，要早早地从自己的工作习惯入手，脚踏实地方能博取美满的人生。

上篇：徜徉于缤纷多彩的习惯花园

{Chapter 1}

习惯矿脉：挖掘和储蓄幸福的本钱

女人的生活时刻都受到习惯的影响，可以说，是习惯一步步造就了现在的我们，也决定了女人未来的命运轨迹。培根曾经说过："习惯是一种顽强的力量，它可以主宰人生。"习惯伴随、影响着每一个女人，并在其人生道路上发挥出巨大的力量，而女人，则要尽早地认识习惯、看透习惯，给自己储备更多良好习惯的本钱。

女人要好命，就要主宰习惯

习惯是有意识的选择，女人们，请不要用“江山易改，本性难移”这些话作为逃避改变不良习惯的借口。

两千多年前，孔子说过：“少成若天性，习惯如自然。”说的是，小时候养成的习惯会像天性一样自然和牢固。墨子也曾说过：“染于苍则苍，染于黄则黄，故染不可不慎也。”意思是说，人生本来就像一束白丝一样，它接触黑色染料就会变成黑色，它接触黄色的染料就会变成黄色，所以染色一定要慎重，不可用错染料。可见，无论是孔子还是墨子，都一语道破了习惯对于人的重要性。

正所谓：“凡人之性与习。”人们常说的性格决定命运，实际上是在说习惯决定命运。女人性格的表现，体现的是她们的思维习惯和行为习惯，正是这两种习惯决定了女人一生的命运。

美国著名心理学家威廉·詹姆斯告诫女人：“播下一个行动，收获一种习惯；播下一种习惯，收获一种性格；播下一种性格，收获一种命运。”累积好的行为才会形成好的习惯，好的习惯则决定人的性格，继而决定人的命运。对于女人来说，拥有良好习惯的女人才会有成功的人生。

很多人生阅历丰富的女人都有这样的感慨：生活中，有时候一个微不足道的动作，或许会改变人的一生。

改变了整个美国的国民经济状况的美国汽车产业的“龙头老大”——福特公司，可谓创造了美国经济的奇迹。然而，谁也想不到该奇迹的创造者福特当初进入公司的理由竟是“捡废纸”这个简单的动作。

那时福特刚刚从大学毕业，他来到一家汽车公司应聘。同时来应聘的几个人的学历都比他高，而且有的还有在汽车行业工作的经验。见此情况，福特觉得希望渺茫，但是本着“来都来了，就试试吧”的心态，还是硬着头皮继续进行面试。

终于轮到福特了。当他敲门走进董事长的办公室时，发现门口地上有一张纸。福特习惯性地弯腰把纸张捡了起来。仔细看了看，发现原来是一张废纸，福特就顺手把它扔进了一旁的垃圾篓。董事长目睹了全部的过程，他微笑不语。面试开始后，福特紧张地清了清喉咙，刚说了一句：“我是来应聘的福特……”董事长就站了起来，热情地与他握了握手，说：“福特先生，你已经被我们录用了。”福特震惊地站在原地，几乎以为刚才是自己出现了幻听。事实上，董事长之所以能做出这个决定正是因为福特那个“拾垃圾”的不经意动作。

从此，福特开始了自己辉煌的人生，直到他成为公司的董事长并把公司冠以自己的名字，直到福特汽车闻名世界，创造了一个又一个奇迹。

习惯是女人一生中的一柄双刃剑，用得好，它会帮助女人们轻松地获得人生快乐与成功；用得不好，它会使女人们的一切努力都变得徒劳，甚至毁掉女人的一生。

在《培根论人生》一书中，培根曾专门论述习惯与命运的关系。他说：“人们的行动，多半取决于习惯。一切天性和诺言，都不如习惯有力，在这一点上，也许只有宗教的狂热可与之相比。除此以外，几乎所有的人力都难以战胜它，即使人们无数次地赌咒、发誓、打包票，都没有多大用。”

行为心理学研究表明：21 天以上的重复会形成习惯；90 天的重复会形成稳定的习惯。即同一个动作，重复 21 天就会变成习惯性的动作。同样道理，任何一个想法，重复 21 天，或者重复验证 21 次，就会变成习惯性想法。习惯是一种多么顽强的力量，它可以主宰女人的一生，因此女人们应该有意识地培养良好的习惯。已经养成的坏习惯，不是完全不可改变的。

习惯是有意识的选择，如果女人们能将好的思维方式、好的行为和工作方式变成习惯，那么就会很轻松地获得成功与快乐的人生。

好习惯是女人幸福一生的本钱

女人想要获得一个幸福的人生，除了要有信心、热情、意志、毅力等，还应该搭上习惯这个通向幸福的航班。

古罗马著名诗人奥维德曾说过："没有什么比习惯的力量更强大。"一语道破了习惯在生活中的作用。人们日常活动的90%源自习惯和惯性，毫无疑问，人就是一种习惯性的动物，而是否拥有良好的习惯关乎女人们一生的幸福。

"好习惯是人在神经系统中存放的资本，这个资本会不断增长，一个人毕生就可以享用它的利息；而坏习惯是道德上无法偿清的债务，这种债务能以不断增长的利息折磨人，使他最好的创举失败，并把他引到道德破产的地步。"这是俄国著名教育家乌申斯基说的一段话。因此，女人们一定要牢记：好习惯是女人幸福一生的本钱，一定要努力地去培养自己的好习惯。

人们常说："如果你把魔鬼的一个孩子邀请到自己家里来，那么你的全家都会因此而变成魔鬼。"所以，一种坏的习惯与女人们自己其他习惯是有着千丝万缕的联系的。一个坏习惯的存在，会使得你更容易形成其他一些坏习惯，最后你的个性品质就变成了一个坏习惯构成的综合体。

百万女富翁珍妮生意失败后，负债累累，在无法维持后，终于沦为一个长年靠乞讨为生的乞丐。

有一天，珍妮意外获得了一位没有继承人的远房亲戚死后留下的一大笔遗产。珍妮惊喜万分，觉得自己的苦难终于到头了，于是结束了自己十年的乞讨生涯。她开始购置房产、汽车，改变自己的衣着外貌，企图重新挤入上流社会。而珍妮却失望地发现，这并不是一件简单的事，十年的乞讨生涯已经在她身上打上了深深的烙印，她依然保有当乞丐时的那些习性。例如，在宴会上，总会不自觉地收集剩下的食物带回去吃；看到有钱人，总是习惯性地向他弯腰点头，用谄媚的声音跟他人交谈；在商店里，看到好一点的碗和结实的木棍总是忍不住买下来，于是家里的碗和木棍泛滥成灾。别人总是能轻而易举地看出她原来是做什么的，渐渐地，都对珍妮敬而远之。

珍妮曾经痛苦地对他人说："我曾无数次立下誓言，如果我能够完全改变那些乞丐的习性，我愿意放弃整个世界。但是24小时之后，我又会重复做着那些坏习惯。"

可见，习惯对女人有着巨大的影响，因为它是一贯持续的，会在不知不觉中经年累月地影响着女人的行为，影响着女人的效率，左右着女人的幸福。所以，女人想要获得一个幸福的人生，除了要有信心、热情、意志、毅力等之外，还应该搭上习惯这个通向幸福的航班。

好习惯像温室的花一样，在刚开始培养的时候需要女人们持续不断地悉心呵护；然而，坏的习惯却像杂草一样，随时随地都能生长，但它阻碍了美德之花的成长，使一片美丽的园地变成了杂草丛生的杂草丛。女人们在生活中千万要注意好习惯的培养，坚持"勿以善小而不为，勿以恶小而为之"的信念，让良好的习惯在良好的行为中一点点地积累、发展和巩固。

"习惯是伟大行动的指南"，一个女人习惯的好坏，可能导致她事业的成败，可以决定她的命运，可以判定她是否幸福。习惯是女人天性中的一种原则，良好的习惯可以大大地提高女人生活和工作的效率。例如，最简单的"勤奋"和"懒惰"。一个女人如果习惯于懒惰，她就会每天无所事事地到处溜达，最后只有失败；一个女人如果习惯于勤奋，她就会孜孜以求，克服一切困难，做好每一件事情，最后获得成功，拥抱幸福的人生。

19世纪心理学家威廉詹姆斯曾写道："习惯就像一只巨大的飞轮，正是它，使得那些从事最艰苦、最乏味职业的人们没有抛弃自己的工作；也正是它，注定了我们每一个人都只能在自己所接受的教育和最初选择的范畴内与生活展开搏斗，并为那些自己虽然并不认同，但却别无他选的某种追求而付出最大的努力。”一个拥有好习惯的女人，她在人生的道路上往往能取得事半功倍的效果，从而到达幸福的彼岸。

女人，让优秀成为习惯

当女人把成功也当作一种习惯之后，她们会变得不屈不挠、坚强自信，因为她们已经拥有了成功者克服一切困难、不达目的绝不罢休的坚韧和勇气。

美国形象大师罗博特·旁特曾经说过这样一句话：“在这个世界上，许多人之所以不成功，是因为他们看起来就不像成功者。”所以，女人们想要成功，就必须给自己塑造一个成功的形象。这里的成功形象不是让女人们穿名牌、戴华丽首饰来显示自己的名贵，而是让女人们按照成功者的标准来要求自己，按照成功者的思考模式和行为模式做事情，培养出成功者所需要的习惯。

生活中，有些女人总是羡慕别人的成功，觉得成功的人似乎永远成功，而失败的人永远失败，但是真是如此吗？当然不是！其实，这不过是一种习惯在左右着你而已。就像习惯于懒惰的女人，总会觉得无所事事；习惯于勤奋的女人，总有攀不完的新高峰。同样，习惯成功的女人不会在乎前路坎坷，也不会在意挫折失败，在她们眼中，只有成功才是全篇的休止符，失败不过是成功乐章中的一个小节。她们习惯用成功者的标准来衡量自己，因此她们总是在永无止境地前进。

当女人把成功当作一种习惯之后，她们会变得不屈不挠、坚强自信，因为她们已经拥有了成功者克服一切困难、不达目的绝不罢休的坚韧和勇气。

年仅40岁的庄新现在已经是一家公司的副总，是老板最器重的得力助手，可谓是个不折不扣的成功女人。庄新在谈起自己的经历时，说："我30岁之前非常着急地想找到成功的密码。于是，我不停地去上课、听演讲、进修。每学到新东西便开始尝试去做，下一次再学到一个新的概念，就放弃原来的做法，展开另一套生活方案。就这么不断尝试，不断修改，直到30岁，却发现自己仍在原点——还是个公司的小职员，根本没有任何改变。那时我真的感觉非常挫败，就像一个急速向前奔跑的人突然发现自己原来还在原地踏步一样。"那时的庄新非常茫然，不知道下一步应该做些什么，也不知道自己未来的路究竟在何方。

"后来，在一本书上，我非常偶然地找到了自己的道路——那就是停下原本慌乱的步伐，不断地重复正确的事情，然后养成成功的习惯。"在以后的日子里，庄新认真总结了工作到现在自己的一些缺点和优点。对于优点，她有意识地不断重复，直到它成为一种不用思考也能自然而然的习惯性动作；而对于缺点，她总是认真思考解决的方案，日积月累，每天都能进步一点点。最终，凭借这些习惯，庄新坐到了公司副总的位子。

也许这就是成功的不二法门——"坚持相信只要我愿意重复地去做正确的事，我一定能看到希望"。女性很容易被感性支配着变换想法，也很容易因为旁人的几句无关紧要的话就放弃自己的坚持，但是庄新的成功告诉我们：成功的法则是专注、坚持、重复直至成为习惯！

罗丹曾这样评价自己的雕塑："美早就藏在石头中了，我只是把多余的部分敲掉而已。"成功并非只能被少数人握在手中，只要你乐于去发现它，你就会感觉到它的存在。把成功当成一种习惯，不仅是女性成功的基础，也是她们成才的重要保证。

女人即使失败了也无须懊恼和自责，只当这次的挫折是通往成功路上上帝给我们开的一次小玩笑，痛过之后要懂得继续向前；取得成绩也不必沾沾自喜，那只是又转过了一道弯，成功的路上还有无数这样的弯道需要过，还有无数的小路需要你披荆斩棘，勇往直前！

改变对自己的看法，让成功成为一种习惯，带着自信与坚强上战场，相信每一位努力过的女性都能够到达成功的彼岸。

好习惯是女人成功的第一步

聪明的女人要明白，成功不是一种行为，而是一种良好的习惯。大千世界，芸芸众生，只有拥有良好习惯的女人才能有非凡的成就。

女人迈向成功的第一步是什么？

是才华？世界上没有比怀才不遇更为稀松平常的事，无处伸展才华的女人比比皆是；是勤奋？世界上“头悬梁，锥刺骨”的失败女人也并不少见；是关系？那些八面玲珑、左右逢源、处处讨人喜欢，结果却含恨郁郁而终的女人亦不在少数。

纵观古今，探寻成功女人的足迹和经验时，我们很容易就能发现答案——良好的习惯。很多女人总是抱怨老天没有给自己高智商、大智慧等她们所认为的“成功资本”，却忽略了最高的智商和最大的智慧恰恰是不起眼的良好习惯。比如，爱好阅读，不睡懒觉，整洁有条理，每日做笔记，遇事爱思考，对人有礼貌等等。成功的女性正是靠着这些良好的习惯，才在工作上创出骄人的业绩。

好的习惯，就像一个女人的“成功银行”，它能帮助女人们慢慢地储存丰富的“知识资本”“智慧资本”“非智力行为资本”“品德资本”等，储蓄的资本越雄厚，女人成功的几率就越大。

一位姓罗的女记者去参加香港金利来公司举办的一个活动。在活动中，金利来公司为到场的来宾分发领带，这位女记者也帮忙分发。活动结束后，她把剩下的几条领带交给金利来公司。

与女记者一起来参加活动的同事劝她："金利来那么有钱，会在乎这几条领带吗？还不如把这几条领带拿回去分给亲朋好友！"这位女记者回答说："这个不是钱的问题，而是习惯的问题。如果不交回去，我今天晚上睡觉都不踏实。"这件事恰巧被同来参加活动的金利来公司的董事长曾宪梓知道了，他对女记者的行为赞赏有加，还额外答应了女记者的专访。

过了几年，金利来进军大陆，准备在大陆成立分公司。在确立分公司总经理人选时，曾宪梓首先想到的就是这位姓罗的女记者。于是，他极力邀请这位女记者跳槽加入金利来公司开拓大陆市场的计划。曾宪梓的手下都对他选个"外人"当总经理表示不理解，然而曾宪梓坚定地说："我相信一个拥有良好习惯的人，必定是我们公司需要的人才。"不出所料，后来这位女记者果然帮他成功地开拓出了大陆市场。

一个养成了良好习惯的女人，对工作和生活有一种亲和心理，她会从心底里把工作和生活当成一种乐趣。在工作中，她会下意识随时随地支配自己按照平时养成的良好习惯做事，于是，她可以在不知不觉中轻轻松松、有条有理地征服所有的工作。

记得叶圣陶曾经说过："凡是好的态度和好的方法，都要使它成为习惯。只有熟练得成了习惯，好的态度才能随时随地表现，好的方法才能随时随地应用，好像出于本能，一辈子受用不尽。"成功不是一种行为，而是一种良好的习惯。大千世界，芸芸众生，任何女人要有所成就，无疑都要克服一系列的困难，但对于有了良好习惯的人来说，那些困难是微不足道的。

后人在评价韩信的一生时说过一句话："成也萧何，败也萧何。"对于一个女人来说，我们也可以总结为："成也习惯，败也习惯。"女性朋友们，从现在开始努力培养自己的好习惯，尽早地跨出迈向成功的第一步吧！

女人培养好习惯的三种方法

好习惯使人终生受益，坏习惯使人一事无成，女人尤其如此。好习惯犹如温室的花朵，需要女性特别地照顾才可以形成；而坏习惯，则如野草，越是没有人注意，就越蓬勃地生长和蔓延。

一个女人高贵与否、优雅与否甚至成功与否，往往不在于兜里有多少钱，长得有多美丽迷人，也不在于学历的高低，而在于女人们所呈现给世界的印象，这种印象则是由其日常的习惯所决定的。

有一句话是这样说的："习惯是所有成功者的奴仆，也是所有失败者的帮凶。"成功者之所以成功，得益于习惯的鼎力相助，而失败者之所以失败，习惯同样难逃罪责。因此，女人要想主宰命运，要想"人定胜天"，要想达成梦想，就要培养千金难买的好习惯。以下是心理学家总结出的几个培养良好习惯的方法：

1. 习惯是从小事培养的

俗话说："天下大事必作于细，天下难事必作于易。"女人只有把一件件小事做好，大的成功才能不期而至。

平时，很多女人习惯于随手乱丢文件，喜欢迟到早退，偶尔撒个小谎，上班和男友去约会等，对于这些小事从都不在乎，觉得不值一提。但是正所谓"勿以善小而不为，勿以恶小而为之"，等到这些"恶小"成为女人的习惯后，大麻烦就来了。你的信誉和形象可能在这一个个不良的坏习惯中被消磨殆尽，你的朋友和上司会逐渐开始不信任你，成功也离你越来越远。因此，女人们应该细心一点，耐心一点，将身边的一件件小事做好，养成良好的习惯，成功自然也会格外垂青你。

2. 习惯是在经常做某些事的过程中形成的

美国著名教育家曼恩有句名言:“习惯仿佛像一根缆绳,我们每天给它缠上一股新索,要不了多久,它就会变得牢不可破。”习惯是一种重复性的、无意识的日常行为规律。在女性的日常生活中,90%都是在不断重复原来的动作,再在潜意识中转化为程序化的习惯。因此,女人们要培养自己的好习惯,就必须持续不断地做这些事。

伍琳今年已经50岁了,做售票员的工作30年。30年中,她从未迟到过,对待每一个客人都细心温柔,多次被评为“劳动模范”和“优秀员工”。很多刚刚进入售票行业的新人,都十分好奇是什么力量让她日复一日重复如此单调的工作,却还能做得如此优异、快乐。伍琳每次听到这些提问,总是笑着说:“我并没有觉得这有多了不起啊,这是我的工作习惯,要是哪一天我迟到了,最难受的会是我自己。”可见,持之以恒是形成良好习惯的重要条件之一。

世界上的事情,怕就怕认真,怕就怕坚持。如果每一位女性都能做到凡事认真,坚持去做,幸运女神必定会跟随她。这就是习惯的力量:坚持才有习惯,习惯在于坚持!

3. 学会时刻督促自己

女人如果已经意识到自己的不足,有意识地开始培养自己的好习惯,那就一定要时刻牢记,并监督自己。

女人常常会对自己说:“我今天一定要早到!”“我今天一定要记得整理桌面和房间。”但是这种自己和自己的约定往往最容易被自己“撕毁”。因为在大部分情况下,任何人都不知道世界上有这项约定的存在,而且即使违反了约定,女人们除了微微觉得一点愧疚外,并不会自己惩罚自己。为了更好地督促自己,女人们可以把自己的计划告诉朋友或者父母,让他们来监督你完成好习惯的培养。

另外,女人们还可以列个清单,清楚知道自己有哪些不良习惯是需要改正的,应该培养的好习惯还有哪些。然后针对不良习惯,找出一些新的对治的方法，给自己一个期限，一个过程，不断朝目标努力，让坏习惯渐渐消失，好习惯逐渐形成。

习惯决定命运，它能够成就一个人，也能够摧毁一个人。好习惯使人终生受益，坏习惯使人一事无成，女人尤其如此。好习惯犹如温室的花朵，需要女性特别照顾才可形成；而坏习惯，则如野草，越是没有人注意，就越蓬勃地生长和蔓延。

因此，千万不要忽视好习惯的作用，多多培养一些好习惯，让它们为你打开人生旅途上的机遇之门，带领你去塑造完美人生！

影响女人幸福的七种习惯

习惯性的动作就像塑料，一旦塑造成形就很难改变。女人应该积极努力培养好习惯，同时克服不良习惯。所谓“不破不立”，不改掉不良的习惯，好习惯是难以建立起来的。

古希腊哲学家亚里士多德早在公元前350年便宣称：“正是一些长期的好习惯加上临时的行动才构成了美德。”在生活中，无数个习惯构成一个女人的性格，换句话说，性格其实就是习惯的总和，良好的习惯是女人们获得幸福的不二法门。

生活中，人们往往都是通过一些习惯性的动作来判断一个女人的气质、修养、美德乃至于未来的成就有多高。这些习惯性的动作就像塑料，一旦塑造成形就很难改变。女人应该积极努力培养好习惯，同时克服不良习惯。所谓“不破不立”，不改掉不良的习惯，好习惯是难以建立起来的。

听过一个寓言故事：一个孩子在山里割草，不小心被毒蛇咬伤了脚。孩子疼痛难忍，而医院却在远处的小镇上。孩子毫不犹豫地用镰刀割断了受伤的脚趾，然后忍着剧痛艰难地走到医院。虽然最后缺少了一个脚趾，但这个孩子却以短暂的疼痛保住了自己的生命。

女人想要改掉坏习惯，就应有这个小孩的果断和勇敢，即使困难，即使疼痛，也总比失去整个幸福的人生来的好。只有彻底改掉坏习惯，才能让好习惯引领自己走向幸福。以下为女性朋友们总结了7个影响幸福的坏习惯：

1. 经常迟到

芝加哥形象训练专家苏姗·费格纳指出：迟到无形中会传达一种态度，那就是“除了自己，任何事或任何人我都不在乎”。有些女人在上班或约会时，习惯常常迟到。其实迟到是一种轻率的表现，常会招致老板或同事们的反感。长此以往，周围的人会逐渐开始不信任你，老板也不会把重要的工作交给你。

2. 拖延

社会心理学专家认为，很多爱拖延的人都很害怕冒险和出错，对失败的恐惧使他们无从下手。虽然你最终完成了工作，但拖后腿表明你并不能胜任这份工作。如果你的拖延是因为缺少兴趣，你就应该考虑一下你的择业；如果是因为过度追求尽善尽美，这毫无疑问会增多你在工作中的延误。

3. 做事毫无章法

随便忽略工作对象的名字、电话号码及工作项目等，会让你看起来做事不专心，或是让自己的工作形象大打折扣，毫无章法地做事会让你在工作处理上显得缺乏组织纪律、能力低下以及兴趣低落。

4. 不自觉的小动作

有些女人在生活中习惯有些小动作，如口嚼零食、抖脚以及玩弄身上的首饰等，这些都会让你看起来像个缺乏自制的人。女人们应该坚持坐有坐相，切勿自以为是，但以力求舒适为原则。

5. 无礼而粗鲁的行为

有些女人时常抱怨、咒骂，说些低级歧视他人的笑话，或是口无遮拦，讨论一些毫无意义的事情。这通常会招致同事的反感，他们并不会认为你很有趣，或是你讲的话很有道理，有些人甚至会觉得被冒犯。

6. 三心二意

有些女人做事情虎头蛇尾，手上的事情尚未完成，就立刻把注意力转移到其他事情上，完全忘记事情该有先后顺序及轻重缓急。如此一来，很容易影响工作效率及工作质量。

7. 为自己辩解

很多女人在有人对她们提出建议性的批评时，喜欢绞尽脑汁地找借口反驳。这样的辩解不仅会使你和别人之间产生裂痕，你的争强好胜还会使别人觉得和你讲话很不自在。朋友提出的建议，通常是善意提醒，如果执意不改，将小问题扩大化，那事情的结果可能就真的无法挽回了。

良好的习惯是一种坚定不移的高贵品质，而不良的习惯则会毒害女人的心灵。习惯决定了一个女人一生的幸福，因此女人们一定要摒弃坏习惯，尽早开始培养自己的好习惯。

莫固守内心深处的习惯

一切固守在内心的坏习惯都会束缚女人的手脚，让她们畏首畏尾，不敢放手一搏。女人只有从内心根除这些坏习惯，行动才不至于被束缚。

法国心理学家约翰·法伯曾经做过一个著名的"毛毛虫实验"：他把许多毛毛虫放在一个花盆的边缘上，使其首尾相接，围成一圈，在花盆周围不远的地方，撒了一些毛毛虫喜欢吃的松叶。

发现食物的毛毛虫开始一个跟着一个，绕着花盆的边缘一圈一圈地边走边寻觅食物。一小时过去了，一天过去了，这些毛毛虫还是夜以继日地绕着花盆的边缘在转圈，一连走了七天七夜，它们最终因为饥饿和精疲力竭而相继死去。

毛毛虫的悲剧在于它们过分执著于原来的习惯，为此它们付出了生命的代价。试想，如果在试验的过程中，有一条毛毛虫突破尾随的习惯而转向去觅食，就完全可以避免悲剧的发生。

不仅毛毛虫有这种盲目固守的习惯，在生活中，很多女人也有这种固守内心深处的习惯。她们喜欢盲目地跟从别人或者自己以前走过的路线前进，这种固有的习惯让很多女人都固执得"不撞南墙不回头"。

也许固有的思路和方法具有相对的成熟性和稳定性，可能会帮助女人们更加迅速地解决问题，有其积极的一面。但与此同时，它的消极影响也不容忽视。固守内心深处固有的习惯，容易使女人们盲目运用特定经验和习惯的方法，反而妨碍了问题的解决。固守内心深处的习惯，不仅容易使女人厌倦做事，更容易麻痹女人的创造能力，影响女人潜能的发挥。

铭筱从 5 岁开始练习跳高，15 岁时已经是省级的二级运动员了。可以说，她在体育这条路上走的是顺风顺水。

然而，铭筱很快就遇到了瓶颈。她的水平似乎永远只能停留在某一个高度，而无法超越。为了超越这个高度，她一直苦练，然而令她失望的是她一次都没有成功过。终于有一天，她伤心地对教练说："我无法跨越那个高度，也许我的体育生涯到此为止了。"教练想了想，问道："在准备跨越竹竿的一刹那，你的心里在想些什么？"铭筱回答说："我一冲到起跳线时，看到那个高度，就觉得我跳不过去，果然每次预感都很准，我从没跳过去。"

教练意味深长地对铭筱说："把你的心从竿上摔过去，你的身子也一定会跳过去的。"铭筱琢磨这句话良久，似乎明白了什么。最后，她终于鼓足勇气又跳了一次，这次她果然跃了过去。

一切固守在内心的坏习惯都会束缚女人的手脚，让她们畏首畏尾，不敢放手一搏。女人只有从内心根除这些坏习惯，行动才不至于被束缚。

时代在不断地变化和发展，女人自己也在不断地成长和发展。因此女人对于任何问题的解决不能禁锢于以往的僵化模式，而要不断地创新和与时俱进，以顺应时代的潮流。女人唯有摒弃内心深处的坏习惯，摆脱自己头脑中的思维定式，不再因循前人的足迹，而是另辟蹊径，才能在成功的路上走得更快、更远。

人们常说："江山易改本性难移。"女人们要明白，习惯很难被根除，它们只能够被替换。换句话说，你只能够替换不良的习惯，而不能抹去一个坏习惯。如果女人们能够有目的地选取好习惯去取代坏习惯，那么那些内心深处的坏习惯将轻易被代替。

例如，一个女人总是喜欢吃零食，为了改掉这个坏习惯，她决定在每次想吃零食的时候，就开始看自己喜爱的小说，让自己沉迷在小说的虚幻空间中，直到吃零食的欲望完全消除。事实证明这种方法是非常有效的，这个女人在坚持了一个月后，顺利地戒掉了吃零食的坏习惯。可见，有目的地选取好习惯来取代坏习惯是至关重要的，只有这样，才能够避免一个坏习惯刚离开，另一个坏习惯又接踵而至，从而轻松地改掉内心深处的坏习惯。

女人们，当你的生活和工作遭遇挫折时，请不要固守原来的习惯和思维去做毫无意义的努力。你应该转变思路、另辟蹊径，以便更有技巧、更有效率地工作，从而达到事半功倍的效果。

小的坏习惯也不可小视

习惯的力量是无穷的，它能决定一个女人的思维方式和行为方式，从而左右女人一生的成败。小的坏习惯是一种无意识的形态，它看似微不足道，实则严重影响着你的命运，改变着你的人生。

三国时刘备在白帝城托孤，留下了一句流传世代的话："勿以善小而不为，勿以恶小而为之。"这句话告诫我们，不要认为坏习惯小而忽略了它的意义和作用。

能够成功的女人，都是把做好每一件小事都看得很重要的人。她们明白，一件小事往往会改变人们对自己的看法，甚至改变自己的人生轨迹。一些小的好习惯，会给人留下好的印象；一些小的坏习惯，会给自己纯洁的人生涂上污点。正所谓："小"中见大义。女人们要慢慢参悟"一沙一世界，滴水看风云"所蕴涵的道理，努力改正自己的不良习惯。

《劝学》篇中说："不积跬步，无以至千里；不积小流，无以成江海。"小习惯虽然小，但是积累起来就能成就女人闪光的人生。有些不良的习惯虽然看似很小，但是很有可能让女人所付出的努力全都付之东流，烟消云散。

蔡玲毕业于一所师范大学，准备应聘一所重点中学的语文教师的岗位。从孩提时代开始，蔡玲就梦想着能当一名人民教师。在大学中，蔡玲为了以后能顺利找到教师的工作，努力地考了教师资格证书、普通话等级证书等。良好的基础和漂亮的简历，使得蔡玲顺利地通过了第一轮笔试。

第二轮的复试主要是考查应聘者的谈吐以及随机应变的能力。蔡玲在学校中曾是辩论队的一辩，谈吐不俗，风趣幽默。在复试过程中，蔡玲发挥了自己这一优势，顺利地回答了考官的所有问题。面试后，蔡玲信心满满地回家，满怀希望地等待着学校寄来的聘书。然而令蔡玲大为意外的是，她最终并没有获取这个心仪的岗位，失败的理由居然是衣服的扣子没有扣。

原来，为了顺利应聘这个岗位，蔡玲在面试当天化了精致的淡妆，穿了得体的白色外套。然而由于天气比较热，她习惯性地敞着衣服，享受随意自在的感觉。可就是这个小细节却被考官们看在眼里，他们觉得蔡玲不够细致稳重。因为这个小小的坏习惯，蔡玲和这份期盼已久的工作失之交臂。蔡玲后悔不已，但是事已至此，再后悔也已经无济于事。

人们常说“细节决定成败”。其实，生活中的每个小习惯都是“细节”，而这些小习惯则往往体现出一个女人良好的修养。在现实生活中，不乏想做大事的女人，但愿意把小事做细的人却不多。许多女人并不明白，要做好身边的每一件小事，改正每一个小的坏习惯，没有一定的素质修养，没有一定量的积累，是不行的。女人们要知道，只有改变忽视小的坏习惯的做法，才有可能注重细节，把小事做细、做好。把每一件简单的事做好就是不简单，把每一件平凡的事做好就是不平凡，改正每一个小的坏习惯终将成就大事。

细节成就完美。女人无论从事什么工作都必须从“细节”抓起，这就要求女人首先要转变观念，改变作风，改变粗枝大叶、麻痹大意等不良习惯，认真负责，变被动工作为主动工作，及时发现、分析和解决问题，把隐患消灭在萌芽状态。女人应该认真注意自己的一些好的和不好的习惯，并将好的习惯坚持到底，从而达到重塑自我、改变自己的人生命运的目的。

习惯的力量是无穷的，它能决定一个女人的思维方式和行为方式，从而左右女人一生的成败。小的坏习惯是一种无意识的形态，它看似微不足道，实则严重影响着你的命运，改变着你的人生。女人只有将自己从不良的习惯中解脱出来，才能不断提升自己的生活品质，才能不断完善自己的美好人生。

不可死守老一套的习惯

美国斯坦福大学教授罗伯特·克利杰曾说过："突破思考是一种心态，可以鼓励人不断学习，不停地创造。"一个女人，如果想改变习惯，尝试新的挑战，那就要学会突破规则，改变生活的方式和状态。

老子曰："反者，道之功也。"它的意思是，一种反常规的做法往往是万事万物运动规律的体现，因此女人们一定要具体问题具体分析，绝不能死守老一套的习惯。

在生活中，我们常常听到有女人这样抱怨："从开始工作，我就一直是这样做的，十几年也就这样过来了，用新的方法多麻烦！""我对现在的生活状态虽然不是很满意，但是要改变也是很困难的。"这些话都反映了女人们的一个观念：死守老一套习惯。当世界正在发生日新月异的变化，国家、企业、个人都在求新求变的时候，如果女人们还是这么说、这么想、这么做，那么，女人们的一生注定只能是碌碌无为的。女人要想走在时代的前沿，不被社会淘汰，就必须学会积极地改变自己老一套的习惯，在不断改变中寻求自我突破。

美国斯坦福大学教授罗伯特·克利杰曾说过："突破思考是一种心态，可以鼓励人不断学习，不停地创造。"一个女人，如果想改变习惯，尝试新的挑战，那就要学会突破规则，改变生活的方式和状态。

琳娟从小就梦想成为一名伟大的作家，小时候她总是随身带着一本小本子，对身边的事物一有什么感慨就马上写下来。然而随着年龄的增长，课业负担的不断加重，这种念头慢慢地被尘封起来。后来，参加工作又被工作所累，最终她连一个字也没能写出来。

婚后，琳娟完全成为一名家庭主妇，放弃了自己原来的工作，每天围着丈夫和孩子转，仿佛是围着地球转动的“忠诚卫士”月球一样，把全部的希望放在丈夫和孩子身上。然而，当有一天丈夫潇洒地转身离开，留下一句“跟你在一起真没意思”时，琳娟几乎完全崩溃。多年来固守的信念和形成的习惯，早已经根深蒂固地深埋在她心里，现在突然没有了，她才失望地发现多年来自己除了家庭什么都没有剩下。

伤心过后，琳娟开始寻找未来的出路，儿时的梦想突然清晰地浮现在她的脑中，于是她常常会冒出这样的念头：“如果我专心写书的话，那该有多好啊！”这样的念头变得越来越强烈，于是她开始在家里专心写作。然而半年过去了，她投的稿件没有一家出版社采纳。每当坐到书桌前，她都觉得自己有非常深刻的东西要表达，可是怎么也写不出来。琳娟决心再次改变，她拿出自己所有的积蓄，开始了她的旅行时光，希望在旅行中能找到一些灵感。她详细地记录了自己每一天的旅程，对一些人和事的看法，最终这些都成为她写作的良好素材。

渐渐地，开始有一些报纸和杂志采用琳娟的稿件。她发现，其实自己更适合写的是评论而不是小说，于是专心致志地往这个方向发展。现在她已经是一个小有名气的评论家，是好几家报纸的特约写稿人。在回顾跌宕起伏的经历时，琳娟感慨地说：“我曾经以为世界上有天长地久，但是后来我才明白天长地久也是需要变化的，不敢变化的女人都只能注定是这个时代的失败者。”

生活中，很多女人都非常害怕改变，总是认为目前是最安全的。一旦现状被改变，触及自己的利益时，整个人都会陷入崩溃的边缘。她们对新人新事持有恐惧感，所以宁愿维持现状，拼死抵抗。然而事实上，世界是在不断运动变化的，世界上没有什么事是一成不变的。死守老一套习惯的女人，只能碰壁；而机巧善变的女人，才能有所发现，才能有所创新。女人们要改变老习惯，就要努力培养自己的新习惯与好习惯。

绝大多数女人都宁愿相信，遵守既定规则是非常重要的，否则，如果人们都想打破规矩,岂不是天下大乱?然而,遵守规则,不代表死守固有的习惯,有时候适当的突破和创新能让你更精确、有效地实现目标。创新是一个民族进步的灵魂,也是一个女人成功的原动力。

因此,女人们请记住,做人做事不要轻易就被一个成规束缚住。死守老一套习惯,是前进的绊脚石。真正成功的女人,本质上都是敢于突破勇于创新的人。

抛弃阻碍成功的坏习惯

习惯是一点一滴、循环往复、无数重复的行为动作养成的。好的习惯是一种坚持,坏的习惯是一种惰性。女人们只有抛弃那些阻碍成功的坏习惯,才有可能顺利地到达成功的彼岸。

一个女人,不论你是身居要职的白领还是地位卑微的打工小妹,不论你是腰缠万贯的阔太太还是一文不名的工薪阶层,不论你是盛年不再还是风华正茂,不论你是青春活泼的美少女还是气质优雅的窈窕淑女,只要你生存在这个社会上,你就有可能受到坏习惯的困扰。

坏习惯在女人的一生中可谓是无所不在,例如,有的女人习惯啃指甲,到了年老以后依然无法改变这个习惯。一些不良的习惯,先不说对别人有什么影响,光是自己时间长了都吃不消。一些坏习惯可能会阻碍你的升迁,让你怀才不遇,令你身心疲惫。因为它的存在,你可能失去你最挚爱的恋人;因为它的存在,你可能与幸福失之交臂。也许你毫无知觉,但它却如影随形般伴随着你;也许你早已察觉,但绞尽脑汁却无法摆脱它。坏习惯就是女人们成功路上的绊脚石。

梁涵到一家外资公司应聘一个职位。在经历重重选拔和层层筛选后，梁涵与另一个应聘者成功地进入到最后一轮面试。最后进入面试的两个人，无论是相貌还是学历水平都是旗鼓相当，不分高下的。梁涵完全没有把握，内心忐忑不安，只能祈祷上天能够帮助自己。

事实证明，上天并没有站在梁涵那边。刚刚开始面试不久，考官就借故离开。结果等到考官再回到考场的时候却宣布面试结束，梁涵没有被选上。梁涵大为诧异，不明白为什么还没有正式开始她就已经被判出局。大呼"不公平"，要求考官给自己一个解释。

后来梁涵才明白，考官并没有真正离开考场，他是到隔壁房间，通过摄像头观察应聘者的一举一动。而在面试官离开的这短短几分钟里，梁涵便随意地翻着桌上的资料，好像在自己家里一样随意，所以最终没有被录用。因为任何一家公司都需要严谨自律的人，而梁涵的表现则让她最终和成功擦肩而过。

一个小小的不良习惯让梁涵和渴望已久的岗位失之交臂。很多女人在生活或者工作中也是由于一些不良的习惯，从而遭遇人生的滑铁卢。

纵观历史，古往今来，多少人因为自己的坏习惯含恨终生，又有多少人因为自己的坏习惯找不到人生的幸福，更有甚者，因为自己的坏习惯葬送了最弥足珍贵的生命。三国时期的周瑜，"雄姿英发，羽扇纶巾"的一代英雄，终究逃不过气量狭小这一恶习的惩罚，三气不过，最后一命归西，早早地结束了自己传奇的一生。

习惯的影响力非常巨大，它不但影响了女人面对人和事物的心态，也影响女人的想法，更决定了女人一生的成败和命运。也许有的女人认为那些习惯都只是小事一桩，成不了什么气候，不用特别在乎。然而，卡耐基却说过："一个不注意小事情的人，永远不会成就大事业。"正所谓"小不忍，则乱大谋"，一些小小的恶习也可能会误了女人们的终身。

曾子曾经说过："吾日三省吾身，为人谋而不忠乎？与朋友交而不信乎？传不习乎？"生存在当今社会的女人也同样需要像曾子一样时时反省自己。只有勤于反省，善于反省，勤于自律，善于自律，才能不断充实和完善自己。

习惯就像是飞驰的列车，惯性使人无法止步。习惯是一点一滴、循环往复、无数重复的行为动作养成的。好的习惯是一种坚持，坏的习惯是一种惰性。女人们只有抛弃那些阻碍成功的坏习惯，才有可能顺利地到达成功的彼岸。

俗话说“玉不琢，不成器”，良好习惯的形成绝非一朝一夕之功，是长期练习的结果。女人们只有注意日常生活中各方面的小习惯，才能有大成就。习惯养成性格，而性格决定命运。如果女人们想变得更成功，就必须从现在起培养自己的好习惯，改掉坏习惯，不然，你的一生可能都和成功无缘。

上篇：徜徉于缤纷多彩的习惯花园

{Chapter 2}

性情女人：好习惯让快乐芬芳四溢

很多女人每天都处于一种平淡的、模式化的生活中，觉得生活已变得越来越乏味，快乐也越来越少，而烦恼和不安却与日俱增。事实上，消除烦恼获得快乐不仅是一种感受，更是一种习惯。心理学博士凯伦·撒尔玛索恩女士说："我们的生活有太多不确定的因素，你随时可能会被突如其来的变化扰乱心情。与其随波逐流，不如有意识地培养一些让你快乐的习惯，随时帮助自己调整心情。"

让快乐成为一种习惯

养成快乐的习惯可以帮助女人建立信心，成就事业；可以帮助女人战胜困难，走出逆境；可以帮助女人挑战命运，重新点燃生命之火。

有一位作家说过："如果我们感到可怜，很可能会一直感到可怜。"很多时候其实快乐只是一种生活态度，一种生活习惯。心理学博士凯伦·撒尔玛索恩女士说："我们的生活有太多不确定的因素，你随时可能会被突如其来的变化扰乱心情。与其随波逐流，不如有意识地培养一些让你快乐的习惯，随时帮助自己调整心情。"

人生路有平坦，有坎坷，有成功，有失意。在有限的人生旅途中，一个女人如果能养成快乐的习惯，她就会变成自己生命的主人，能够坦然地面对生命中的喜怒哀乐，兴衰荣辱。正如史蒂文生所说过的："快乐的习惯使一个人不受——至少在很大程度上不受——外在条件的支配。"

一位哲人曾经讲过一个故事：说的是一个少妇投河自尽，被正在河中划船的老艄公救上了船。艄公问："你年纪轻轻的，为何寻此短见？"

少妇哭诉道："我结婚才两年，丈夫就遗弃了我，接着孩子又不幸病死，你说，我活着还有什么乐趣？"

艄公又问："两年前你是怎样过的？"

少妇说："那时候，我自由自在，无忧无虑。"

"那时候你有丈夫和孩子吗？"

"没有。"

"那么，你不过是被命运之船送回到了两年前，现在你又自由自在，无忧无虑了。”

少妇听了艄公的话，很快就参透了其中的道理，心里顿感轻松，便告别艄公，高高兴兴地跳到了岸上。

人的心态是可以随时随地转化的，主要看你是站在哪一个立场上看待问题。就像故事中的那个少妇一样，人生的转折往往就在你的一念之间，就在你的快乐习惯里。

养成快乐的习惯可以帮助女人建立信心，成就事业；可以帮助女人战胜困难，走出逆境；可以帮助女人挑战命运，重新点燃生命之火。

现代心理学认为，快乐作为一种情绪，也是人的行为之一。正如弹琴与跳舞是人的行为一样，经过练习，琴师可以习惯地按动琴弦，弹出悦耳的乐曲；经过练习，人们可以自然地跳出动人的舞姿。同样道理，人们经过练习，也完全可以培养出快乐的习惯。

影片《约翰的故事》真实记述了一位出生即患脊髓性肌肉萎缩症的孩子的故事。这位生命斗士目前已是台湾大学法律专业、会计专业双修的优秀学生。他在医生预言只能活到三四岁的情况下奋力求生。有人问他："你为何不掉一滴泪？"他给出的答案是："因为我没有哭的习惯。我与时间竞赛，无暇哭泣。我已经养成了快乐的习惯……"

著名伦理学家爱默生说："心理健全的尺度是到处都能看到光明的秉性。快乐或随时保持人的思想愉悦的观念，能够在漫不经心的练习中巧妙地、系统地培养出来。"快乐不是在你身上发生的事，而是你自己做的、取决于你自己的事。如果你等着快乐主动降临，或者碰巧发生，或者由别人带来，那你可能要等很长时间。除了你自己以外，谁也无法决定你的思想。

世间没有一个女人能随时感到百分之百的快乐。正如萧伯纳所讽刺的那样，如果我们觉得不幸，可能会永远不幸。但是，我们可以凭借动脑筋和下决心来利用大部分时间想一些愉快的事，应付日常生活中使我们不痛快的琐碎小事和环境，从而使我们得到快乐。我们对小的烦恼、挫折、牢骚、不满、懊悔、不安的反应，在很大程度上纯粹出于习惯，我们做这种反应已经

“练习”了很长时间，也就成了一种习惯性反应。

现代科学证明，一个经常处在好心情之中的女人，即使偶尔生病，也容易不药而愈。这是因为乐观者能沉浸在有益的激素“内啡呔”的世界里，提高你的免疫力，给你精力，给你健康，给你超越自我的力量；而心情颓丧者则会被一种称为“去甲肾上腺素”的有毒物质所包围，这种毒素会加速人的衰老，促人早逝，使你失去战斗力。

当一个女人感到快乐时，她就能得到神奇的欢乐物质“内啡呔”；而当她悲伤时，她就会被“去甲肾上腺素”所包围而中毒。如果人人都明白了这个道理，何愁世间少快乐，何愁身体不健康。一个精神充实、生活充满快乐的女人，也必然是一个心理健康的人。而心理健康是生理健康的基础，是延年益寿的保证。

健康并欢乐，不是每一个女人都能常常拥有的，它需要发现，亦需要培养。谁能握住欢乐的源流并使它汇聚成河，谁无疑就是一个智慧且心胸宽大的人！

快乐可以“妆”出来

一个女人如果能够把自己打扮得令人赏心悦目，不仅能给予他人快乐，也能给予自己莫大的快乐！

有人说：“气质天成，丽质天生。”但佛语也强调：相由心生。女人的容貌和气质最终还是靠内心滋养的。俗话说：“30 岁前的相貌是天生的，30 岁后的相貌是靠后天培养的。”只要你善于在繁忙中挤时间来修炼自己的心灵和身体，每天美丽一点点，快乐和自信也会随着美丽而来。

一个女人如果能够把自己打扮得令人赏心悦目，不仅能给予他人快乐，也能给予自己莫大的快乐！不管先天如何，女人一定要设法令自己看起来漂亮、首先欣赏自己，然后再让别人欣赏你。你虽然无法选择先天形成的基因，却可以通过后天的努力，让自我形象光彩照人！因为美不只是天生，更是一种善视自身的修容结果。你可以挤时间锻炼自己的身体，保养自己的容貌，呵护自己的秀发，你也可以挤时间去读书，去欣赏艺术，去了解时尚，去培养专长，从个性品位开始设计自我美丽的形象！你淡淡的妆容，盈盈的微笑，随和的性情，独到的品位，传达着内心的成熟与丰富，给人一种悦目之美，你的魅力就在一点一滴中散发出来。你富有情调的服饰，优雅的举止，适宜的妆容，睿智的内秀，无不尽情展示着你的魅力！

被别人称赞美丽的女人，没有一个会不快乐。

看过太多原本青春靓丽的女人，在生活的琐碎磨砺中，渐渐放弃了自我的修炼，不消几个月，就变成一个终日怨天尤人满脸焦灼且烦乱的黄脸婆。反之，一个原本相貌平平，并不十分出色的女人，但注重修炼内心，保养肌肤，没过多久，就呈现出奇的靓丽，令人耳目一新。

善于打扮自己的女人无疑是生活中一道亮丽的风景，自己快乐，也令他人快乐！作为一个现代女性，你不只要用心打扮自己的外貌，还需要用心塑造自己的气质。打扮自己不仅是为了取悦男人，更是为了活出自我的快乐和精彩。飞扬的神采，美丽的仪姿，得体的妆扮，深厚的修养，无不展示着一个女人的动人魅力。出色的女人都善于保持自己的形象，塑造美丽的外表，因为做美丽女人的感觉真的很好！

善于打扮自己的女人，都是爱自己的。爱自己也可能会有得有失，但每一份得与失都是主动的，因而也是快乐的。现在的你我完全可以听从自己身体深处的声音，按本性去生活，任何理由都不足为借口，因为生命仅此一次。也许会难免有悔，但绝不要让5年后的后悔和今天的一模一样。如果我们需要，就让我们主动表达，而不是把心愿像矿藏一样埋藏。让我们学会说出：我想，我要，我希望，我喜欢，我认为，我不……这些词汇将帮助我们更主动地掌握生活。

作为一个具有传统美德温柔贤惠的女人，你可能会把老公和孩子当成生活的重心，在家想着他们的一日三餐，在外想着他们的饥寒冷暖。你像男人一样工作却又包揽了所有的家务，你付出了生活的艰辛，收藏着生活的委屈，没有时间让自己休息，没有时间停下来叹息。你明明是在流泪，却把泪水咽在肚里；你明明已经疲惫，却把微笑挂在脸上；你明明真的好想睡一会儿，却把权利让给了最珍爱的人！在日复一日的忙碌中，你忘记了自我，忘记了自己也是一个需要呵护、关心和疼爱的女人。你付出了全部的心血和情感，可是有一天，却发现自己不知情归何处。你伤心落泪，人生下着大雨，才猛然觉悟：一个不爱自己的女人，生活回馈给你的，将会是一个冰冷的荒原，其中围困着一无所有的自己！

是啊！一个连自己都不爱的女人，有谁会爱她？她又怎么会快乐呢？

女人先要懂得爱自己，敢于爱自己，把自己当成生活的重心。即使伤害来临，我们也会在黑暗中为自己点燃明亮的火光；即使失去，勇敢和自信也会让我们重新鼓起勇气！

作为女人，你想让别人爱你，首先你得做一个值得别人爱的女人，打扮自己的心灵和外貌，每天向生活投射一个最美的自我！也许你会哀叹自己没有天生的丽质，没有窈窕的身材——其实你根本不必哀叹，你的命运都在自己的手心，这源于你的一颗心，一颗是否坚持不懈追求完美的心。你要对自己有信心：岁月无情，但我会更加美好，无论笑容肌肤以及体重，它都在我自如的驾驭中。一天也不要给自己留下懈怠的口实，绝不推诿生命的责任。一个女人肉体被打败，精神也会无从寄寓，而那些精神上始终毫无松懈、常常自我反思的人，会对自己的身体与容貌格外珍惜与看重，这是灵与肉绝对的统一。

女性朋友们，从现在开始行动起来吧！让自己更加地美丽和自信，人生的风景才会温暖，才会有春华和秋实！

女人可以偶尔做做白日梦

在生活中，爱做白日梦的女人通常都会比较开心，她们会沉浸在自己的世界中，忘记现实的烦恼，不太容易为外界所挫伤。

白日梦，顾名思义，就是大白天做梦，专门用来指一些人整天不切实际地幻想，具有贬义。然而，科学家发现偶尔做"白日梦"有益人的身心健康。

在心理学家看来，白日梦是人在清醒状态下出现的、带有幻想情节的心理活动，如在工作间歇幻想自己中了大奖，或正在向往已久的某地旅游。美国达特茅斯学院的一项研究显示，当研究对象做白日梦时，他们的脑部看似"正在休息"，实际上却相当活跃。事实上，在生活中爱做白日梦的女人通常都会比较开心，她们会沉浸在自己的世界中，不太容易为外界所挫伤。

每个女人都做过白日梦。不管是在什么年龄段，女人们常常都会梦想一夜醒来自己变得容颜漂亮，身材性感，有许多日思夜想的美丽服装和首饰，梦想自己走到街上会成为回头率很高的女人，或梦想自己突然成为有钱人。当然，很多女人最大的梦想是能拥有一段惊世骇俗、刻骨铭心的爱情。

有一个梦估计很多平凡的女人都做过，那就是梦见一个勇敢、英俊、年轻、有才华、有家景、专一、多情的王子骑着白马来拯救被巫师锁在塔楼高处的自己。最后他战胜一切，将自己从那重锁的顶楼里解救出来，并一起骑上白马奔向幸福而去。

小女孩总是要长大，长大后当然知道世上没有妖魔鬼怪和巫师，也没有王子会专程骑着马来找自己，可是这不影响她们做梦。虽然没有妖魔鬼怪和巫师，但有无数残酷的现实。如看不到前途的一份职业，周围充满了追名逐利的人群，功利化的爱情，无法长久的诺言，说变就变的心，苛刻的老板，微薄的薪水，累人的人际关系等。也许，她们自己会不由自主地屈服于现实生活，但是女人的内心是不会放弃梦想的。任何日子都会归于重复和单调，不仅是婚姻，哪怕夜夜笙歌也会生厌。做白日梦就是沉闷生活的点缀，不需要真的实现，也不指望会真的发生，只要在某个什么也不想做的下午，在懒洋洋的阳光中，半睡半醒之间，梦自然就会找上门来。

亚特兰大松河心理治疗协会的心理医生魏斯曾表示，导向正确的白日梦有益于身心健康，因此，他有时会用这一方法诱导心理疾病患者走出当前的困境。

现实生活无法突破的困扰，不得不遵从的不喜欢的规律，摆脱不了的压力和挣扎，各种各样的欲望，都是组建成高塔的砖块。没有路可以走出来，也明知每一次醒来，重新投进生活中后就会不由自主地被围困，心甘情愿受困也好，身不由己也好，总会有某一个时刻，梦就这样来了。梦中的我们都是无牵无挂、自由自在的女人，没有烦恼，没有不得不做的事，身体都轻盈得只想飞，畅游在天地万物间，凡尘欲事都那么遥远。

做白日梦是一种很出神的状态，你不会在乎处在什么样的恶劣环境中，甚至也不会介意别人对你的态度怎么样，你只会沉浸在自己的故事逻辑里，好像被一个非常美妙的电影镜头所吸引，忽略了其他东西。凡是有白日梦的那种投入，几乎都会让人快乐。

积极心理学告诉我们，如果我们在做任何事时都能假想我能成功、我最可能是怎么做的，就会比那些没有想象过的人更有成功的可能。当然，这可能是因为想象的人比不想象的人留了心，从而心理准备更充分；而且想象的人也能够聚集精神与注意力，他们还避开了一般人由于自信心不足而产生的心理偏差。做白日梦不仅可以集中想象，而且带有很强的自我心理偏好，因此对于我们积极尝试想象的事物会很有帮助，并在尝试相应事情的时候可能更容易进入状态。

适当的幻想能使女人从更广泛的角度审视自己。在清醒意识层面，女人思考问题的方式是抽象的、概括的，观察事物也有选择性。而在幻想中，女人对内心的体察要细致全面得多。另外，平时由于受自尊、面子的影响，女人常常会欺骗自己，但在幻想中却会直面现实。因此，幻想可以提供一个全方位看待自己心理、人格的机会。女人可以根据幻想的提示，找到更适合自己的行为方法。

除此以外，白日梦有助于丰富女人们的想象力。幻想的题材多为个人关心的事情，由于不受传统思维形式的限制，往往会迸发出意料不到的解决方案。美国心理学家彼特说："想象力是解决问题的钥匙，当人们百思不得其解时，'白日梦'能为你提供答案。"在经典艺术创作过程中，我们也常常见到幻想的影子，文豪巴尔扎克就常与他小说中的人物对话；作曲家勃拉姆斯也不止一次地说，只有当他冥想时，乐思才会不间断地从脑海中跳出。

然而，幻想毕竟不是现实，白日梦也是梦，是梦就有醒来的一刻。醒来之后，再次杀入战场，争名、争利、争爱情、争虚荣；做女儿、做母亲、做职业女性、做家庭妇女，再次恢复自己应当的身份，该干什么干什么去了。现实是残酷的，生活也还是要继续的，如果我们把大把时间都用来幻想，并以此作为逃避现实的手段，则显然是心理障碍的表现了。所以，女人们还应面对现实，把幻想作为辅助手段，发挥其积极作用。

把宽容贮藏在心底

宽容是一种心境，是一个随和的女人的快乐之所在。宽容的女人是美丽的，是受人尊重的，女人不是因为漂亮而耀眼，而是因为美丽而动人。

宽容是一个有涵养的人最基本的道德基础，也是一个人卓识胸怀和人格力量的体现。

宽容是一种修养，是一种境界，是一种美德，是一种非凡的气度和宽广的胸怀，是对人、对事的包容和接纳，是一种精神的成熟和心灵的丰盈，是一种仁爱的光芒，是对别人的释怀，也是对自己的善待。宽容是一种生存的智慧，生活的艺术，是看透了社会与人生以后所获得的那份从容、自信和超然。

宽容的女人是美丽的，是受人尊重的，女人不是因为漂亮而耀眼，而是因为美丽而动人。漂亮是与生俱来的，但美丽就不同了，这是靠后天的修养所得的一种独特的气质和涵养，而宽容则是一种高素质的修养。

宽容是一种心境，是一个随和的女人的快乐之所在。世间并无绝对的好与坏，世间也并非所有的错误都是有意为之。一个女人要有清浊并容的雅量，用一颗宽容的心去理解别人、原谅别人，才会不为身外之物所累，才会长久地拥有恬静愉悦的心态。

作为女人，也许很娇贵，也许很单纯，也许很浪漫，但拥有一颗宽容之心，才是作为女人的完美之本，快乐之源。宽容，能体现出一个女人良好的休养，高雅的风度。它是仁慈的表现，超凡脱俗的象征，任何的荣誉、财富、高贵都比不上宽容。宽容是美德，是万事万物存在的结果，宽容的背后有着心与心永久与纯洁的承诺。宽容地面对生活，面对人生，才会使自己拥有一个平静而从容的生活，才能使自己活得更轻松、更洒脱。宽容别人，其实就是宽容我们自己，多一点对别人的宽容，我们的生命中就多了一点空间。

宽容的女人首先要学会理解，以责己之心责人，以恕己之心恕人。伟大的剧作家莎士比亚说过："宽容就像天上的细雨飘向大地，恩赐于宽容的人们。"如果学会宽容，那么女人的世界将变得更加广阔；如果抛弃计较，那么女人的人生将会永远快乐。朋友们，让我们用一颗宽容的心去面对世间的尔虞我诈，去面对世间的虚情假意。让我们以宽容为真谛，展示宽容的魅力，书写美丽的人生。

同样，在婚姻中，宽容也是一种无坚不摧的力量。

一位老妈妈在她50周年金婚纪念日那天，向来宾道出了她保持婚姻幸福和快乐的秘诀。她说："从我结婚那天起，我就准备列出丈夫的10条缺点，为了我们婚姻的幸福和快乐，我向自己承诺，每当他犯了这10条错误中的任何一项的时候，我都愿意原谅他。”有人问，那10条缺点到底是什么呢？她回答说：“老实告诉你们吧，50年来，我始终没有把这10条缺点具体地列出来。每当我丈夫做错了事，让我气得直跳脚的时候，我马上提醒自己：算他运气好吧，他犯的是我可以原谅的那10条错误当中的一条。”

在婚姻的漫漫旅程中，不会总是艳阳高照，鲜花盛开，也同样有夏暑冬寒，风霜雪雨。面对生活中的一些小矛盾，如果女人们都能像那位老妈妈一样，学会宽容和忍让，你就会发现，幸福其实就在你的身边。

互相宽容的朋友一定百年同舟；互相宽容的夫妻一定千年共枕；互相宽容的世界一定和谐美丽。

让我们静下来想想过去，因为他人的无意触犯而争吵得面红耳赤，因为路上行人的无心碰撞就喋喋不休地抱怨，因为家人和长辈的错误斥责就非得辩个谁是谁非。为什么我们不能用一颗宽容的心去坦然地面对呢？一句简单的对不起，一个歉意的微笑，一个充满善意的眼神……会使我们的生活多么美好，多么和谐！在今天，我们缺少的不是有形的物质，而是无形的高风亮节——宽容。

宽容是一种博大，博大的心不会患得患失，博大的心可以包容人世间所有的喜怒哀乐，博大的心能容下多少误解，便会赢得多少朋友。

宽容是女人成熟的标志，是气度的体现。学会宽容，你的心会大很多，你的世界也会开阔许多。

女人要常常告诫自己的一句话就是：心有多宽，路有多长。

“天称其高，以无不覆，地称其广，以无不载，日月称其明者，以无不照，江河称其大者，以无不容。”一个人有了宽大的胸怀，有了可以容纳万物的心，才能够成就一番事业，才能够快乐而幸福的生活。

朋友，让我们从一言一行开始，修一颗宽容之心吧，愿我们能拥有比海洋还宽阔的胸怀，拥有比日月更长久的幸福。世界因为女人的存在而美丽，女人因为美丽而动人。在这五彩缤纷的世界里，宽容的女人永远是一道靓丽的风景线。

不要预支明天的烦恼

在生活中，女人们不必急切地去预支明天的烦恼，只需做好今天的功课，这是应对明天烦恼的最好法宝。特别是当女人们把心头的那个沉重包袱放下时，才发现原本焦虑的那些令人不安的后果并没有发生。

在撒哈拉大沙漠中，有一种土灰色的沙鼠。每当旱季到来之前，这种沙鼠都要囤积大量的草根，以准备度过这段艰难的日子。因此，每年的这个时候，沙鼠都会忙得不可开交，在自家的洞口上进进出出，满嘴都是草根，辛苦的程度让人惊叹。但有一个现象很奇怪，当沙地上的草根足以使它们度过旱季时，沙鼠仍然要拼命地工作，不停地将草根咬断运进自己的洞穴，似乎只能这样才能心安理得，感到踏实，否则便焦躁不安。

而实际情况是，沙鼠根本用不着这样劳累和过虑。经过研究证明，这一现象是由一代又一代沙鼠的遗传基因所决定，是一种出于本能的担心。因此，沙鼠所干的事情常常是相当多余又毫无意义的。

现实生活中，很多女人如同沙漠中的沙鼠一样，总为自己的明天感到忧虑：明天考不上大学怎么办？明天下岗了怎么办？明天得重病了怎么办？明天成了家负担太重怎么办……每当想起这些，女人们总会感到忧心忡忡，压力太大。

事实上，只要你向着太阳走，阴影永远只能停留在你的身后。而怀着忧愁度过每一天，设想自己可能遇到的麻烦，只会徒增烦恼。实际上，等烦恼来了，再去解决也不迟，正所谓“车到山前必有路，船到桥头自然直”。

一位小和尚，每天早上负责清扫寺庙院子里的落叶。在冷飕飕的清晨起床扫落叶实在是一件苦差事，尤其在秋冬之际每一次起风时，树叶总随风飞舞落下，这让小和尚头痛不已。他一直想找个好办法让自己轻松些。后来，有个和尚跟他说："你在明天打扫之前用力摇树，把树叶统统摇下来，后天就可以不用辛苦扫落叶了。"小和尚觉得这真是个好办法，于是第二天他起了个大早使劲猛摇树，这样他就可以把今天和明天的落叶一次扫干净了。

想到这些，小和尚一整天都非常开心。

第二天，小和尚跑到院子里看，他傻眼了：院子里如往日一样，叶落满地。

老和尚走过来，意味深长地对小和尚说：

"傻孩子，无论你今天怎么用力，明天的落叶还是会飘落下来啊！"

生活中我们也常常和小和尚一样，企图把人生的烦恼提前解决掉，以便将来过得更好，更自信，活得无忧无虑。而实际上，很多事情是无法提前完成的，过早地为将来担忧，不仅于事无补，还会让自己活得更累，更无奈，也会让自己觉得非常失败。

不预支明天的烦恼，不妄想着早一步解决掉明天的烦恼，这种心态一定能使自己过得轻松，愉快。

丹麦有个民间故事，说的是一个铁匠，家里非常贫困。于是，铁匠经常担心："如果我病倒了不能工作怎么办？如果我挣的钱不够花了怎么办……"结果这一连串的担心像沉重的包袱压得他喘不过气来，使他饭也吃不香，觉也睡不好，身体越变越弱。

有一天铁匠上街去买东西，突然昏倒在路旁，恰好有个医学博士路过。博士在询问了情况后十分同情他，就送了他一条金项链并对他说："不到万不得已的情况下，千万别卖掉它。"铁匠拿了这条金项链高兴地回家了。从此之后，他经常地想着这条项链，并自我安慰道："如果实在没钱了，我就卖掉这条项链。"这样他白天踏实地工作，晚上安心地睡觉，逐渐地他又恢复了健康。后来，他的小儿子也长大成人，铁匠家的经济也宽裕了。有一次他把那条金项链拿到首饰店里估价，老板告诉他这条项链是铜的，只值一元钱。铁匠这才恍然大悟：“博士给我的不是一条项链，而是治病的方法！”

在生活中，女人们不必急切地去预支明天的烦恼，只需做好今天的功课，这是应对明天烦恼的最好法宝。特别是当女人们把心头的那个沉重包袱放下时，才发现原本焦虑的那些令人不安的后果并没有发生。

哈里伯顿曾说过：“怀着忧愁上床，就是背负着包袱睡觉。”

据科学统计，人生里有93%的烦恼都不是必需的，它们只存在于自我的想象中，往往不会出现。许多人心里潜藏着一只名字叫做“烦恼”的小蚂蚁，常常放出来吃掉自己的难得的快乐。明天如果有烦恼，你今天是无法解决的，因为每一天都有每一天的人生功课要做。

“过去心不可得，未来心不可得，唯有活在当下”。不用预支明天的烦恼，不用想早一步解决掉明天的烦恼。未来无法企及，梦在远方寻找栖息的驿站，路在脚下绵延伸展。女人们常常站在某个渡口张望，找不到来与去的方向。于是在迷茫与徘徊中，不知不觉地错过了花香满径，错过了明月如霜，错过了一路良辰美景。既然无法预知明天，那就把握住今天吧。珍惜现在，做个快乐女人！

保持微笑，快乐每一天

微笑是女人最好看的表情，是一句不学就会的世界通用语。若是每个女人都擅长运用这句世界语，让微笑成为组成人际关系的链环，我们的生活一定会更加幸福和快乐！

微笑代表什么？即我喜欢你，你使我快乐，我很高兴见到你。

微笑能带来许多东西。它让获得微笑的人感到富有，且不损失微笑者一分一厘。微笑转瞬即逝，但它永远留在人们的心间。没有人富裕到可以不要微笑，也没有人贫穷到有了微笑也不快乐。微笑给家庭带来了幸福，使商业企业提高了信誉，是联系朋友间情感的纽带。微笑使疲倦的人得到休息，使沮丧的人见到希望，使悲伤的人感受到温暖的阳光。它是大自然赐予人类的快乐法宝。因此，常常微笑的女人除了自己保有一颗快乐的心外，也会有极好的人缘。因为有她的地方，一定处处撒满阳光。

某一个夏天，在希腊首都雅典老城区“帕拉卡”，由于白天气温太高，夜幕降临后，许多游客才出来活动，此时是“帕拉卡”最热闹的时候。

有一位边抽烟边在门口招徕顾客的旅游品商店老板，看见一群游客走过来，情急中想甩掉烟蒂去招呼客人，然而，被扔掉的烟蒂不偏不倚正好扔在旁边一位小伙子的手臂上。小伙子的皮肤顿时被烫出个大水泡，疼得他直跺脚。

这老板见状忙吐出一连串的“对不起”，之后又送给小伙子一个无比灿烂的希腊式笑容，他边笑边背诵起古希腊哲学家苏格拉底的语录：“在这个世界上，除了阳光、空气、水和笑容，我们还需要什么呢？”

小伙子不知道这句话是不是苏格拉底说的，只是觉得手臂上的疼痛和心里的窝囊气被眼前的笑容化解了，于是他也笑着走进老板的商店，买了不少漂亮的明信片。

微笑是人类宝贵的财富，是自信的标志，也是礼貌的表示。微笑似乎是上帝赋予人类的特权，具有震撼人心的力量。对于女人来说，丧失了笑容就等于丧失了对自己、他人和这世界的最美丽的祝福。每天，你出门的时候，请保持微笑，别忘了对你的家人说再见；你在路上遇见一个陌生人，请保持友善的微笑，那么你也会收获一个来自陌生人的祝福；请给帮助你的人一个衷心感激的微笑；请给那些不幸的弱者一个真心鼓励的微笑；请给抱怨的家人一个理解的微笑……

微笑应是真诚的，而不是皮笑肉不笑，真诚的微笑才能在市场上卖得好价钱。密歇根大学的心理学家麦克奈尔教授说:“有笑容的人在哲理、教导、推销上会较有功效,更可以培养快乐的下一代,笑容比皱眉更能传达你的心意,也就是在教学上要鼓励代替处罚的原因所在了。”一个公司的经理说过,他宁愿雇佣一名有可爱笑容而没有念完中学的女孩,而不愿雇佣一个摆着扑克面孔的哲学博士。

有一对法国夫妇开了一家心理咨询所,天天门庭若市,预约号常常排到了几个月之后。有朋友询问那对夫妇他们受人欢迎的原因。那位太太说,其实很简单,他们夫妇的主要工作就是让每一位上门的咨询者经常操练一门功课:寻找微笑的理由。比如,在电梯门将要合拢时,有人按住按钮为了让你赶到;收到一封远方朋友的来信;有人称赞你的新发型;雨夜回家时发现门外那盏坏了很久的路灯亮了;清洁工在离你几步远的地方停下扫帚,而没有让你奔跑着躲避灰尘……诸如此类的生活细节,都可以作为微笑的理由,因为这是生活送给你的礼物。那些按他们夫妇要求去做的人发现,几乎每天都能轻而易举地找到十来个微笑的理由。时间长了,夫妻间的感情裂痕开始弥合;与上司或同事的紧张关系逐渐趋向缓和;日子过得不尽如人意的人也会憧憬起明天新的太阳。总之,他们付出的微笑,都有了意想不到的收获。

林肯曾说:“多数人快乐的情形,跟他们所决心要快乐的差不多。”世界上的每一个女人,都在追求快乐,有一个可以得到快乐的可靠方法,就是控制你的思想。决定一个女人快乐或不快乐的,不在于她有什么,或她是谁,或她在什么地方做什么,而是她怎么想。乐观主义的女人表达快乐的形式往往是微笑。

心理学家卡耐基曾在纽约参加一个宴会,一个获得遗产的妇女,急于给人一个好印象,于是花了很多钱买了貂皮大衣、钻石、珍珠,打扮得光彩照人,但是她没有在表情上花太多的工夫,表情尖酸、冷漠,她没有发现一个道理:一个人的面部表情,比穿着更重要。笑容能照亮所有看到她的人,这比身上所穿的衣服更重要。

微笑是一种气质。即使你衣着寒酸,但是你始终保持微笑,既不对大人物谄媚,也不对小人物傲慢,别人会对你肃然起敬。你的微笑要充满活力,从微笑的眼睛中表达出真挚,没有人会喜欢“皮笑肉不笑”的笑容,你的笑一定要发自内心。

实际上,微笑是沟通人际关系的法宝。真诚的笑容会拉近人与人的距离,会使人解除心灵上的戒备。如果我们对别人露出微笑,只要他跟你没有深仇大恨,那么他也会回以一个友好的表示;如果我们对他露出不悦之色,哪怕只是一瞬间的表情,也会让他在内心或外在对我们产生不满。

在人生的道路上,遇到挫折和困难是避免不了的,最重要的是要坦然面对,自信自强,让灵魂始终微笑,始终高举那面叫做“自信”的胜利旗帜。因为穿透灵魂的微笑常常在生命边缘蕴涵着震撼世界的力量,让人生所有的苦难如轻烟一般飘散。没有什么东西能比一个阳光般灿烂的微笑更能打动人。一旦一个女人学会拥有阳光般灿烂的微笑,她就会发现,她的生活从此变得更加轻松,人也更加快乐。

“吃”出你的快乐

人的情绪、心理、性格与饮食习惯、营养摄入有着密切关系,只要注意吃得对、吃得好,快乐迟早在你不经意间就到来!

面对工作、生活的压力,你是否也有情绪低落、感觉抑郁的时候?那么,如何才能把这恼人的情绪“扫地出门”?除了心理治疗、服用药物等方法外,日常膳食也能帮上大忙!

科学家观测到,人的喜怒哀乐与饮食也有着密切的关系。有的食品能够使人快乐、安宁,有的食品则使人焦虑、愤怒、悲伤、不满、恐惧、狂躁。研究还发现,多吃碳水化合物的人比吃其他食物的人更会感到精力充沛和舒畅。这是因为碳水化合物消耗时,会使大脑中一种能帮助人脑产生5-羟色胺的物质,将信号送到大脑的神经末梢,促使人的心情变得安宁、快活,甚至可以减轻疼痛。而狂躁抑郁症患者通常大脑里没有足够的5-羟色胺,这是悲观压抑的原因之一。

美国的一些医生根据部分食物能使人快活,从而调节情绪这一观点,治愈一些精神方面的疑难杂症。有一位女病人终年郁郁寡欢,精神病专家卡瑟李普曼给她注射了一剂浓度很高的玉米液。注射后病人反应很强烈,连眼睛都睁不开。接着又给她注射了一支中和剂,病人反应很快消失。这证明病人的症状可能是由于吃玉米类及含碘盐较高的食物引起的。经过两年的"忌口",这位妇女的精神状态大为改变。

许多实验证明,水果、粗面粉制品含有大量的维生素B,对心情沮丧、抑郁症有显著的疗效。土豆、没有去掉表皮的粗面粉面包、大量的蔬菜色拉能够使人心情愉快。燕麦中也含有使人快活的物质,多少年来英国人的早餐总少不了燕麦粥,有些人认为这种燕麦、水加盐煮成的食物,或许是形成英国人幽默性情的原因之一。

快乐是可以"吃"出来的。心情的愉快程度与大脑分泌某些激素的多少有关,而这些激素的分泌可以通过饮食控制,这样就可以达到使人快乐的目的。经研究发现,以下食物有这种作用:

冰激凌:让人快乐。冰激凌对人大脑中的部分区域能产生直接影响,吃冰激凌就像听一曲喜欢的音乐一样,可以使大脑的快乐区域变得活跃起来,让人感到快乐。

巧克力:让人心情愉快。吃巧克力可以使人感到心情愉快,这是由于巧克力在大脑中释放复合胺。复合胺由色氨酸(蛋白质的组成部分)形成,人体自身无法制造,只能依靠从外界摄入的食物生成。巧克力本身色氨酸含量并不高,但它含有大量的糖,可以引发胰岛素的生成。胰岛素确保糖分进入细胞中，留下来的色氨酸进入大脑，被合成为复合胺。当复合胺停留在脑神经键中时，就会对人的情绪产生积极的影响。

鱼：鱼体内有一种特殊脂肪酸，与人体大脑中的“开心激素”有关。有5%的美国人患有较严重的精神忧郁症，需要接受专业辅导，而日本人仅0.1%需要看心理医生，两者差距同心脏病一样达50倍之多。报告认为，上述差异与两国不同的饮食习惯中食鱼多少有关。不吃鱼的人，“开心激素”水平较低。美国人不常吃鱼，因而患忧郁症的机会就多。

香蕉：嗜食香蕉的人大都能保持一种较为平和、快乐的心情。因为香蕉中含有一种特殊的胶质，这种胶质在人体内能帮助产生一种化学物质——血清素，而血清素能刺激人体大脑的神经系统，使人产生快乐、兴奋和乐观的情绪，保持心态的平和，减轻心理压力。

水：多喝水，可排出“痛苦荷尔蒙”。一个人的精神状态是由荷尔蒙决定的。大脑制造出来的内啡肽能使人产生一种快感，一种满足和轻松的享受。内啡肽因含有最著名的5－羟色氨因此被称为“快活荷尔蒙”。肾上腺素通常被称为“痛苦荷尔蒙”，但它同毒物一样也可以排出体外，方法之一就是多喝水。

那么，在什么心情下，应吃什么食物呢？建议你：

伤心时吃慰藉性食物，如汤、面、粥。

愤怒时吃坚硬、清脆的食物，如爆米花、芹菜。

窘困时吃乳液状食物，如香蕉。

兴奋、激动时吃多糖的食物，如糖果、饼干。

紧张时吃含碳水化合物的食物，如：马铃薯、面包。

精神压力大时吃含较多盐分的食物，如番茄汁、菜汤。

疲倦时吃含蛋白质多的食物，如花生酱、瘦肉。

情绪烦躁、焦急不安时，应多吃含钙、磷丰富的食物，如大豆、牛奶、鲜橙、花生、菠菜、栗子、葡萄、鸡肉、土豆、蛋类。

恐惧、羞涩、怯懦时，适宜经常服用蜂蜜和果汁，少饮酒，多吃碱性食物和含钙丰富的食物。

为了改善抑郁情绪，要时刻注意自己的饮食习惯。

(1)选择清淡开胃的食物，努力尝试新的口味和各种美食，以调动积极的心态。

(2)不过量摄入巧克力和咖啡。

(3)戒烟，少喝酒，远离碳酸饮料、油炸食物等高热量食品。

总之，人的情绪、心理、性格与饮食习惯、营养摄入有着密切关系，只要注意吃得对、吃得好，快乐迟早在你不经意间到来！

身在福中要知福

人生最大的快乐来源于自身，只有懂得知足常乐，才能保持一个良好的心态去面对生活。善于把握自己所拥有的幸福，才能做个快乐的女人。

如果今天早上你起床时身体健康，没有疾病，那么你比世上其他几百万人更幸运，他们甚至看不到下午的太阳了！

如果你从未尝过战争的危险，牢狱的孤独，酷刑的折磨和饥饿的滋味，那么你的处境比世上其他 5 亿人更好。

如果你能随便进出教堂或寺庙而没有任何被威胁、暴行和杀害的危险，那么你比世上其他 30 亿人更有运气。

如果你的冰箱里有食物，身上有衣可穿，有房可住以及有床可睡，那么你比世上 75% 的人更富有。

如果你在银行里有存款，钱包里有票子，口袋里有零钱，那么你属于世上 8% 最幸运的人……

看过上面的文字,你有没有觉得很幸福?

也许有人要说:“这太离谱了吧!我身边就有很多这样的人啊?”是啊!我们以及我们身边的人,都已在幸福中麻木,只认为一切都平淡无奇,自己只是在过平凡得不能再平凡的日子罢了。殊不知,我们只有珍惜现在所拥有的,才能幸福、快乐。

有这么一则寓言:鹰说,假如让我再活一次,我要做一只鸡,渴有水,饿有米,住有房,还受人保护;鸡说,假如让我再活一次,我要做一只鹰,可以翱翔天空,云游四海,任意捕兔杀鸡;猪说,假如让我再活一次,我要做一头牛,工作虽然累点,但名声好,受人爱怜;牛说,假如让我再活一次,我要做一头猪,吃罢睡,睡罢吃,不出力,不流汗,活得赛神仙。

实际上,这是一种非常有意思的互羡现象,可谓身在福中不知福,风景在别处。动物如此,人类也如此。

生活中,许多女人也是身在福中不知福。她们不重视自己所拥有的,总认为别人的才是最好的,看不到自己所拥有的幸福,实际上这是一种舍本逐末的做法。一些女人总是羡慕别人的生活过得好,不安分于本职,在一个岗位上干了一段时间,又想调换其他工作岗位;常常抱怨自己生不逢时,怀才不遇,千里马遇不到伯乐;感叹处处不公,名利与自己无缘,却对自己的拥有视而不见。如果我们能想到自己也许正在被别人羡慕,自己也是别人眼中的风景,那么,我们就会心平气和一些,心满意足一些。

曾经听过这样一个故事:有位非常富有的财主名叫伯当。一天,当他愁苦地行走在路上时遇到了阿凡提。他忧郁地对阿凡提说:“聪明的阿凡提先生,我想向你请教一个问题,你能告诉我怎样才能买到快乐吗?”

阿凡提好奇地问道:“你为什么要买快乐?”

伯当说:“虽然我生在官宦之家,家里很有钱,可是生活中却缺少一种最重要的东西——快乐。我从来不知道什么叫做真正的快乐,如果能让我感受一下快乐的美妙,我愿意付出我所有的家产。”

阿凡提笑了笑说:“我有让你体验真正快乐的秘方,不过我只怕你支付不起它的费用,你带了多少钱,可以让我看看吗?”

伯当从兜里掏出装满钻石的锦囊递给阿凡提,可是阿凡提接下来的行为却让他大吃一惊。只见阿凡提看也不看,抓住装满钻石的锦囊,掉头就跑。

伯当吃惊地愣在原地,当他回过神来时才明白自己被抢了。他大叫着拼命地追赶,直到跑得满头大汗、全身发热、口干舌燥,也没发现阿凡提的踪影,他绝望地跪倒在偏僻的小路上,失声痛哭,没有想到快乐的秘方没有找到,自己身上的钱财也被人抢光。正当他哭得声嘶力竭,站起来的时候,突然发现被抢走的锦囊就在路旁的一块石头上。

伯当兴奋地站起来抓起锦囊打开查看,发现锦囊里的钻石原封未动。刹那间,一股极大的快乐充满了他的全身。

这时,一直躲在巨石后面的阿凡提走了出来,看着伯当快乐的样子,欣慰地问:“你刚才说的话还算不算数?”伯当疑惑地看着他。阿凡提解释道:“你说过如果有人能让你体验一次真正的快乐,即使只是一瞬间,你也愿意把你所有的财产赠给他,这句话是真的吗?”

伯当说:“当然算数。”

阿凡提微笑着点点头继续说:“刚刚在你找回锦囊的那一瞬间,是不是感受到了一种莫大的快乐呢?”

“是呀!的确像你所说的那样,我刚刚体验到了快乐的真正含义。”伯当兴奋地回答着。听到伯当的回答,阿凡提快乐地转身离开了。

一位哲人说过,羡慕别人所得到的,不如珍惜自己拥有的。人生中最大的快乐来源于自身,只有懂得知足常乐,才能保持一个良好的心态去面对生活。善于把握自己所拥有的幸福,才能做个快乐的女人。

一个积极而自信的女人,能享受到生活的五颜六色;一个勤奋而努力的人,能收获到成功的喜悦。羡慕是人生道路上的十字路口,向左通往埋怨,向右通往妒忌,向前通向成功。积极而有分寸的羡慕能够提升你的人生品质,消极而不节制的羡慕只能诱你陷入消极。羡慕别人没有错,但不要轻视自己、迷失自我，身在“福”中就应知“福”。

敌动我不动，他气我不气

一个女人在社会交往中学会大度不是一件简单、容易的事情。大度能反映一个女人的处世胸怀。大度是以社会道德观念做基石、以礼貌的形式对待和处理事物，是对“礼”的一种超越，也是快乐的催化剂。

中国的民间歌曲中有一首非常有意思的歌曲，叫《不气歌》。这首歌的歌词是：“他人气我我不气，我本无心他来气，倘若生病中他计，气出病来无人替。请来医生将病治，反说气病治非易。气之为害大可惧，诚恐因病将命废。我今尝过气中味，不气不气真不气！”风趣幽默的《不气歌》唱罢，再凝神静想一番，相信聪明的你一定能悟出其中的道理！

道理其实很简单，简单地说就是“大度”二字。有人认为大度是人的一种心态，这只是片面的认识。一个女人在社会交往中学会大度不是一件简单、容易的事情。大度能反映一个女人的处世胸怀。把小事变大，不但会使问题复杂化，更显得自己斤斤计较，给他人留下不好的印象。大度是以社会道德观念做基石、以礼貌的形式对待和处理事物，是对“礼”的一种超越，也是快乐的催化剂。

宋朝南野琛是个御史，为人很有器量。

有一次回家，南野琛得知家里的牛把柳氏家的庄稼踩了，柳氏便把牛给杀了，并让儿子在南野琛家的门前辱骂。南野琛劝止家里人不要出去同他们争执。

柳氏的儿子很狂野，喝醉后骂了很久，结果一不小心跌倒在水田里。南野琛让人把他拉上来，给他换上自己的衣服，并且迎到上座，对他说："我家与你家世代交好，为什么要为这点小事而伤了多年的交情呢？"又让人用轿子把柳氏的儿子送回家，并向他的家人道歉，结果柳家的老人非常惭愧。

南野琛如果以恶对恶，那么下面的事情可想而知。现在南野琛大度忍让，不但将一场干戈化为乌有，保住了多年的交情，而且用至诚感动了对方，让对方从心里认识到了自己的狭隘心胸和粗俗无礼。

中国有句俗语："大事清楚，小事糊涂。"意思是对一些原则性问题要清楚，处理要有准则，而对生活中无原则性的、不中听、看不惯的错事和小事，不能认真计较，更不要往心里去，甚至对吃了亏该生气的事，也要一笑了之。这种"小事糊涂"的态度，对身心健康颇有裨益。在生活中奉行"小事糊涂"是改变狭隘心胸的有效方法。做人不要小肚鸡肠，要有"宰相肚里行舟船"的雅量。为人处世，要多看他人的优点，弥补自己的不足，即使一时受到误解，也莫以牙还牙。能忍为上，宽容为大。有了广阔的胸怀，就会目光远大，以事业为重，考虑人生有意义的大事，而不去斤斤计较非原则的小问题，这样，即使面临令人尴尬的事也不会雷霆震怒了。

在古老的西藏，有一个叫爱地巴的人，每当自己要生气或和人起争执的时候，他就会以很快的速度跑回家去，绕着自己的房子和土地跑3圈，然后坐在田地边喘气。爱地巴辛勤劳动和省吃俭用地积攒终于使他的房子越来越大，土地也越来越广，但不管房地有多大，只要与人争论或生气，他还是会绕着房子和土地绕3圈。那么，爱地巴为何每次生气都绕着房子和土地跑3圈？所有认识他的人，心里都起疑惑，但是不管怎么问他，爱地巴都不愿意说明。

直到有一天，爱地巴很老，他的房地又已经太广大，他生气，拄着拐杖艰难地绕着土地跟房子，等他好不容易走3圈，太阳都下山了，爱地巴独自坐在田边喘气。他的孙子在身边恳求他："阿公，你已经年纪大了，这附近地区的人也没有人的土地比你更大，您不能再像从前，一生气就绕着土地跑啊！您可不可以告诉我这个秘密，为什么您一生气就要绕着土地跑呢？"爱地巴禁不起孙子恳求，终于说出隐藏在心中多年的秘密，他说：“年轻时，我一和人吵架、争论、生气，就绕着房地跑3圈，边跑边想，我的房子这么小，土地这么小，我哪有时间，哪有资格去跟人家生气，一想到这里，气就消，于是就把所有的时间用来辛勤劳作。”孙子问道：“阿公，你年纪大，又变成最富有的人，为什么还要绕着房地跑?”爱地巴笑着说：“我现在还是会生气，生气时绕着房地走3圈，边走边想，我的房子这么大，土地这么多，我又何必跟人计较？一想到这，气就消了。”

学会大度还要考虑前提条件和对待事物的心态，这与迁就、无条件服从是有原则区别的。

在人际交往中，由于每个人所受的教育程度不同、社会环境影响不同、所参与的社会活动不同，所以，女人要想学会大度就要先学会理解，也只有学会理解他人才能做到大度。所以，“理解”与“大度”，一种是理智上的认识，一种是行为上的行动，两者融为一体。时刻注意尊重他人是大度，看大局而不去计较小节是大度，看法不一、意见不一则更需要大度。

想要拥有快乐的女人，如果心中要冒出火气，最好不要等它燃烧起来再去想如何浇灭它，而应防患于未然，在有一点苗头时就采取“剿灭”的措施。唱唱《不气歌》，想想“大肚能容天下事”的弥勒佛，你会发现快乐就在你的身后对你微笑。

女人要会宣泄自己的情绪

一个女人不可能没有压力和不良情绪，然而，如果这些不良情绪得不到宣泄，长期郁积，就会影响女人的心理健康。

人们总在充满悲伤和痛苦的时候希望得到别人的帮助和分担，但没有合适的分担人选时，同样需要宣泄，需要表达，需要释放。

随着社会的发展与变革，女人面临的是一个快节奏、高效率、充满竞争与挑战的社会环境，而女人的观点、态度、希望也会随之受到冲击和变化，这种内外环境的强烈影响常常带给女人巨大的心理压力，各种危害心理健康的情绪也就随之增多，严重威胁着女人的心理健康，如女人常常感到压抑、郁闷、不耐烦、焦虑、暴躁、易怒，人际关系变得不和谐，容易与人发生冲突、不快等。一个女人不可能没有压力和不良情绪，然而，如果这些不良情绪得不到宣泄，长期郁积，就会影响女人的心理健康。但是如果宣泄的方式不当，不仅毫无益处，反而还会对女人的身体和心理产生不良的影响。那么，女人应该用怎样的方式宣泄自己的不良情绪才于健康有益呢？

在国外，一种新式的心理疗法正逐步开展起来，那就是喊叫疗法。

所谓喊叫疗法，就是通过急促、强烈、粗犷、无拘无束的喊叫，将内心的郁积发泄出来，从而取得精神状态和心理状态的平衡协调。这样不但可以舒展情绪，对扩大肺活量也很有帮助。

喊叫疗法的步骤是：

(1)找一空旷处，放松站立，首先深深吸入一口气。在吸气的同时，左、右手握拳，右拳抬起，高过头顶，虎口向自己。

(2)呼气，瞪眼发出哼的声音，尽量延长，同时紧握拳。待气出尽以后，再用最后的力发出哈音，同时两手尽量张开。

(3)第二次深呼吸。在吸气同时，手势同上；呼气时，瞪眼，两手尽量张开，同时发哈音。气出尽时，再用最后的力发哼音，同时紧握拳。在做哼哈吐纳的同时，想象那些曾经有过的不愉快的人和事，对其发泄怨恨、不满的情绪。

另外，哭也是发泄情绪的最佳途径之一。

很多人觉得哭是不坚强的表现。我们有句俗语叫“男儿有泪不轻弹”，男性遇到多么巨大的压力都不能哭泣，哭哭啼啼的女孩子也总是被父母和朋友训斥，传统观念给予“哭”以太多的道德压力和束缚。在人们的观念里，哭代表着软弱，意味着没有出息，但哭是对人有益的，尤其是人可以通过哭宣泄掉不良的情绪。要知道，从心理健康的角度讲，“坚强”并不永远是个褒义词。

我国有位女士到美国看心理医生。刚到心理诊所，就看见一个大老爷们儿，声泪俱下地哭着出门，而且哭得连背都在颤抖。这位女士自然是持嘲笑的态度，但当她与心理医生开始交谈后，她逐渐被医生引导得伤心起来，而且想哭，还是难以自制地想哭，并且渐渐痛哭起来。她出门时也一样的声泪俱下，一样的后背颤抖，但过后她倍感轻松。

心理学家认为，眼泪对于人类一直发挥着很重要的作用，在情绪激动时流出来的眼泪带有应激激素，是一种摆脱激动的最佳方法，而这也就是“催泪”产业因何在全球得到广泛认同与发展的最根本原因。虽然哭泣会让你难堪，但它是一种信号，表明你紧张的情绪已经到了有损健康的地步，因此选择哭泣是一种明智的做法。

有人觉得自己该哭也想哭的时候是常有的，可就是怎么也哭不出来。别着急，我这儿有个“不用洋葱和辣椒自然哭出来”的妙方，当然发明权并不是我，而是美国著名心理学博士鲁思，他传授了一个自然哭泣的方法：

(1)寻找一个隐秘的空间，舒服地坐下，将手放在胸前锁骨的上方。

(2)呼吸只到手放的地方。

(3)急促地出声吸吐气，发出像婴儿的哭泣声，仔细倾听其中的哀伤。

(4)回想伤心往事，允许自己流露软弱。

(5)多次持续地练习，如太阳穴隐隐作痛，就是压力累积过多，需要加强训练。

古人说：“忍泣者易衰，忍忧者易伤。”可见，该哭不哭对健康危害极大。让自己在该哭的时候可以哭，有地方哭，这样的生活才健全，这样的心理才健康。

另外，正确的宣泄方式要记住两个原则：

第一，选择适当的形式宣泄。有的人用喝酒或吸毒来发泄；有的人用损伤自己的身体来发泄，如用刀割手腕，用香烟烧烫手臂等；有的人用自暴自弃、牢骚抱怨，甚至仇视一切来发泄等，这些既伤害了自己的身体，也不利于我们的心理健康成长。

第二，宣泄一定要考虑适当的时间和场合。思维、情绪和行为是人心理活动的三个主要成分，对心理成熟的人来说，只有行为是可以控制的。随便发泄会给自己惹来不少麻烦，如得罪同事、领导、家人，甚至丢饭碗、离婚等不良后果，常常使处境更加困难。最好的办法是当情绪将要爆发时先冷处理，待情绪缓解一些后再去分析这些事，这时你就会换一个角度，比较客观地看待这些问题，不良情绪也就会得到较好的处理。

上篇：徜徉于缤纷多彩的习惯花园

{Chapter 3}

雅致女人：好习惯让魅力持久永恒

每个女人都希望自己永远魅力四射，无论在男人中还是在女人中都能卓尔不凡，成为令人瞩目的焦点和中心。魅力是女人的综合指数，年轻、皮肤好、身材好，每一项都不等于魅力；魅力是女人从内心深处自然而然涌动、喷发、流露出来的一种气韵和态度，女人的魅力不是天生的，也不是“妆”出来的，它还需要良好的习惯给予维护和增值。

有个性的女人更有魅力

拥有美丽容颜的女人是幸运的，但比容貌更重要的是女人的个性。光有漂亮的外表而没有内涵的女人，只能沦为花瓶。女人一旦拥有良好的个性习惯，她的魅力就会直升，甚至光芒四射！

个性能让女人熠熠生辉，妩媚动人。一个女人如果拥有了保持个性的习惯，那么她无论是生活中还是事业上，都能得心应手，实现自我。作为女人，坚守自己的个性，在女人这座百花园中，你就是一朵奇葩；作为女人，用个性提升自己的魅力，在成功这座堡垒里，你就永远不会失败。

常常听到这样一句话："女人不是因为美丽而可爱，而是因为可爱而美丽。"这句话其实是说女人的性格魅力要比外表的漂亮更重要。然而，长期以来很多女人都认为魅力只来源于美丽的容颜、漂亮的装扮、婀娜的体态。其实这是一种浅薄的看法，也是一种误区。正所谓"光阴易逝，红颜易老"，美丽是不能永葆的，女人的魅力有很大一部分是来自于女人的个性。

美国一本杂志曾对美国男子作过一次调查，调查的题目是：你最想和谁约会吃饭？候选女人有：迷人性感的好莱坞著名影星莎朗·斯通，青春、动感十足的"霹雳娇娃"，拥有迷人嗓音的黑人女歌星惠特妮·休斯敦，以及美国前国务卿赖斯。

调查的结果出来后，所有的女人都大跌眼镜。因为排名第一、成为男人心中最想约会对象的居然是——赖斯！她没有莎朗·斯通性感，也没有"霹雳娇娃"的青春，她的特立独行和温柔也扯不上边，她甚至看起来一点也不漂亮，而且还生了一张黑皮肤的脸。可是，就是这样一个貌不出众的女人竟然让美国半数以上的男人神魂颠倒。

神魂颠倒的理由不在于赖斯是美国国务卿，也不在于她手中的权力，而在于她脸上自始至终的自信和微笑所形成的独一无二的个性！她不会为任何男人改变性格，她总是潇洒地为自己而活，但是男人们最想约会的女人就是她！

生活中，太多太多的女人执迷不悟地认为，女人的身体、脸蛋对男人而言才是最重要的。她们花了大把大把的时间在美容打扮上，但是无论多么精心地打扮，都不能保持18岁时的状态。美容只能弥补女人的虚荣，弥补不了女人的实质。也许打扮后跟同龄人相比的确有了些许光彩，但是与年轻者相比定然是黯然失色。可见，许多女性在感叹岁月流逝、韶华难留的时候，忘记了女人最重要的魅力之一——个性。

有些女人总认为男人就是为自己挡风遮雨的大树，她们生活的唯一目的就是寻找这样一颗可以依赖的树。找到这棵树后，她们的生活就完全围绕着这棵树，完全没有意识到自己也可以成长为与他比肩的树。一旦她们的树离开了她们，她们的生活就会彻底崩溃。

萧翎高中毕业后，就到酒店做服务员。她芳龄十八，天生丽质，一双美目更是顾盼生辉。萧翎的人生理想很简单，就是找到一个有钱的男人嫁了，从此过上阔太太的生活。后来萧翎在一次偶然的机会中，和一个年过六旬的香港富商认识，并且顺利地被这个富商包养，过上了锦衣玉食的生活。富商对萧翎的要求很简单，就是要求萧翎听话，他说什么萧翎就做什么。萧翎果然很听话，不关自己的事从来不问不打听，更不敢提结婚的事。她陪着富商度过了女人最美好的十年时光，期间曾数次怀孕，富商都以不想要孩子打扰二人世界为由，让她去医院一次次做人流。结果在萧翎28岁，韶华不再时，富商却抛弃了她。

萧翎付出了十年的青春最后只获得了一套三居室的房子和一张医生的处方，上面写着：因数次人流，已经没有怀孕的可能，终生也不能成为一个孩子的母亲。萧翎伤心欲绝，但是事已至此，伤心也无济于事了。

诗人舒婷曾经在她的著名诗歌《致橡树》中向全天下的女人呼吁:“我如果爱你/绝不学攀缘的凌霄花/借你的高枝炫耀自己/我如果爱你/绝不学痴情的鸟儿/为绿荫重复单调的歌曲……这才是伟大的爱情/坚贞就在这里/爱/不仅爱你伟岸的身躯/也爱你坚持的位置/足下的土地。”女人应该做一棵有个性的大树,而不是一棵需要被大树遮挡的小草。

拥有个性习惯的女人,她不在意自己是不是如花般漂亮,她更加关注的是自己的气质。她们会做自己喜欢和想做的事,却不会轻易为某个随便的男人改变自己。她们不会想像月亮守护地球那样,时刻围绕着自己的男人转,也不会为喜欢的男人而完全失去自我。

拥有个性习惯的女人不会因为男人移情别恋而“凄凄惨惨戚戚”,即使伤心掉泪,她们也不会苦求男人。她们会适时地调整自己的心情,让自己尽快摆脱失恋的阴影。她们会因此活得更加自由洒脱,更加享受生活的乐趣。个性女人从来都是笑对人生,男人看到她的永远是自信。

拥有个性习惯的女人懂得泰然自若地面对人生。有男人的宠爱,她的生活锦上添花;没有男人的宠爱,她会自己宠爱自己。

拥有美丽容颜的女人是幸运的,但比容貌更重要的是女人的个性。光有漂亮的外表而没有内涵的女人,只能沦为花瓶。女人一旦拥有良好的个性习惯,她的魅力就会直升,甚至光芒四射!

因此,女人们要时刻牢记,有个性的女人才最有吸引力,最有魅力。有个性的女人是一朵常开不败的花,年龄会老去,但是魅力在岁月的沧桑中,依然能够熠熠生辉。女人们养成保持个性的习惯吧,让个性成为点缀生活的一道靓丽的风景线。

豁达的心胸是女人魅力的闪光点

一个女人要有魅力，可能需要温柔、贤惠、矜持等女性应该拥有的美德，但是有一个习惯是女人们必不可少的，那就是——宽容豁达。

荀子曾经说过："君子贤而能容罢，智而能容愚，博而能容浅，粹而能容杂。"说的就是宽容的重要性。一个女人要有魅力，可能需要温柔、贤惠、矜持等女性应该拥有的美德，但是有一个习惯是女人们必不可少的，那就是——宽容豁达。

豁达的心胸是溶解人际间冰块的一剂良药，是增进人与人感情的桥梁。拥有宽容豁达习惯的女人往往善于宽容地面对人生，她们以宽容对待狭隘，以礼貌谦恭对待冷嘲热讽；拥有宽容豁达习惯的女人一般都温柔，她们懂得为人谦让，对人体贴，凡事都能替别人着想；拥有宽容豁达习惯的女人从不会对自己的敌人步步紧逼，她们懂得大事化小小事化了的生活艺术。这样的女人身上所散发的魅力，可以弥补其他方面的缺点，是男人心目中的梦中情人。

曾听过这样一个小故事：一个小沙弥刚刚学会了玩锤子剪刀布的游戏，但是他对规则中的布能战胜锤子深感不解。于是他向自己的师傅请教："师傅，为什么布可以战胜锤子呢？它是那么柔软并且不具任何力量呀！"小沙弥的师傅淡淡地笑了笑说："布代表的是宽容，是拿得起、放得下，包容一切的气度；而锤代表执着，所以布胜锤。人生需要执着，像锤子一样，拿得起，放得下，不畏坚韧，不畏强硬，在生活中勇往直前；人生需要有剪刀般的果敢，快刀斩乱麻，不拖泥带水，不颓靡于困境，在每一个紧要的关口都能果断做出抉择；而人生最需要的则是像布一样的放开与包容、不计得失的气度！"

女人想要有魅力，在人际关系中左右逢源，就必须养成宽容豁达的习惯。宽容与豁达不是退让与忍耐，对现实的宽容与豁达并不意味着满足，对困境的宽容与豁达也并不代表停滞不前。真正的宽容豁达是用一颗宽容的心，换一个崭新的视角去看待这个世界，看待生活中的人和事。

胡兰兰大学毕业后顺利进入当地一家报社成为一名记者。在工作之前，胡兰兰可谓是一帆风顺的，大学四年她拿的都是一等奖学金，并且多次获得“优秀学生干部”“十佳大学生”的荣誉称号。她是同学们羡慕的对象，是老师树立的榜样。顺利的人生也养成了兰兰傲慢、容不得他人比自己好的性格。

到了工作岗位后，兰兰先是看不起和她一起进来的新人，拒绝和他人合作。她认为其他人的低素质会拖累她，所以只要有可能，她都单枪匹马地一个人去采访。后来又常常因为一些小事与同事争吵，搞得人际关系恶劣。

工作一个月后，报社为了激励职员的积极性，搞了一个“优秀稿件”的评选活动。胡兰兰的稿件并没有被选上，这让她大受打击。她不仅对评选的公正性提出了质疑，还对领导心存抱怨。她认为领导偏心，总是把比较难的采访任务交给她，常常提出一些不合理的工作要求来刁难她，这让她忍无可忍。工作不到 3 个月，胡兰兰就气呼呼地递交了辞呈，并且和领导大吵了一架。

事后，领导对其他员工说：“这个胡兰兰简直是莫名其妙！我把那么重要的采访任务交给她，是信任她，想要提拔她。结果她居然觉得我是在刁难她，莫名其妙嘛！”

胡兰兰的失败在于她遇事总喜欢斤斤计较，如果别人不赞同她的看法，她就认为别人是在针对她。有一句话说的好：“退一步海阔天空，忍一时风平浪静。”有时候，如果女人们能以一颗宽容豁达的心来处理问题，她们就会发现其实问题并不是太大，很多时候都是在“庸人自扰”。

“人非圣贤，孰能无过。”每个人都可能在生活中犯各种各样的错误。当别人犯错时，女人们要以宽容豁达的心态来对待。宽容豁达，是一种坦荡，可以无私无畏，无拘无束，无尘无染。宽容豁达，是一种大度，是比海洋和天空更为博大的胸襟，是宽广和宽厚的叠加、延续和升华。宽容不是怯懦，不是要求女人要一味地逆来顺受，而是希望女人们在理解的基础上要大度和忍让。拥有宽容豁达习惯的女人往往能以成熟的心态，客观地解决问题。

宽容豁达是女人提升魅力、赢得尊重的法宝，是对人对自己都可成为一种无须投资便能收获的精神礼品。学会宽容不仅有益于身心健康，也有利于赢得友谊，保持家庭和睦，乃至事业的成功。

法国作家雨果曾说过："世界上最宽广的是大海，比大海更宽广的是天空，比天空更广阔的则是人的胸怀。"只要女人们以宽容的心态去欣赏他人，以真诚的态度去对待他人，以良善、仁慈、宽恕的胸怀去接纳他人，她们就会发现周围的人不是想象中那么傲慢、偏执，周围的一切都是那么美好！

世界因为女人的存在而美丽，女人因为拥有宽容豁达的习惯而动人。在这五彩缤纷的世界里，拥有宽容豁达习惯的女人是最迷人的，她们永远是一道靓丽的风景线。作为女人，你也许很娇贵，也许很单纯，也许很浪漫，但拥有宽容豁达的习惯，才是作为女人的完美之本。

女人们，从现在开始努力培养宽容豁达的好习惯吧，它会令你受益终生的。

懂得感激的女人最有魅力

对他人心存感恩，女人才能在周围熙熙攘攘的嘈杂世界中看清有多少事物值得珍惜，并有勇气去负起责任，提升自己的魅力，让你自己的生活过得更加和谐美满。

富比斯曾说过："一句感恩的话，会产生意想不到的效果，使你的理想轻易地达成。”女人活在世界上，是需要对周围一切的人和事都心存感激的。对他人心存感恩，女人才能在周围熙熙攘攘的嘈杂世界中看清有多少事物值得珍惜，并有勇气去负起责任，提升自己的魅力，让你自己的生活过得更加和谐美满。

听过这样一则小故事，讲的是一位辛苦持家的主妇，操持了大半辈子，却从来都没有从家人那里得到过任何的感激。

有一天，主妇问丈夫："如果我死了，你会不会买一束玫瑰花向我哀悼？"

丈夫惊讶地说："不是一朵，到时候我会把一个花店的玫瑰全都送给你，不过你活得好好的，都痴说滥道了些啥？"

主妇一本正经地说："等我死了，再送我花已经没有意义了，倒不如趁我还活着的时候，送我一朵就够了。"

很多时候，他人对自己的要求并不多，一个欣喜的眼神，一声由衷的赞叹，甚至是一朵花，都可以表达感激之情，给对方喜悦及希望。可惜的是，有些女人明明心存感激，却偏偏羞于出口，或者不懂得如何适当地向对方示意。

其实一句简单的谢谢、一张卡片、一封信、一通电话、一次拜访、一份小礼物……都是女人们表示感激之情的"常用道具"。尽管礼物很小，但是因为彼此的真诚，而变成了人间的甘泉。

对于女人来说，很多时候给予你帮助的人并不期待回馈或报答，但这并不表示你就可以因此而忽略对方的付出。如果你没有对他人表示感激的习惯，长期辜负他人的付出，在他人看来就变成了没有修养的女人，以后你再有需要帮忙的时候，他们都不会像以前那样热心了。这其实是你自己的损失。没有表示感激之情的习惯，你就无法体会彼此的好意在互动之间的那种温馨幸福和甜蜜。

感激的习惯是对别人付出的一种肯定，是一种鼓励，也是一种尊重。女人们活到现在该感激的人太多了！我们首先应该感激父母的养育之恩，感激老师的培育之恩，感激同事之间的帮扶之恩，感激困难无助时的知遇之恩，感激事业成功的提携之恩……很多时候，女人们觉得感激是放在心里的，不用说出来。但事实上，大部分人都喜欢听到感激的话，这种既能使他人开心，又能表达自己情感的好事，为什么女人们不乐意去做呢？

感激的习惯还是一种礼仪，一种美德。女人们应该从小培养自己对他人的感激习惯，并认同“滴水之恩，当以涌泉相报”这句话，这样才会收到周围的人的喜爱，魅力指数才会升级。

有人这样说：一个木桶能装多少水，往往取决于最短的木板！女人们在事业上的成功，往往就取决于细小的感谢。

圣晨毕业后来到一家小公司工作。她明白自己的学历不高，能力也有限，于是她总是虚心地向前辈们请教，并且对于帮助过她的人，她总是毫不吝啬地以最诚挚的谢意表达自己的感激之情。久而久之，公司的同事都很喜欢她，认为她待人真诚，大方得体，是个极具魅力的女人。

一次，圣晨在与一位公司的客户接洽时，那个客户毫不留情面地指出了圣晨在策划书中的一个小错误。圣晨不但没有因为客户的批评而难受，而是虚心地接受了批评并及时改正。不久后，那个客户还收到圣晨的一封感谢信，信中这样写道：“您毫不留情的批评，使我以后再也不会犯同类型的错误。在这里，我再一次为您的指正表示最诚挚的谢意！”客户看完信后大为惊叹，立刻打电话给圣晨的老板，对他说：“贵公司员工的感激使我十分感动，一个优秀的公司才会拥有如此优秀的员工。我决定和贵公司的合约从三年续到五年。”

一年后，圣晨被升为公司的主管，正当她习惯性地准备向老板道谢时，老板笑着打断她说：“今天在你感谢我之前，我也要感谢你。感谢你对公司作的贡献，感谢你愿意继续为我们公司工作。”圣晨听完感动得热泪盈眶。

世界上的事情就是这么简单：“种瓜得瓜，种豆得豆。”圣晨对他人心存感激之情的习惯，使得她在事业上“一帆风顺”，在人际交往上“如鱼得水”。

有些女人总是把感谢放在心里，但是很多时候你的朋友们并不知道你内心的想法，有时倒还会产生错觉，觉得你是不是对他的帮助不满意。所以，如果你心存感激之情，就一定要大声地说出来，要说到人家心里去。有时候你自己和自己都有隔阂，何况别人和你，因此“说出来”是最直接有效的方式。

歌曲《感恩的心》是这样唱的：“感恩的心，感谢有你，伴我一生，让我有勇气做我自己！感恩的心，感谢命运，花开花落，我依然会珍惜！”懂得感激身边所有的一切，说明你胸襟宽广，有一颗不平常的心，你自然也不会被那些小事阻碍自己的完善，你所体现的气质必然是落落大方。个人很有修养，是有魅力的表现。

因此，如果到现在你还没有养成对别人心存感激的好习惯，那么要赶快开始行动哦！懂得感激的女人才是最有魅力的女人，它能使你在人际交往上用最少的时间结交到最广泛的朋友。对别人心存感激之情的习惯，是女人们成功的催化剂！

修养是女人魅力的源泉

修养是一种潜在的品质，是一种美德。对凡尘中的女人们来说，良好的教养是女人提升魅力的重要法宝之一，因为生活需要女人有教养，家庭需要女人有教养。

18世纪末政治家、思想家勃客曾写过这样的话：“教养比法律还重要……它们依着自己的性能，或推动道德，或促成道德，或完全毁灭道德。”可见，教养在社会中有着十分重要的地位。一个女人可以不漂亮，可以不美丽，但是一定不能没有教养。教养是一种潜在的品质，是一种美德。对凡尘中的女人们来说，良好的教养是提升魅力的重要法宝之一，因为生活需要女人有教养，家庭需要女人有教养。

男人们通常尊敬那些拥有良好教养的女人，并且常常试图和她们接近。如果条件允许，能把这样的女人娶回家，共度一生，那是他们的人生梦想之一。教养，是道德美的具体表现，随着女人年岁的增长，它会日益显出温润如玉的一面。

常常听到一句话："不美丽是女人绝对不可以容忍的事情，但没修养绝对是男人不可以容忍的事情。"生活中，许多女人看上去十分美丽，但她们行为粗鲁，往往惹得男人望而却步，或者心生厌恶；相反，那些相貌平常，但言谈和举止富有修养的女人常常能赢得男人的心。

吴汉出生在一个经商世家，是一个含着金汤匙出生的公子哥。他在英国剑桥大学取得工商管理硕士学位后回国帮助父亲打理公司，毫无疑问，吴汉成为了公司所有未婚女性心目中的白马王子。到公司上任不到一个月，收到的情书就可以用麻袋来装了。吴汉一直洁身自好，并未和任何女人传出绯闻，但是半年后一个晴天霹雳的新闻传来——吴汉和公司策划部部长唐羽茗谈恋爱了！

唐羽茗生得并不算美丽，顶多算是中等姿色，家里的背景也很普通。这样的一个女人是怎样吸引到吴汉这样的公子哥呢？不甘心失败的女人纷纷在背后恶意中伤唐羽茗，说唐羽茗曾在吴汉醉酒时故意勾引他，吴汉是被迫答应恋爱什么的。唐羽茗面对这些谣言泰然处之，倒是吴汉听不下去了，主动出来为恋人辩解，说是自己主动追求唐羽茗的，还说出了自己选择她的原因——她的教养。

"我观察小茗很久了。"吴汉笑着说："她无论是开会、赴约，还是做客，都从不迟到。同她聊天的时候，她从不打断别人的谈话。她一定会听完对方的发言，然后再去反驳或者补充对方的意见。她尊重别人的观点，即使她不同意，也从不喊叫'瞎说''废话''胡说八道'，而是陈述理由，说明不同意的道理，和她聊天很舒服。还有在公共场所，她总是举止得体，而且相当有爱心。我觉得和她在一起是一种享受，我追她可是追得很辛苦呢！"听完吴汉的话，公司的员工们都沉思良久。

唐羽茗以她良好的教养，轻而易举地击败各路美女，掳获了爱人的心，可见良好的教养对于女人来说是多么重要。

《中国美容时尚报》社长兼总编辑张晓梅说：“女性修养、女性魅力是需要用心体味和感悟的，它是女人修炼的结果。通过不断地修炼，每个女人都可以今天比昨天、明天比今天更有魅力。更重要的是，是否知晓魅力的重要性，是否愿意不断学习提升魅力的方法，是否能够把提升魅力作为生活的一个重要内容并为此做出长期不懈的努力。”而培养无所不在的教养习惯，正是女人们提升魅力的一大法宝。

珍溪的老公吵着要和她离婚，珍溪大为吃惊，死活不同意。珍溪和老公结婚快十五年了，女人最美好的年华都是陪着他度过的，怎么老公这么没良心说离就离呢？珍溪采用了一般女人“一哭、二闹、三上吊”的常用方式死缠烂打，希望挽留自己的婚姻。她认为自己含辛茹苦地扶持他，打理这个家，陪伴他度过十几年，不管有钱没钱都跟着他创业打拼，并没有做对不起他的事，凭什么要离婚？她的老公也不是人们想象中的大款，养了二奶、小蜜，其实他只不过是个普通的出租车司机，目前还在起早贪黑地挣钱养家。

但是她老公要离婚的决心似乎很大，并起诉到法院。法官问他：“你为什么要和太太离婚？”男人说：“她不顾我的面子，经常在大街上像‘泼妇骂街’一样骂我，我为此羞耻不已。我曾经跟她提过好多次有什么问题可以回到家里再解决，但她就是不改！我已经忍了太久，不想再忍了，我就像一只气球，被不断吹大，吹到一定程度，到了它的极限时，就会爆炸。我就是快要爆炸的气球。”

一个没有良好教养的女人总是让她的男人难为情，即使她“下得了厨房”，她的男人也不愿意让她“上厅堂”。因为男人时常担心自己的女人会做出什么让自己丢脸的事，使自己成为别人的笑柄。

有教养的女人静若幽兰，芬芳四溢；有教养的女人像潺潺的溪水，让周围的人被浸润；有教养的女人不会随着岁月的流逝而渐失光泽，反而会越发耀眼迷人。时间可以扫去女人的红颜,它却扫不去女人经过岁月的积淀而焕发出来的美丽。这份美丽正是由女人的教养提供的。

拥有良好教养习惯的女人,应该是一条永远亮丽的风景线,她们是芬芳四溢的花,香如幽兰,静如处子。

良好的教养是一种人生体验到极致的感悟,是人生感悟极致的平静,是一种更为简单纯净的心态。女人们,如果你还没有养成良好的教养习惯,请加快你们的步伐,好好加油吧!

给别人尊重就是给自己添加光环

女人们,如果你想得到别人的尊重,你想使自己更具魅力,你想使自己的人生更臻完美,那么就坚持奉行“尊重”的原则吧!尊重使女人能以自己之心去体悟别人的合理要求,不违背别人的合理情意;不执著于自己的意愿与利益,学会并更好地为别人着想。

俗话说:“己所不欲,勿施于人。”《圣经·马太福音》也有一句话:“你希望别人怎样对待你,你就应该怎样对待别人。”这些话说的都是做人的一个基本原则,也是一个女人提升魅力的重要手段——尊重别人。

一个女人想要使自己看起来更具魅力,就要讲究公平,尊重他人,只有双方平等对待,互相尊重,才能做到团结,才能做到“一个好汉三个帮”。

在生活中,我们总能遇到各种各样的人,无论你喜欢不喜欢,都无法逃避,因为他们就存在于我们身边,而我们所能做的就是警醒自己,保持一颗尊重的心去对待他们,并且相信“种瓜得瓜,种豆得豆”,你也一定会收获别人的尊重,反之亦然。

听过这样一个小故事：

有一天，一位衣着华丽的少妇手牵着京巴在街上遛弯，一位衣衫褴褛的小孩用渴望的眼神看着“贵妇”说：“阿姨您好！您能给我一块钱吗？五毛也行！”

“贵妇”扬着一张十元钱，指着身边的京巴说：“你要是喊它一声爸爸，这十块钱就是你的了！”孩子涨红了脸，一会儿看着小狗，一会儿看着十块钱，犹豫了好一会儿，最终屈服了。现实的残酷早已教会他，生存下去才是最重要的。他的生活需要钱，需要温饱。于是，孩子对着那只小狗喊了一声：“谢谢爸爸！”

围观的人唏嘘不止，那“贵妇”却一脸的得意。当她把钱递给孩子时，孩子接过钱，对着“贵妇”深深地鞠了一躬，大声说：“谢谢妈妈！”

贵妇也许穿着华丽，也许有着精心保养的漂亮脸蛋或是妙曼的身材，但是却只会让人鄙夷，而不会有动人的美丽可言。因为她失去了一个女人拥有魅力的根本——尊重他人。其实在这个世界上，黄金和钻石并不是最高贵的，只有能让一颗心灵感动的，才是心灵和生命最珍贵的礼物。

刘墉说过：“施与人，但不要使对方有受施的感觉。帮助人，但给予对方最高的尊重。这是助人的艺术，也是仁爱的情操。”我们在帮助别人的时候，也要尊重别人，别人也会因为你的尊重而加倍地尊重自己。

弗洛姆说：“尊重生命、尊重他人也尊重自己的生命，是生命进程中的伴随物，也是心理健康的一个条件。”平等待人是一种美德。女人们，无论你们担任什么职务，从事何种工作，取得何种成就，都是社会的分工，都不应该以此去傲视别人。平等待人是做人的基本准则，只有交往双方处于平等的地位，才可能有真正成功的交往，由此换得真诚的友谊。

婚姻亦是如此。你对丈夫的态度往往决定着他对你的态度，如同照镜子一样。你笑，镜子里的人笑；你吼，镜子里的人也跟着吼。因此，女人想要获得丈夫不变的喜爱和尊重，就必须先学会尊重你的丈夫。

叶红是小学教师，善解人意，聪明漂亮，她的老公张山是一家企业的老总，风度翩翩，温文尔雅。两人结婚已经6年了，有一个聪明可爱的女儿，家庭幸福美满，让旁人羡慕不已。

然而，正应了那句“天有不测风云”，叶红怎么也不会想到张山会出轨。那天，叶红本来是要去外地出差的，却把一份重要的合同忘在了家里，她掉头就往家里走。没想到刚到家门口就看到张山的秘书小玲鬼鬼祟祟地走进自己家里，随后，她就看到张山伸出脑袋慌张地向四周观察一番后，很小心地关上门。叶红顿时血往上涌，怒火冲天。当时就想冲进屋里，当面逮个正着，揭穿他们的私情，让这对偷情的男女颜面扫地。但是，叶红依然深爱着张山，她担心如果自己一时冲动，意气用事，光顾着自己发泄，这样可能会弄巧成拙，伤了张山的自尊，导致婚姻的终结。叶红相信，张山还深爱着自己，他只是一时糊涂。思前想后，觉得不如自己放他一马，给他们一个台阶，让他们自己掐断这份私情。于是，她果断地发了一条短信给张山，上面写着：“我就在家门口，仅此一次，下不为例！”等到张山满脸羞愧地开门时，门外早已不见叶红的身影。

事实证明叶红的做法是正确的，也很明智。这次事件过后，张山再也没有越雷池半步，而且对她更疼爱有加。张山曾不止一次对叶红说：“你是世界上最宽容、最理智的女子。对你，我除了爱，还有尊敬和感激。”

在现实生活中，很多的婚外情并不是婚姻破裂的真正杀手，也许只是一个诱因。有些男人只是经不起一时的诱惑，但是他并没有想以牺牲家庭为代价。这时，女人们要是采取不正确或极端的方式，只会使双方的矛盾更加激化，让婚姻迅速瓦解。

如果在这时，女人们保持一颗尊重的心，为丈夫保守住这个秘密，顾全了他的面子，也许随着时间的推移，这场“婚变”只会成为你们生活中的小插曲，甚至有可能使你的婚姻更加牢固。

古人常说：“我敬人一尺，人敬我一丈。”如果你想得到别人的尊重，你想使自己更具魅力，你想使自己的人生更臻完美，那么就坚持奉行“尊重”的原则吧！尊重使女人能以自己之心去体悟别人的合理要求，不违背别人的合理情意；不执着于自己的意愿与利益，学会并更好地为别人着想。

女人们，就请从现在做起，学会如何帮助别人和如何尊重别人吧。

十分魅力需要三分诚信

女人有十分魅丽，如果远离诚信，将失掉七分内蕴。诚信的女人，由内而外散发着睿智与灵气，诚信为女人平添了几丝妩媚，几分神韵。诚信的女人，最具魅力，她们永远是人们心中一道最美丽的风景。

一个人的外表美只能取悦一时，内心美方能持久不衰。很多人用花来比喻女人的美丽，如果说，花衬托出了女人的美丽，那么，诚信将使女人的美丽更加增色。将诚信之花根植于女人的内心，她的魅力将注定让世人难以忘怀。

"坦荡磊落，本于正，本于诚。"诚信，一个古老而又永恒的话题，在我们这个将其奉若珍宝的国度，就像一坛陈年老窖，在时间的酝酿下愈发酣美醇香。

孟子曰："诚者，天之道也；思诚者，人之道也。"这就是说，襟怀要坦坦荡荡，讲话要实实在在；赞扬人不华丽溢美，听意见要虚心认真；策略灵活不世故圆滑，内外有别不故弄玄虚，确实做到诚恳待人，平等待人。有诚信的女人容易得到别人的信任，在复杂的人际交往中也能够如鱼得水。

听过这样一个哲理小故事：有一个作家在家写作时，他的 4 岁儿子吵着要他陪。作家很烦，就将一本杂志的封底撕碎，对儿子说："你先将这上面的世界地图拼完整，爸爸就陪你玩。"过了不到 3 分钟，儿子又来拖他的手说："爸爸我拼好了，陪我玩！"

作家很生气:“你怎么可能这么快就拼好世界地图!小孩子骗人怎么行?”儿子非常委屈:“可是我真的拼好了呀!”作家一看,果然如此。难道家里出现了神童?他非常好奇地问:“你是怎么做到的?”儿子说:“世界地图的背面是一个人的头像。我反过来拼,只要这个人做好了,整个世界就完整了。”

这故事告诉女人们这样一个道理:做事如同做人。要想成功地做事就必须先做人,做人做好了,他的世界才会完整。

工作中,我们常常看到少数的女人因为小事而撒谎,把诚信完全抛在脑后。比如在刚开始一项计划时,就对上司说:“我快做好了!”以博取上司的好感,而等到上司要求交计划时,这些女人又千方百计地寻找各种借口搪塞。再有同朋友约会时,明明刚出门,却告诉朋友“我马上就到了”;等到朋友无数次地催促后,女人们又寻找“路上塞车”“不小心摔了一跤”等理由。这种行为实际上是非常可悲的。因为她们将因此失去同伴们的信任。

听说过作茧自缚吗?它说的是蚕吐丝作茧,把自己裹在里面。比喻做某件事,结果使自己受困。也比喻自己给自己找麻烦。自己说错了话和做错了事,最后受到伤害的还是自己。生活中不能养成诚信习惯的人,就常常做这样吃力而不讨好的事。

晓晨到公司工作不到一年,就有了一个响亮的绰号:再过 5 分钟。因为晓晨几乎天天迟到,要是让她外出办事,更是没准她什么时候才会回来。打电话催促她,她总是说:“再过 5 分钟,我马上就到了。”结果,往往是在一个小时以后才能见到晓晨的身影。

如果说迟到这个缺点还勉强可以使人压住火气和她说说的话,晓晨的另一个缺点——“失信”简直让人无法接受。晓晨平时的工作主要是为公司跑跑业务,一次,她和一个同事一起谈成了一个订单。晓晨争着在老板面前邀功,说自己是如何舌灿如花,如何竭尽所能,不辞辛劳,好像所有的功劳都是自己的。结果,那个客户因为资金无法周转,付了首付后无法继续付完所有的款项。这时候,晓晨又改变了另一种论调:“当时我就说这种小公司没诚信,那个同事硬说没问题。要不是我拦住不让定那么多,我们现在的损失估计还不止这一点呢!”她的这种一遇问题就失信于人,把责任全部推卸给别人的行为,不仅差点让她的同事失业,还使得哭笑不得的老板对她冷嘲热讽了一番。最终,晓晨被老板以“无人愿意与她合作”的理由辞退。

女人们总是自恃聪明,往往认为这个谎言别人一定瞧不出什么来。这种心态未免把他人都当成了傻瓜,即使你的谎言说得很圆满,大家暂时被蒙蔽住了双眼,也不代表着大家会永远被你蒙蔽下去。工作是以信用和信任为基础设置的游戏,而骗局则是巧妙地骗取别人,或者笑里藏刀在背地里耍阴谋,最后都将使女人自毁前程。一个失去信用的女人,再做什么也不会成功。市场经济即使再多样化,一旦丢失信任,也是做不成事的。

女人们为了少做事而耍小聪明,这是最要不得的。只有老老实实用心完成工作,才能赢得别人的信任,才能够提升自身的魅力。

养成诚信习惯的女人们,在人生的道路上会义无反顾地向前走去;养成诚信习惯的女人们,能为自己的工作撑起一片纯洁的蓝天;养成诚信习惯的女人们,能把自己的家营造成一个温暖舒适的港湾。女人与诚信的好习惯紧紧相连,会使社会变得其乐融融,更加灿烂。

世界有十分魅丽,如果没有女人,将失掉七分色彩。女人有十分魅丽,如果远离诚信,将失掉七分内蕴。拥有诚信习惯的女人,由内而外散发着睿智与灵气,诚信为女人平添了几丝妩媚,几分魅力。诚信的女人,魅力逼人,永远是人们心中一道最亮丽的风景。

优雅的姿态是魅力的窗口

"冰冻三尺,非一日之寒",优雅不同于时尚可以追赶,它是一种文化和素养的积累,是修养和知识的沉淀。因此,有着举止优雅习惯的女人,格外令人赏心悦目。

在生活中,品位出众、举止优雅的女人往往是最引人注目的。她们的每一款装束、一举一动、一颦一笑,都会给人以悦目的享受。男人们品味、欣赏她们,女人们嫉妒、羡慕她们。记得有一句话是这样说的:"一夜之间可以出一个暴发户,但三代也不一定能培养出一位绅士。"同样,女人们要养成举止优雅的习惯,也不是一朝一夕事。"冰冻三尺,非一日之寒",优雅不同于时尚可以追赶,它是一种文化和素养的积累,是修养和知识的沉淀。因此,有着举止优雅习惯的女人,格外令人赏心悦目。

白先勇的成名作《永远的伊雪艳》中的伊雪艳,就是这样一个令人过目不忘、举止优雅的女人。"不管怎么变迁,伊雪艳永远是伊雪艳,在台北仍旧穿着她那一身蝉翼纱的素白旗袍,依旧那么浅浅地笑着,连眼角儿也不肯皱一下。"白先勇在小说一开头就这样描写她。

尽管伊雪艳是一个聪明的、懂得深入人心的交际花、风尘女,大部分和她接触的人也都说她祸水,是煞星,然而即便是这样,多少男人还是为她神魂颠倒。虽说"人无千日好,花无百日红",但她能够在自己的生活圈子里左右逢源如鱼得水,从另一个角度来看,和她优雅的举止和气质是分不开的。男人们为她的优雅着了迷,任她摆布,明知会受伤,仍然选择一头栽进去;明知她在汤里下了药,仍然愿意端起那一碗汤,一饮而尽。所谓祸水红颜,其实大部分都是举止优雅的女人。

常言道:“爱美之心,人皆有之。”不论是“窈窕淑女,君子好逑”,还是“东施效颦”,都说明人们对于美女有种与生俱来的钟爱之情。但是女人的魅力不仅仅在于美丽的容貌,更重要的还在于举止、姿态及风度。人们常常形容举止优雅的女人为“风姿绰约”,这种气质是一个女人修养的体现。一个美貌绝伦、身材曼妙的女人,倘若委靡不振,或者举止粗鲁无礼,那根本毫无魅力可言。反之,一些上了年龄的女人尽管美貌不再,但凭借着谈吐优雅、仪态万千的风度,依旧是社交圈中的焦点。就像艺人张曼玉,早已过了不惑之年,却依然被公众评为“风华绝代”的女人,这正是因为她有着优雅的举止。

仪态举止是一门艺术,它不仅反映着一个女人的精神状况,同时也反映着她的审美趣味和文化素养。女人穿着得体,举止得当,才能给人留下良好的印象,赢得他人的信赖,相反,穿着不当,举止不雅的女人不管如何聪明、能干,也往往使朋友恋人“敬而远之”。

有些年轻的女人误解了男女平等的含义,认为新时代的女性也不必使用礼貌语、敬语和斯文的措辞,有的女性为了所谓的“个性”甚至会满嘴污言秽语。事实上,没有一个人愿意听到粗鲁或污秽的语言,这会毁了别人一天的好心情,从而使别人产生厌恶的心态。所谓“一粒老鼠屎坏了一锅粥”,一个不经意间流露出的不雅举动,可能使女人们努力已久的计划毁于一旦。

我国是礼仪之邦,素来注重女人们优雅的仪态举止的养成。孔子以为“不学礼,无以立”;汉代贾谊则把是否讲礼、守礼看做是人与兽的区别。可是在现实生活中,我们常能看到不文明、不懂礼貌的现象发生。这些现象一旦发生在女人身上,再美丽的女人也会变得索然无味,更不要提什么魅力了。

雅安今年32岁,是一家报社的记者。认真品味起来,雅安也称得上是一位美人儿,追求者不在少数,但是雅安心高气傲,认为以前认识的那些男人俗不可耐,一个都没看在眼里。因此,尽管已属于“大龄青年”的行列,父母也屡次催促她找个男人嫁了，但是雅安通通不理。她相信，那个专属于她的好男人正在等待着她，他们将在不远的将来，在某时某处一见钟情。

苍天不负有心人，让雅安“一见钟情”的那个男人很快就出现了。他是一家百货公司的经理，雅安对他简直是神魂颠倒，利用她的一切人脉结识他。对方开始对雅安也颇为中意，在交谈的过程中也隐约透露出想要进一步交往的意向，这简直让雅安欣喜若狂。然而令雅安吃惊不已的是，对方很快就对她失去了兴趣，原因就是因为雅安一个小小的举动。

一次，那个男人约雅安一同出席一个会议。在安静的氛围中，雅安的手机铃声突然响起。记者职业的惯性，使雅安立刻拿出手机，压低了身体接听，虽然她尽量小声说话，但仍旧把全场人的目光都吸引了过来。更让那个男人不能接受的是，雅安的这个电话讲了足足有 5 分钟。会议结束后，男人就再也没有联系过雅安。就这样，雅安期盼多年的“白马王子”因为她的一个不雅的举止，与她擦肩而过了。

其实，在很多社交场合是不适宜接听手机的，即使实在无法必须接听，也要尽量压低音量，缩短通话时间。除此之外，很多女人还有很多不雅的小动作，比如，有的女人习惯用小指、钥匙、牙签、发夹等当众挖鼻孔或者掏耳朵；有些女人坐着时会有意无意地双腿颤动不停，或者让跷起的腿像钟摆似的来回晃动。很多女人认为这些小动作无伤大雅，事实上它们会让你费尽心机打造的美丽形象功亏一篑。

女人们，从现在开始养成举止优雅的好习惯吧！规范合体的言行举止，不仅能表现出你良好的素质和美丽，还能使你身边的人心情舒畅，让你成为众人瞩目的焦点。所以，女人们快快努力，让自己成为令人刮目相看的“仪态佳人”吧！

女人味是一种宝贵的营养

真正富有女人味的女人总是能在自然率真的洒脱中，流露出难以抵抗的淡淡的温馨，滚烫炙热的浓浓真情，做人做事的艺术以及兼容并蓄的胸怀。

一位著名诗人曾感慨过："世界上没有一种营养比知心女人的慰藉更丰富，她们是一种很美味的心灵鸡汤。"意思是说，这个世界上最美味的佳肴要数女人味了。诗人总是细腻而敏感的，他们总是能够感受到不同的美，当然也能一语道破女人味的意境。

爱美是女人的天性。很多女人为了能让自己拥有美丽，保持青春，不惜花费大量的时间和金钱，用来化妆、美容和购买漂亮的时装。但是光靠脸蛋和身材来维持是不行的，随着年龄的增长，美丽的容颜会渐渐老去，谁都会有人老珠黄的时候。外表至多只能使他人眼前一亮，而女人味则会使女人散发出迷人的韵味，并提升自己的魅力。

那么女人味到底是什么呢？一般人们谈起女人味，总是会联想到性感、妩媚，联想到风姿绰约、风情万种的女人，似乎只有这样才是女人味。

其实，女人味是神韵。三分漂亮，七分打扮；那种有气质的女人是飘出来的酒香，是润物细无声的诱惑，是若隐若现的美景，是朝思暮想的至善至美，是"万绿丛中一点红，动人春色不需多"的意境。

夏洛蒂·勃朗特在《简·爱》里曾说一句话："经常听说男人味女人味，你知道男人味是一种什么味道，女人味又是一种什么味道吗？男人味就是豁达勇敢，女人味就是温柔体贴。"的确，再凶悍的男人也难以抵挡温柔如水的女人。

听过这样一个故事，一对夫妻生活在一起已经快30年了，从没有过什么大争执，相敬如宾，关系和谐。有人问男人："你们夫妻是如何和谐相处的？有什么秘诀吗？"

男人含着笑回答："秘诀就是我妻子的温柔。"

见问者一脸疑惑的样子，男人解释道："我跟你说个故事吧。我们刚结婚那会儿，生活得非常窘迫。我妻子从小的梦想就是去北京看看我们的。我们很辛苦地攒了很久的钱，好不容易凑够了2000元，眼看着梦想就要实现，我和她都高兴得不得了，做了好多去北京的计划。谁知，就在我把钱取出来的那天，我遇上了抢劫，辛苦存的钱就这样没了。我非常难受，不敢回家，因为不晓得要如何面对我的妻子。我先打了个电话回家，当时我的妻子在电话里只说了一句话：'人没事就好，钱丢了还可以再赚，快回来吧！'"

"我和她相处了几十年，不是没有任何矛盾，只是我妻子的温柔使我发不起脾气，她是那样的贴心，那样的善良，总是能在矛盾发生的第一时间就掐掉我的怒火，然后心平气和地和我说话，我怎么可能和这样温柔的人吵架呢？"

一个温柔似水、善解人意的女人，一个懂得爱人的女人，她的女人味由内而外，深入人心。女人味，静若清池，动如涟漪。

真正富有女人味的女人总是能在自然率真的洒脱中，流露出难以抵抗的淡淡的温馨，滚烫炙热的浓浓真情，做人做事的艺术以及兼容并蓄的胸怀。那透着朴实无华的芬芳女人味，又有几个男人会不为她的女人味而感动呢？又有几个男人会不为她的魅力所征服呢？

曾看过这样一句话："征服男人的，不是女人的美丽，而是她的女人味。"女人味也许是一个温柔的眼神，是一个优雅的姿势；也许是一个浅浅的笑意，是一句淡淡的问候；也许是一个无言的关怀，是一个体贴的举动；也许是一个善良的帮扶，是一个理性的反应；也许是不经意流露出的品位，是处乱不惊的宁静心态，是笑对人生的淡泊情怀……

女人味还应该存在于智慧和从容自信中。所谓"腹有诗书气自华"，有文化底蕴的女人，总是与高贵、温馨、精美的气质联系在一起。读书的女人总有一种自然脱俗而清丽的美，她们的女人味是一件华丽的饰物，一分优雅的心情，一种高尚的生活，一种永不退色的魅力……

才女林徽因堪称那个年代最具女人味的女人之一。诗人徐志摩第一眼见到她，就认为她是“唯一灵魂伴侣”，坠入她的“女人味”中，不能自拔。徐志摩在《偶然》中这样写：我是天空里的一片云/偶尔投影在你的波心/你不必讶异/更无须欢喜/在转瞬间消灭了踪影/你我相逢在黑夜的海上/你有你的/我有我的方向/你记得也好/最好你忘掉/在这交会时互放的光亮。

然而，使得徐志摩对她念念不忘的最大原因，不是其姣好的面容，也不是其妙曼的身材，而是她令人惊叹的“巾帼不让须眉”的才华。林徽因不仅是个诗人、作家，还是个教授、建筑学家。她的才华使她成为男人心中风华绝代的女神。

其实，每个女人都会有自己的优势，有自己的个性或独有的风采，如果能将这些很好地发挥出来，就能形成与众不同的魅力，这就是女人味。

有人说，拥有女人味的女人，性格活泼，但绝不张扬；说话调侃，但绝不过分；化妆精致，但绝不浓艳。女人味就像陈酒一样，好酒要陈酿，女人味要沉淀。它就是高跟鞋衬托下的纤细足踝，是得体、深邃的细语，是优雅的步态，是温情、善意的微笑，是“不以物喜、不以己悲”的平静。

女人们，从这一刻开始多多培养自己的女人味吧，不要用鼻子去闻，而是用你的心去体会。你会发现，女人味会让你的生命流光溢彩。

女人的魅力因讲礼仪更添光彩

俗话说："和谐幸福的家庭往往是有一个好女人，协调有序的社会往往是有一群好女人。"而有着良好社交礼仪习惯的女人，无疑是这群好女人中的佼佼者。

有一首诗是这样写的："微风初起，撩起女人额前一缕秀发，这与晨曦的柔光独成一处风景。"女人，是这个世界上不可缺少的美丽，而有着良好社交礼仪习惯的女性是这美丽中最亮丽的一道风景线。

社交礼仪指的是人们在社交场合应该遵循的礼仪规范。在改革开放日益深入的今天，社交已成为现代社会每个人日常生活中不可缺少的内容。国外有关学者的研究表明，不论你的工作和职务是什么，如果学会了社交，那么你就在通往成功的道路上走完了85%左右的行程，而在获得自己的幸福方面有了99%的把握。女性在社交生活中往往扮演着举足轻重的角色。一个女人如果在社交生活中掌握恰如其分的礼仪，就能赢得尊重，取得成功；反之，纵然有满腹经纶，也会处处碰壁，一事无成。

俗话说："和谐幸福的家庭往往有一个好女人，协调有序的社会往往有一群好女人。"而有着良好社交礼仪习惯的女人，无疑是这群好女人中的佼佼者。女性社交，既是社会生活之需要，也是人类生理与心理之需要，既是为了工作和事业，也是为了自身的幸福与安全。

既然这样，那么怎样才能做个在交往中讨人喜欢、赢得他人首肯的好女人呢？

首先，女人们必须了解到自己在社交中的优势，并好好地加以利用，自由、快乐地驰骋于社会大舞台上。科学已经证明，女性在社交方面拥有独特的优势和无穷的魅力。她们感情细腻、柔和，更容易体验负疚心理，设身处地地考虑他人境遇。优雅的女人常常因为得体的礼仪在社交场合赢得他人的尊敬，从而获得他人诚挚的友谊和帮助，顺利地扩大自己的人脉交际网，从而实现自己崇高的人生价值。

其次，女人们要克服初次在社交中的胆怯心理和自卑心理。“万事开头难”，社交也是如此。不少初涉社交场合的女性，心理上会感到极大的压力。她们不敢主动与人攀谈，也不知如何与人交谈，这导致她们常常会被孤立在一边，失去了结识朋友的宝贵机会。

美西第一次跟着上司去参加一个社交活动的时候，紧张得全身发抖。尽管她已经花了好几个小时修饰仪容仪表，尽管她把书上写的那些社交规则背得滚瓜烂熟，但是依然避免不了紧张的情绪，感到局促不安，无所适从。

美西在随后的两个小时内所做的唯一一件事就是紧紧地跟在上司后面，什么也不敢讲。她的老板穿梭于人群中，和公司的客户、贸易伙伴们联络感情，大方得体，举止优雅，如鱼得水，左右逢源。美西在后面一脸羡慕地看着她的老板和他人谈笑风生，为自己没有一个外向开朗的性格嗟叹不已。

那次活动结束后，美西对老板说：“我真羡慕您，您一点也不怕生，跟谁都聊得来。要是我能有您一半的开朗就好了。”老板听完笑着说：“刚才跟我交谈的很多人我都不熟悉呢，有的甚至还是第一次见面的陌生人。其实，没有什么人是社交活动的熟客，最重要的是把自己当做主人。当自己的本分是照顾好别人，让别人感觉舒服时，你很自然地就会忘记自己的尴尬。”

无论你的性格偏于内向还是外向，女人们都可以学习一些技能，在社交活动中将自己最好的一面展现出来。

再次，在社交中一定要注意你的谈吐，不要尖酸刻薄地批评别人，也不要当“长舌妇”搬弄是非。

人们喜欢用“刀子嘴，豆腐心”来形容女人，而大部分女人也的确如此。女人的心地或许是善良的，但那两片不服输的嘴巴却总是坏事，影响女人的交际成果。女人们喜欢在社交中对他人品头论足，特别是对于同性，往往见不得别的女人比自己更出风头，或者更受人瞩目。于是，刻薄的话语就这样从女人的口中“喷薄而出”：“瞧她那副德性，脸抹得跟白脸狼似的！”“你看那个女人走路扭成那样，生怕别人不知道她屁股大。”世上没有不透风的墙，到处攻击别人的女人一定不会有好人缘。因为一个厉害、苛刻、得理不饶人的女人是不会得到别人真正的信任的，别人总怕她在自己的背后也暗暗地“捅一刀”。

另外，社交中别人最忌讳女人的就是说长道短。所谓“长舌妇”，是最让人头疼的。今儿李家锅盖没掀就上了炕，明儿张家婆媳打成了一团粥，后儿王家三小子在镇里惹了什么事……如此种种，女人们说得是眉飞色舞，津津乐道，口沫横飞。这样的女人不但常常导致邻里不和、纠纷四起，还常常使身边的朋友觉得心寒，不肯和你交心，就怕一不小心自己的糗事也“一传十，十传百，变成人人皆知的秘密”。

在社交中只有真正站在他人立场上为他人着想的女人才是众人追捧的对象。

惠敏当护士已经两年了，深受病患者和同事的喜爱。尽管她长得并不漂亮，但性情谦逊、大度、热心助人。无论是谁找她帮忙，惠敏都有求必应，且从不小肚鸡肠、鼠目寸光。

同事在工作上发生失误，惠敏总是微笑着安慰别人说：“我刚来时也这样。”病人心情烦躁，她宽言抚慰道：“您别着急，很快就会好的。”她的话语，总能使陷入困境的人感受到一丝温暖和希望。因此，她的人缘也远远强于那些比她长得漂亮的所谓的“俏护士”，工作一年后就顺利被提拔为护士长。

养成良好社交礼仪习惯的女人不易伤害他人的情感或有损他人体面，因而也容易获得对方的好感和信任；她们语言表达温和、委婉，让人易于接受；她们感觉灵敏，这就使她们在人际关系方面更善于协调联络。因此，女人们行动起来吧，立足于自身优势，掌握社交的艺术，树立自己在社交中的最佳形象吧！

{Chapter 4}

机智女人：好习惯提升受欢迎的指数

拥有好人缘的女人，她们的人生处处逢源，喜欢她的人比较多，帮助她的人比较多，做事也更顺利，这就是受人欢迎的女人；相反，如果一个女人总是自私自利，斤斤计较，唠叨不完，还喜欢疑神疑鬼，难免遭人讨厌。受人欢迎不是一时的利益满足和欲望填补，而是女人自身表现出的毫不做作、体谅他人、善于吃亏等良好习惯让人感觉到与之相处非常愉快。

适时沉默，可以让生活更宽阔

当一位女性学会用理性的目光看待一切，从琐碎的生活中勇敢地抬起头来，在必要时把自己的立场和原则委婉地说出来，不重复，养成适时沉默的习惯时，就能使自己清丽脱俗，远离尘世的喧嚣与浮躁。

一个普通女人，生命中能够遇到的大事不多，几乎没有人能在生活中依然上演着电视剧中热血浪漫的情节。面对着日复一日的烦琐屑事，人也容易变得琐碎而平庸。而女人也总是习惯用语言来表达自己，无论是喜从天降抑或是面对挫折，她们总是有太多的话要说。太多的女人抱怨工作、抱怨男人，抱怨生活给她带来的一切不顺，然而，太少的女人能够勇敢地承认是由于自己口无遮拦给工作和生活带来了无尽的麻烦。

当一位女性学会用理性的目光看待一切，从琐碎的生活中勇敢地抬起头来，在必要时把自己的立场和原则委婉地说出来，不重复，养成适时沉默的习惯时，就能使自己清丽脱俗，远离尘世的喧嚣与浮躁。适时沉默可以让一个女人矜持、恬静，在旁人的眼里也就宽容与内秀了许多，这往往会让你更具魅力。

懂得生活的女人，往往养成了适时沉默的习惯！

有时候，对于某些人，不必太过坚持自己的好恶；对于某些事，也不必太认真。这个世界上碰到自己不喜欢的人几率不小，不如意的事也十有八九，这不是什么稀奇事。一个聪明的女人，不值得因此丧失那个温柔可人的自己，而终日喋喋不休地抱怨，诉说种种不满。生活中，女人不需要有太多的指责和唠叨，这样会减少很多的摩擦和口舌之争。

俄国诗人普希金用毕生颠沛的经历教导我们为人处世的诀窍，他说："既不希求桂冠，也不畏惧侮辱，赞美和诽谤都平心静气地容忍，更不和愚妄的人空作论争。"与人相处时，特别是遇到问题产生不同看法时，适时的沉默，并不意味着胆怯、畏缩和无能，反而意味着理解、宽容和尊重，更容易起到沟通感情和解决问题的作用。

在与人交谈时，适时的沉默与作曲家认为两音符之间的休止符与音符本身同样重要的道理是一样的。适时的沉默，既能体现出人的学识修养，也能避免说出效果不够理想的言语——言多必失。心理学家则认为：适时沉默能使说话者变得冷静，肩部和嘴部的肌肉放松，会更加心平气和，语言流畅。有时候我们茫然于不知如何藏拙，那么，为何不尝试一下适时沉默？

在婚姻中，女人更需要适度沉默。婚姻幸福的女子，谈到如何经营婚姻时，总不忘提到她们适时沉默的习惯。从古至今，中国人对恋爱和婚姻的心理与特点，都有固执的设定。一般而言，女子要矜持些才好，男人大都不喜欢女人唠叨，然而生性不爱表达的男人纵使多次表达这种不满，也不足以让唠叨的女人闭上嘴。婚姻中的女人，往往习惯一边自得其乐地唠叨着家长里短，一边又抱怨着老公挣钱太少，回家太晚，不爱和自己沟通交流，却从未记起适时沉默的习惯。比如家务，男人不做女人便要辛苦很多，但是女人也没有必要去生气和埋怨，他既然不做，能心安理得地坐享一切，哪里是女人苦口婆心的唠叨就能让他拿起抹布的？说多了反而会让他生嫌。反倒不如捡起沉默的习惯，让他看到你劳累困乏却强打精神为家尽力的样子，爱你的男人自然懂得如何表达爱。当女人拿起唠叨的武器，男人也会选择敷衍作为盾牌。

作为职业女性，在职场中摸爬滚打已是极大的不易，应付职场中的你争我抢，聪明的女人更应从踏入职场的第一步就养成适度沉默的习惯。

李想和陈佳在同一家公司工作，是工作上的搭档，两人关系很好。李想结婚之后，确知自己怀孕时，最先与陈佳分享了这个喜讯。可没想到，就在李想怀孕刚刚两个月的时候，她们所在的公司因管理不善关闭了，两人就一起重新找工作。

不久，李想从报上得知一家公司正在招聘，她便约了陈佳同去面试。当时负责招聘的部门主管听说她们是旧同事时，还用奇怪的眼光看了她们一眼。第二天，李想就接到了那个主管的电话，要她去上班，她高兴地打电话告诉了陈佳。可是，等李想去报到时，主管却问她："你是不是已经怀孕了？"李想一愣，心想：主管是怎么知道的？主管接着说："我们只需要一个人，本来决定让你来的，可是昨天你那个同事打电话告诉我你怀孕的事情。现在，我只能向你说声抱歉，我不想我的人进来半年就要休产假。"李想这才知道原来陈佳在背后搞了小动作，心里涌起一股情绪，但说不清是愤怒还是悲哀。

从前李想也曾犯过类似的错误，没想到故事重演了。在之前那家公司上班的时候，办公室里有个男同事一直对她不错。有一次那个男同事找了个机会向她表白，说很喜欢她。当时李想已经结婚，便告诉他这是不可能的，他说他不图别的，只要能经常关心她就很快乐。后来，有个和李想关系还不错的女同事发现了他对李想的关心，就问是怎么回事，李想也没多想就告诉了她。但是谁也没想到，没过多久，因为工作上的事情，李想和这位女同事闹僵了，而她为了达到一些个人目的，就四处散播李想和那位男同事的谣言。这其中受伤害最大的还是那位男同事，最终他不得不选择离开，而李想也为此内疚了很长一段时间。

职场是一个人人削尖脑袋追逐自己最大利益的场所，在这个场所，任何不慎的言语都会给你带来难以估量的损失与麻烦。职场的竞争是残酷激烈的，与人分享自己的"隐私"就相当于授人于柄，说不定在什么时候你的"隐私"就会变成别人攻击你的武器。而在所有的隐私当中，个人情感隐私是最忌讳让别人知道的，因为情感隐私一旦泄露，带来的是多方无法磨灭的心灵上的歉疚。职场上，与同事保持友好的关系是必要的，但是，当你向同事倾诉衷肠时，需要先考虑一下倾诉可能带来的后果。在职场中，学会适时的沉默，是必要的。

常常微笑的女人，更具亲和的力量

爱的微笑像一把神奇的利剑，可以打开心灵的迷宫，它的光芒照亮周围的一切，给周围的气氛增添温暖的阳光、殷切的期望和奇妙的幻景。

微笑是一种温柔的语言和美丽的神情，它仿佛生活中永恒明亮的阳光。女人的妩媚，往往蕴涵在不言的微笑之中。如果你想让生活舒适惬意，和谐安宁，请一定要记住养成微笑的习惯。

一个女人最美的神情、最动人表现便是永恒的微笑。难以想象一张板着的脸、怒气十足的脸、凶悍的脸会是美丽的脸。“回眸一笑百媚生，六宫粉黛无颜色”，男人们向来都十分迷恋女人的微笑，而女人，更容易为微笑所感染。在生活中，一个友好、真挚、楚楚动人的微笑，必将散发出无穷的魅力。

微笑，既是对自我心灵的放松与释放，又是一种自尊、自爱、自信的展现。微笑是成功者的自信，失败者的坚强，也是人际关系的黏合剂，可以使敌人化为朋友。微笑是对别人的尊重，也是对他人给予的爱心和诚心所表达的礼赞。

微笑是人类与生俱来的本能，可惜女人常常将这一宝贵的资源虚置甚至关闭，将不笑的原因时时挂在嘴边。长此以往，女人不仅会失去快乐的本能，还会天天满目愁容。在生活和工作中，陌生的环境里，多数女人都刻意板起一张面孔，保护着虚弱的尊严，以免受到来自外界的侵犯和伤害——其实大可不必，保护自尊最好的方法是保持微笑。我们根本用不着为那些人伪装，因为我们都只是擦肩而过的人生过客。在陌生的环境里多多微笑，是一种心理的放松和坦然。

多微笑，不用花上一分一文，却常常给人意外之喜。给予别人微笑的人不会因此变得贫穷，得到微笑的人，却因此更加富足。微笑只是短短的一瞬，但是它留下的记忆有时却能永存。富人也好，穷人也好，都因为微笑而变得富有。而那些不再有微笑给予别人的人，比任何人都需要微笑。

保加利亚哲学家基里尔·瓦西列夫在他最广为人知的作品《情爱论》中谈到："爱的微笑像一把神奇的利剑，可以打开心灵的迷宫，它的光芒照亮周围的一切，给周围的气氛增添温暖的阳光、殷切的期望和奇妙的幻景。"有时，一个不经意的微笑，或者是习惯性微笑的神情，就能帮助你赢得职场上的胜利。

晓鹃，毕业于一家有名的师范学院中文系，走上工作岗位已经整整两年了。每当看到那些出没在各大人才市场中行色匆匆的求职者们，她就不由得想起了自己的求职和工作经历。晓鹃现在的这份职业是她到广州的第三份工作了。回想三年之前，自己孤身一人远离家乡到广东求职时，晓鹃的心情总是无法平静。当时在广州的一家市报上看到一则招聘广告，正好是晓鹃感兴趣的广告公司，于是晓鹃抱着试试看的态度，按照招聘广告上的联系方式，向用人单位发了一封求职电子邮件。几天之后，晓鹃就意外地接到了该广告设计公司人事部经理的电话，要她在第二天下午到广告公司参加集体面试。

参加面试的求职者有许多，经过多轮面试，晓娟终于成了这家广告公司的一名正式员工。工作以后的一次偶然机会，晓鹃向总经理问道，在那么多参加应聘的求职者中，总经理为什么会选择了她？总经理的回答有些出乎晓鹃的意料："你的微笑感染了我，通过微笑，我能看到你有一种其他求职者不具有的自信。"原来是这样，晓鹃还一直以为是自己的名牌大学学历和自认为不错的能力是求职的绝对资本呢！

开始工作后，晓娟总是尽最大努力来保质保量地完成公司经理交给的各项任务，晚上把单位上所能常用的公文文书一一精读，在最短时间里把公司的业务内容了然于心，工作更有把握。她的每一分私下的努力都会在公众面前表现出来，因而时常得到领导的赞扬。平时上班的时候，晓鹃也是一脸的微笑，无论是上司，还是普通员工，她都会向他们投去善意的笑容，很快她就同其他同事打得“火热”了。于是在进入单位不到一个月，晓鹃就结束了求职试用期，又过了一段时间她就被总经理任命为创意主管了。

晓娟是个在生活中常常微笑的女孩，不难看出，出色的她因为时常微笑，比他人更顺利地获得了更多的机会与更好的人际环境。

其实，多加留心便会发现，这些例子在生活中层出不穷。常常微笑的女人们，总是散发出亲和的力量，春风拂面，感染着周围的人们，事业与生活也更容易因此一帆风顺，然而，这不是偶然，因为常常微笑的女人有着更加平和的心态。

她们习惯用平静的眼光观察世界，用平和的心情感受万物，用公正的思维考虑问题。当喜从天降时，她们不会忘乎所以；当厄运来临时，她们不会低眉垂泪；取得成绩时，她们不会得意忘形；面对挫折时，她们不会一蹶不振；生活优裕时，她们不会不可一世；处于困境时，她们不会垂头丧气；宾朋满座时，她们不拒人千里；门庭冷落时，她们不会怨天尤人。

常常微笑的女人有一颗宽容的心。

在家里，面对丈夫的懒散、随意，她们微微一笑，体味爱情之乐；面对孩子的调皮捣蛋、无理取闹，她们又微微地笑着，体味教育之乐；面对老人的絮絮叨叨喋喋不休，她们还是微微一笑，然后坐下来，听他们把话说完，学会倾听。在单位，当领导把别人不愿意干的工作分派给自己时，宽容的女人会微微一笑，对自己说：做别人的事，学自己的本事；当遇到同事与自己争夺利益时，她又微微一笑，对自己说：径路窄处，留一步与人行，滋味浓时，减三分让人尝。微笑的女人明白：处世让一步为高，待人宽一分是福。

女人奔行于人生的旅途之中，什么都可以不带，唯独不能没有微笑。失意时，将笑意写在脸上，自己也会变得坚强，因为微笑与坚强，我们才得以在流泪之后又沐浴在它的温暖里，它会随时赋予生活新的内涵，将怯懦化为勇敢。

微笑不受岁月的侵蚀，每一次微笑都是新感觉，当我们将这种感觉传递给他人时，会深刻地印在别人心里。当躯体衰老时，微笑却永葆青春的色彩。

懂得留有余地，一切尽随人意

真正聪明美丽的女人，是那些懂得留有余地的女子。她们的身姿若隐若现，魅力总在不经意间流露出来。

苏菲·亚罗兰曾经用心良苦地告诉全世界女人一个真理：穿得若隐若现，比脱光光对男人更有吸引力。不仅仅在穿着打扮上，生活中女人也应该懂得留有余地的重要性。

与人交往时，如果好胜心太强，就会表现得高人一等，不尊重别人的才能，轻视别人的劳动，就会无意间给自己招来麻烦。拒绝人的时候并不需要太直白，只要轻轻地点题即可。即使与人交恶，也不要口出恶言，更不要说出"情断义绝""势不两立"之类过激的话，除非有深仇大恨。不管谁对谁错，最好都闭口不言，以便他日狭路相逢还有个说话的"面子"。与他人发生摩擦时，首先要了解他人的想法，然后在顾及对方颜面的前提之下，陈述自己的意见。如果遇到必须取胜、无法让步的事，那也要给别人留一点余地，没有必要将对方驳得体无完肤。这样做不但对自己毫无好处，甚至会自食其果，遭到对方鱼死网破式的反击。

与别人方便即与自己方便，对他人留有余地，并不是表示自己的无能，正相反，这是一位女性良好素养、豁达心胸及个人品质的综合体现。每一个善良且有爱心的女人都会给他人留有余地，将微笑留下，这也是使女性更受人欢迎的好习惯之一。

曾有一位朋友，因在单位里与同事之间产生了一点摩擦，很不愉快。一怒之下，他就对那位同事说："从今以后，我们之间一刀两断，彼此毫无瓜葛！"话说完不到三个月，他的同事成了上司。因他讲了过重的话，所以很尴尬，只好辞职另谋他就。因为把话讲得太满而给自己造成窘迫的例子，在现实生活中随处可见。这样做的结果，就像把杯子倒满了水一样，再也滴不进一滴水，否则就会溢出来；也像把气球充满了气，再充就要爆炸了。

经过生活磨砺，一些女人变得务实，变得聪明，变得理性。聪明的女人，学会了做事尽可能留有余地，避免受到打击。所以，爱一个人的时候，也学着把感情留一半在心中，这总比把自己整个交于他人手来得聪明。张曼玉在《花样年华》与梁朝伟在巷口的激吻，灯光昏暗，她的高领旗袍领下拉着，露出了一个光滑如玉的颈。与那个男人爱得如此的暧昧，却也只让他看到一片雪白的颈，她来不及说"我爱你"，男子也没有办法带她走，爱得如此的含蓄才让人记忆如此深刻。最后，他们也只能在街头的人流中告别，露了一半的恋情，却留了一辈子的回忆。

要知道，除了爱情之外，尚有生活。给婚姻留有余地，其实就是给爱人留有面子。女人变得更温柔体贴，是对对方的一种尊重和理解，会让男人活得更潇洒自如，更会让婚姻多一份美满，少一些遗憾。

张兰和丈夫李龙刚结婚不久，有一次一起去参加一个朋友的聚会。李龙是一家公司的老板，经营鞋业。那天，张兰心情不错，特意去了美容院，并换上了一身非常合体而漂亮的套裙。看着妻子如此美丽动人，李龙心中不由得升起了一种自豪感和满足感。

大家一见面，都一致赞美张兰，张兰脾气虽然不好，但长得却别有一种女人的丰韵。大家为李龙找到了这样的妻子而祝贺。为表示对妻子的感谢，吃饭时，李龙主动给张兰夹菜，却不小心碰倒了酒杯，酒洒了一桌子，也洒到了张兰的裙子上。李龙赶紧拿餐巾纸给她擦，张兰却一把推开他，埋怨道："你总是毛手毛脚的，就不能改一改吗？"大家面面相觑，李龙显得很尴尬。

当大家很羡慕地说到李龙年纪轻轻就开了公司、前途无量时，张兰却不以为然地说："他这算什么呀，我们同学有的发展得更好，现在别墅、宝马车，要什么有什么，哪像他除了我之外，什么都没有。"李龙没想到张兰会在这种场合说出这种话，他一个劲儿给张兰使眼色，可张兰却不管这一套，继续历数他的"劣迹"，把李龙搞得很下不了台。最后，他实在忍受不了，不等聚会结束，就站起身告辞先走了。

回家的路上李龙憋了一肚子的火，一言不发地迈开大步往家走。他在心里感叹着：张兰啊，你为什么要在众人面前这么不给我留面子呢？你难道不知道一个男人是有他的自尊心的吗？

以后再有朋友或同学聚会，李龙都不再带张兰出席，但每次张兰都限定他回来的时间，如果到时不回家就跟他吵得天翻地覆；而以后有类似的活动，大家也都不敢再叫李龙参加。为此李龙失去了很多朋友，也失去了很多机会，更失去了很多乐趣。他的情绪变得很低沉，每天下班后不得不硬着头皮走进那不愿意进的家门。

几个月后，一段美好的姻缘就此画上了句号。

给爱人留有余地，也就是成就自己。有些刚走进婚姻的女人率性而为，结果为自己以后的生活埋下隐患，其实，灵活的处世方式和积极的言语会为彼此幸福的生活打下坚实的基础。其中，最重要的一点就是多给爱人留余地。

俗话说："喝酒不要超过六分醉，吃饭不要超过七分饱。"爱一个人不要超过八分，做女人就要养成留有余地的好习惯。真正的爱从某个角度说是"部分爱"大于"全部爱"。为爱留余地，意味着我们将要对自己、对恋人和对爱情更有信心，将要更宽容、豁达愿意接纳；意味着我们允许彼此留点小秘密；意味着我们愿意在爱与被爱的同时，越走越长久。

真正聪明美丽的女人，是那些懂得留有余地的女子。她们的身姿若隐若现，魅力总在不经意间流露出来。在生活中，女人也要明白，给自己留着一半的余地，给人很多美好的回忆，可以显出女人全部的智慧和美丽。

记住别人的名字，让人更觉亲切

记住别人的名字，并且能轻易地叫出来，看似一个微小的习惯，却是珍惜与尊重别人的表现之一，尊重别人才能得到别人的尊重，才能更受人欢迎。

人生的旅途一路走来，有多少人和事，能在我们心中留下深刻的痕迹？但无论如何，善良的内心真挚地告诉我们，活着就要尊重和善待与你朝夕相处、萍水相逢甚至擦肩而过的每一个人。记住别人的名字，并且能轻易地叫出来，看似一个微小的习惯，却是珍惜与尊重别人的表现之一，尊重别人才能得到别人的尊重，才能让自己更受欢迎。尊重使人宽厚，基石宽厚方能负重，人心宽厚方可立业。

女人都有这样的感觉：要记住一个人的容貌并不难。容貌是具体可见可思的事物，生人的面孔仿佛是记忆屏幕中的影子，而名字却是一种抽象的存在，很难记忆。然而，对于一个渴望在职场与社交都胜人一筹的女人，养成记住别人名字的习惯，是必要且重要的。

莎士比亚曾经说过："还有什么能比我们自己的名字更悦耳、更甜蜜？"做一个受人欢迎的女人，我们需要知道一个名字里所能包含的巨大能量，需要了解这个名字是完全属于与我们交往的这个人，没有人能够取代。记住别人的名字是一种礼貌，也是一种感情投资，在人际交往中会起到意想不到的效果。而我们所做的要求和我们所要传递的信息，只要我们从名字这里着手，就会显得特别重要。不管是家门口普通的物业工作人员，抑或趾高气昂的上流豪门，我们在与他们交往时，名字会显示它神奇的作用。

美国著名的心理学家和人际关系学家戴尔·卡内基也曾建议到："一种既简单又重要的获取好感的方法，就是记牢别人的名字。"因此，如果你要别人喜欢你，请记住这条规则：在社交场合和商务场合，习惯去牢记别人的姓名，这至少表示你在乎他。小小的习惯，不仅能帮助你建立良好的人际关系，也会对个人和事业的发展大有帮助。

曾 14 次获得奥斯卡提名的梅丽尔·斯特里普被誉为"影坛常青树"。当时 59 岁的她有望凭借《虐童疑云》再度冲击第 81 届奥斯卡大奖。尽管宝刀未老，但斯特里普上周末在伦敦宣传《虐童疑云》时直言，"老"牌女星不好当，并不避讳奖项交锋的她给了比她年轻许多的女明星温斯莱特众多建议，其中最重要的一点建议就是——牢记他人的名字。

原来，在第 66 届金球奖颁奖典礼上，获胜的温斯莱特上台后提到了其他入围对手，却把安吉丽娜·朱莉的名字卡在了喉咙里。"记住别人的名字很重要，"斯特里普说，"不然的话，这会伤害到别人的感情。"

斯特里普以自己为例回忆道，1982 年，年轻的斯特里普凭借《苏菲的选择》领取奥斯卡大奖时，曾忘记感谢制片人。"后来，他打量了我很久才吐出一句：'非常感谢！'这件事让我很受伤。从此以后，我学到一点：即使你没有准备发言，也不能丢了这些名字。"

不仅斯特里普，许多成功的女性都曾在不同场合提到过记住别人的名字这个习惯的重要性。也许有人会说，我认识的人太多，我很忙，然而，即便如斯特里普这样大牌的女明星尚且能够在认识到错误之后，迅速养成记住别人名字的良好习惯，对于生活圈子要小许多的普通人来说，记住别人的名字应该不是什么难事。要相信，最单纯、最明显、最重要的得到好感的方法，就是记住别人的名字。当然，我们记住他人的名字，并不强烈期望从中能够得到多少好处，更重要的是，这个习惯能体现出女性特有的细致与对他人特有的尊重。

试想，记住一个不太熟识的人的名字，就如同巧妙地给予别人赞美，也许下一秒，就能与这个一面之缘的人成为莫逆。生活中多一位知己与闺密，对女人而言，是何等曼妙之事。

记住一个分开许久的故人的名字，在漫长别离后再一次意外而偶然的相逢，你依然能熟练地叫出对方的名字，对方也同样会叫出你的名字。那声准确的呼唤，包含着多少亲切与从内心深处汹涌而出的欣喜，我们在空气中微微战栗着，这声呼唤沁人心扉。

要做这样一个温情的女子，要有这样良好的习惯，就要记住每一个曾相遇过的人的名字。

女人要坦率承认自己的错误

有着坦率承认错误习惯的女人，能够坦诚地面对自己的缺点和弱点，并且能够拿出足够的勇气去承认它，面对它。毫无疑问，坦率地承认错误的女人能更轻易地获得别人的谅解，博取别人的好感，同时提升自己的魅力。

俗话说："智者千虑，必有一失。"一个女人再聪明能干，也总有失败犯错误的时候。一般来说，女人犯了错误往往有两种态度：一种是拒不认错，找借口辩解推脱；另一种是坦诚承认错误，勇于改正，并找到解决的途径。毫无疑问，坦率地承认错误的女人能更轻易地获得别人的谅解，博取别人的好感，同时提升自己的魅力。

有着坦率承认错误习惯的女人，能够坦诚地面对自己的缺点和弱点，并且能够拿出足够的勇气去承认它，面对它。这样不仅能弥补错误所带来的不良结果，也会使女人们在今后的工作中更加谨慎行事。

很多女人都只喜欢听表扬，而不愿听批评的话。有的女人一听到批评，就面红耳赤，忐忑不安；有的女人暴跳如雷，恼羞成怒；有的女人咬牙切齿，仇恨满胸；有的女人看似虚心接受，但是却死不悔改。这些负面回应批评的态度，都是极不明智的表现。

古人云："人非圣贤，孰能无过？"有些女人拒不认错是因为死要面子，她们总是认为承认错误就意味着自己失去了颜面，没有威信。这种女人永远意识不到错误的危害，总以为别人不知道，企图蒙混过关。长此以往，就会使自己在错误中越陷越深，最终酿成不可挽回的大错。

黄媛媛毕业于国内著名大学的会计系，她从开始工作起，就确立了自己的目标，并且认真负责，勤勤恳恳，很快就取得了老板的信任，成了公司财务的总监。

一次，媛媛在一项结算中被一个核算员发现估算错了3万元。老板随后便把媛媛找来，指出她算错的地方，请她拿回去更正，并希望她以后在工作中更细心一点。

没料到，媛媛的犟脾气一下子上来了，死活不肯认错，也不愿接受批评，反而大发雷霆。她说："那个核算员没有权利复核我的估算，没有权利越级报告。"老板呆了一下，冷冷地问她："那么你的错误是确实存在的，是不是？"媛媛冷冷地转过脸去，不作回应。

老板看她既不肯接受批评，又认识不到自己的错误，气急了。本想发作一番，但因念及她平时工作成绩不错，是公司的得力骨干，便强压下火气对她说："这次就算了，以后要注意了。"不料没过多久，媛媛又有一个估算项目被他人查出了错误。老板把她找来，刚说她的错误，媛媛就立刻翻脸，反驳老板说："好了，不用在这里打官腔了！我知道你还对上次那件事耿耿于怀，现在特地请人来查我的错误，借机报复。可是你别得意得太早，这次我的估算不会有错！"老板等她发泄完了，再也忍不住了说："既然你已经厉害到不需要别人指出错误的程度，想必你也不会希望留在我这家小公司。你现在就可以收拾东西走了，那份项目书你可以带走，好好算算你究竟有错没错！"结果，认真计算后，媛媛发现果然是自己的错，但是现在后悔已经太迟了。

每个女人都有犯错误的可能，犯了错并不可怕，可怕的是有些女人死要面子，拒绝承认错误。事实上只要女人们能坦率承认错误，并尽力去想办法补救，她们仍然可以立于不败之地。

日本最著名的首相伊藤博文的人生座右铭就是："永远不向别人说'因为'。"从另一个角度来说，说"因为"，是在掩饰自己犯的错。一个女人做错了事，最好的办法就是老老实实认错，而不是去为自己辩护。这是一种做人的美德，是一个最高深的为人处世的学问，也是女人提升魅力的最佳手段之一。

陈桦所在的部门主管王琳是个女强人，常常对下属颐指气使。她凡事追求完美，追求高质量的工作品质，执行力极强，但是做事极为挑剔，有时简直是"鸡蛋里挑骨头"。一旦下属犯错，她会不留情面地奚落、指责，让人感觉丢尽颜面，甚至对她产生反感。

陈桦刚开始也很反感王琳，但是只要她指出错误，即使陈桦有时觉得她言辞过分了些，也仍然虚心接受，然后认真改正。王琳虽然表面上不说什么，却渐渐把重要的工作交给陈桦做。随着认识的深入，陈桦发现其实王琳的心眼并不坏，她只是不会婉转表达态度，个性比较强势而已。于是她渐渐找到了和主管的相处之道，那就是：如果王琳对你的工作不满，想让她消声的最好方式是勇于承认错误。在王琳面前，"沉默是金"是最不合逻辑的道理，你应该坦率地告诉她自己的想法，并且适时地检讨自己。

王琳越来越欣赏陈桦，一年后，她被升为副理，临走时她向老板推荐了陈桦。于是，陈桦顺利地成为部门主管。

坦率认错是智者之举。有了错误并不可怕，只要勇于承认，坚决改正，不仅个人形象不会受到丝毫影响，还能有助于自我完善。因此，女人们要坦率地承认错误，然后想办法补救，并在今后的工作中加以改进，这样谁都会认为你是一个有魅力的女人。

有位智者说过："一个傻瓜和一个聪明人的主要区别在于，聪明人能从错误中学到东西，傻瓜则永远不能。"索罗斯也曾坦率地说："对其他人来说，犯错是一种耻辱，对我而言，承认自己的错误是一种骄傲，一旦我们认识到理解上的不足是人类的先天特征，犯错就没有耻辱可言了，耻辱的只是不能纠正错误。”

女人们，尽快养成坦率承认错误的习惯吧！坦率承认错误是强者风范，能主动承认错误的女人总是能够受到别人的尊重，因为这不仅需要有否定自己的勇气，而且需要有宽广的胸襟。

女人，要学会做一个倾听者

生活中，最有魅力的女人一定是一个倾听者，而不是那个滔滔不绝、喋喋不休的人。认真倾听，不仅仅是对别人的尊重，也是对别人的一种赞美。

上帝给人们两只耳朵和一张嘴，其实就是要我们多听少说。生活中，最有魅力的女人一定是一个倾听者，而不是那个滔滔不绝、喋喋不休的人。认真倾听，不仅仅是对别人的尊重，也是对别人的一种赞美。我们知道，在社交过程中，最善于与人沟通的高手，是那些善于认真倾听的人。也许在交谈过程中她并没有说上几句话，但是她一定会得到他人的肯定，认为她是善于言辞的人。

这就是倾听别人说话的效果。它能让你影响对方跟着倾听，很快彼此就能达成共识，即便意见相左，还是可以相知所思所想，不会有被轻视或为反对而反对的感觉。的确，认真倾听别人的心声是一件非常重要的事情，但若只会傻笑或不着边际地恭维并不能算是一个好听众，你必须付出真挚的关怀。因此，擅长认真倾听的人有时也必须做点功课。

在一次餐会中，一位外貌平平的小姐身边围着两个喋喋不休的家伙，左边那位因为听小姐说曾拜读过他10年前写的一本著作而觉得欣慰，右边那位则因小姐知道他出生于表演世家而感到开怀。两个男人都有喜逢知己受到旁人注意的成就感，因此，互相抢着向她诉说自己的功绩及得意之处。虽然这位小姐从头到尾没说几句话，但两名男子却都觉得和她很谈得来。

仔细想想，许多女性在交际的过程中，往往太注重自己，却忽略了对交流者的倾听，别人津津乐道时，自己无动于衷；别人哭诉衷肠时，自己冷眼旁观；别人伤心落泪时，自己故言他物；别人无助伤悲时，自己随意敷衍；在亲人朋友最需要倾听的时候，没有留下足够的时间和心理空间，只给了他们匆匆的背影或粗暴的打断声，所以得到的回报，也只有渐渐远去的身影和温情不再的冷漠。

有这样一个故事。

一位母亲问她5岁的儿子："如果妈妈和你一起出去玩，我们渴了，又没带水，而你的小书包里恰巧有两个苹果，你会怎么做呢？"儿子歪着脑袋想了一会儿，说："我会把两个苹果都咬一口。"

可想而知，那位母亲有多么的失望，她本想像别的父母一样对孩子训斥一番，然后再教孩子该怎么做，可就在话即将出口的那一刻，她忽然改变了主意。

母亲摸摸儿子的小脸，温柔地问："能告诉妈妈你为什么要这样做吗？"

儿子眨眨眼睛，一脸的童真："因为……因为我想把最甜的一个给妈妈！"

霎时，母亲的眼里闪动着泪花。

其实，认真倾听无须准备随时"赴汤蹈火，在所不辞"，也许只要"此时无声胜有声"，别人高兴时报以会心的微笑，别人悲伤时和他一起忧愁，别人落泪时温柔地送上一张纸巾，别人沉默时和他一起沉默地走过，此时，对方需要的往往不只是陪伴，还有真诚的尊重和理解。

一个成功男人背后总有一位善于认真倾听的女人。大导演李安也不例外。在电视上看到的他的太太林惠嘉，一点也不时髦光鲜，一点也不珠光宝气，不但不像名导演的太太，甚至不像时尚的女博士。她说："李安还不是导演的时候，我就是我，李安当导演以后，我还是林惠嘉。"

1978 年，两人在一次留学生的聚会上一见钟情。认识两年之后，李安前往纽约大学学习电影制作。每个礼拜他都要打很长时间电话给林惠嘉，这个习惯一直保持至今。他说，林惠嘉是自己最佳的倾听者，她虽然没有女性特有的娇媚，但声音有一股神奇的抚慰人的力量。心情不好时只要听到她的声音，所有的烦恼立刻烟消云散。恋爱 5 年之后，李安和林惠嘉在纽约举行了一场中西合璧的婚礼。婚后两人分隔两地，聚少离多。李安在纽约大学读硕士，林惠嘉在伊利诺斯继续攻读生物学博士学位。可是两人感情非常好，李安每次临走前总是会做好一冰箱丰盛的食物留给妻子，口袋里也总是随身携带着妻子的照片。

在李安身处美国长达 6 年的等待里，靠身为药物研究员的妻子在外工作，养家糊口。每天在家他除了大量阅读、看片、埋头写剧本以外，还包揽了所有的家务，负责买菜做饭带孩子。林惠嘉也曾有过绝望哀痛的时候。她打电话向妈妈诉苦，林妈妈劝他们离婚。但放下电话，林惠嘉仍抹干眼泪，继续任劳任怨地养家糊口，相夫教子。终于，她等到了丈夫破茧而出的那一天。

为珍惜两人共处的时间，现在林惠嘉尽可能自己开车去接丈夫。在车上，大导演会像个孩子般忙不迭地、絮絮叨叨地对老婆述说外面的一切。林惠嘉则会一直面带微笑地听老公的赞美，也听老公的抱怨。

当今，女性有机会在各种公共场合施展所长，无论想用什么方式吸引或说服别人，善于"倾听"都是绝佳手段，而且真正用心在倾听时，必然能共情于对方所思所言，自己也能吸收到别人的论点精华。因此，很多对话图片中倾听的神情常被拿来入镜，因为那种沉静之美是无可取代的，以女性柔婉的特质来看，这不是更加吸引人吗？

认真倾听的女人，懂得用最简单却最舒心的方式尊重别人，听别人的抱怨、惊喜、见解、沾沾自喜、甚至夸张炫耀。认真倾听不是消极的收视，而是不断的解读，解读说话者的语言、思想、内在需求和期望，然后做出适度的、积极的回应。这种回应，或者是眼神的，或者是表情的，也或者是语言的，说话者能够从中得到肯定、赞许、同情、安慰、理解、安全、支持、默认……

认真倾听的女人，是平和的、宽容的，也是智慧的。无论是生活上还是工作上，现实和理想难免存在落差，不是所有人都可以一帆风顺，当我们在身边的朋友中寻找到属于自己的果皮箱时，不妨也充当一下别人的果皮箱。任何坚强的人都有脆弱的时候，或者说有些人是因为害怕，所以才坚强的！给自己的朋友带来一束阳光，带来一丝希望，带来一份温暖，那么自己也会幸福和快乐！

善于吃亏的女人更受他人欢迎

聪明的女人与平庸女子的区别在于，她们懂得吃亏是福，并在平实的生活中养成了善于吃亏的好习惯。这不是教导女人要做一个弱势甚至懦弱的人，而是通过善于吃亏，使自己处于主动与有益的位置。

郑板桥说“吃亏是福”，说“亏者盈之渐”，又说“难得糊涂”。人们往往懂得板桥之意，然而现实生活之中，人们其实是不愿吃亏的。而聪明的女人与平庸女子的区别在于，她们懂得吃亏是福，并在平实的生活中养成了善于吃亏的好习惯。

其实，人生一世，不管愿意不愿意，或多或少都吃过亏。比如，你爱别人，别人却不爱你，你是不是觉得很吃亏？你珍惜的东西，却被人视若草芥，你是不是觉得很吃亏？你帮助别人，别人却不帮助你，你是不是觉得很吃亏？如此等等，不一而足。但吃亏是一回事，不怕吃亏或者乐于吃亏甚至善于吃亏就又是另外一回事了。

自古以来，晋商都以见多识广、精明的形象示人，然而，相传晋商秘不示人的祖训就是“善于吃亏”。何以如此？常常吃亏又常常暴跳如雷的女性，是否能从晋商的祖训和行为中学到一二呢？原来，积累下了很多人生交往的经验的晋商人认为：要用好的态度来对待吃亏，不要因为吃亏而进行报复，以免冤冤相报，恶性循环。吃亏并不一定是坏事，吃亏的人可以从中吸取教训，也可以从中寻找机会；吃亏是大收益的前提，学会吃亏、主动吃亏可以让你自己更受欢迎，获得更大更好的商机；吃亏有时能够获得别人的认同，从而在生死关头能够获得别人的帮助。

世间平庸的女人，只知道吃亏使自己的利益受损，却不知道吃亏也是获益的开始。一个人一定有吃亏的时候，但也必然有获益的时候，倘若斤斤计较，往往得不偿失。身为女人，你要知道，在一件事情上吃了亏，在另一件事情可能还是吃亏，但此时你吃亏，并不代表你彼时还会吃亏，相反，你受益的可能性大了许多，因为你的经验增长，因为你的舍得，因为你的不独占，因为你的善于吃亏。

养成善于吃亏习惯的女人，在利益面前不去斤斤计较，而是舍得放下；在好处面前不是独自占有，而是与人分享；在交际当中不是唯我独尊，而是平等对待。如此吃亏，必定受到人们的信赖和尊重。六个苹果一个人吃只有一种滋味，分给六个人，每人都可以尝到一种滋味，而你将来得到的却是六种不同水果的滋味。用争夺的方法，你永远得不到满足；用让步的办法，你得到的可以比期盼的更多。

当然，身为女性，养成善于吃亏的习惯，不是说女人要做一个弱势甚至懦弱的人，而是通过善于吃亏，使自己处于主动与有益的位置。善于吃亏不是心甘情愿地吃亏，甚至做一个碌碌无为的庸者，关键是你用一种什么心态去对待吃亏。

善于吃亏，更要讲求对象、方式和方法，你要清楚地知道什么样的亏可以吃，什么亏“好吃”，什么样的亏不需要吃，什么样的亏坚决不能吃。

小黄是一名重点大学的学生，大学毕业刚参加工作时，生怕自己处理不好人际关系，得罪公司里的前辈，尽管小心谨慎，但还是遭到了别人的排挤。一个大她 6 岁的女同事总是看她不顺眼，甚至笼络一批同事孤立她。那时，上班对于小黄来说，无异于煎熬。每天，她都盼望能赶快做完工作，逃出那个令自己窒息的地方。一年后，小黄跳槽进入一家 IT 公司。选择 IT 公司，小黄的理由很简单："在那里，大家都是一门心思搞技术，谁有工夫将人际关系复杂化啊！"

进入公司，小黄却发现，情况并非如她所想。部门中，只有小黄是新人，其他同事都已共事多年。一时间，她很难融入同事圈子中。办公室中，一位同事经常一有事情就叫小黄帮忙。碍于面子，小黄从来不和她计较，却常因此而影响自己的工作进度。

一次例会上，老板表扬了小黄做的案子，夸她有新人的锐气，同时批评了另一位同事的方案。当时小黄就觉得那位同事的表情怪怪的。果然，从那以后，那位同事开始对小黄有了戒备，甚至产生了敌意。更要命的是，那位同事仗着自己是公司里的"老人儿"，拉着其他人冷落小黄。忽然之间，小黄发现自己又一次陷入了人际关系的怪圈中。

"两份工作都是如此，是不是说明我自己存在一些问题？我到底应该如何和同事相处？"小黄很郁闷。

身为一个职场人，你首先要做的就是熟悉自己的工作环境，为自己营造一个良好的工作氛围。职场竞争激烈，一个人在工作中难免遇到不顺利，这很正常。换了两次单位，依然在人际关系方面出现问题，除去人事环境的难以协调，小黄自身也出现了一些问题。

其实，处理好人际关系不外乎两点：第一，勇于面对人际关系问题，切忌消极回避；第二，学会尊重同事，尝试从对方的利益、前途来进行换位思考。从这个角度出发，职场中处于弱势地位的新人一定要学会善于吃亏的习惯。就小黄的境况而言，如果她能提前就会议中提交的案子与前辈沟通，甚至能在会上将前辈推到前面，那么，表面上，小黄吃亏了，实则相反。当然，吃亏也要吃得高明，要让前辈明了你的好意。

“桃李不言，下自成蹊”。吃亏，虽然意味着更多的舍弃与牺牲，但也不失为一种胸怀，一种品质，一种风度。吃亏者，人们会为其度量而赞赏，因其人格魅力而折服！正如先人所言，用争夺的方法，你永远得不到满足；但用让步的办法，你可以得到比期盼更多的。

赞美他人，更能“美化”自己

真心地赞美别人，给他人一个满分，于人于己都会是一种鼓励，一天的好心情或许就始于一句淡淡的赞美。

任何人身上都可能拥有你所欣赏的人格特质。玛格丽特·亨格佛曾经说过：“美存在于观看者的眼中。”她的看法和我们平常所说的“我们在别人身上看到我们所希望看到的东西”不谋而合。每个人都是相当复杂的综合体，融合了好与坏的感情、情绪和思想。大多数女性对他人的想象，往往奠基于自己对他人的期望之中。

当你不断提高自己时，别忘了培养欣赏和赞美他人的习惯，认识和发掘他人身上优秀的特质。只有当你能够从他人身上看出优秀的品质，并由衷地欣赏他们的成就时，你才能真正受人欢迎，被人赞赏。

是女人，就有嫉妒之心，爱嫉妒的女人往往无法面对那些比自己优秀的人。这一点，正是阻挡大多数女人迈向成功的绊脚石。成功学家告诉我们，提升自我的最佳方法就是帮助他人出人头地。喜欢赞美，是人的天性。如果一个人的长处得到别人的肯定，他就会感到自我价值得到确认，产生“自己人效应”。如果我们能衷心地欣赏和赞美自己周围的人，当他们得到升迁，一定会对你有所回报——是你的善行鼓舞了他们这样做。有许多意想不到的机会，都来自于你发自内心的对他人的赞美。

美国化妆品大王玫琳·凯十分善于把握住对方的每一个闪光点，恰如其分地赞美对方。

有一次，年轻的玫琳·凯上门去推销化妆品，女主人非常客气地拒绝了她："对不起，我现在没有钱，等我有钱了再买，你看可以吗？"

但细心的玫琳·凯看到了女主人怀里抱着一条名贵的狗，知道"没有钱购买"只是她拒绝自己的一句托词。于是，她微笑着说："您这小狗真可爱，一看就知道是很名贵的狗。"

"没错呀！"

"那您一定在这个狗宝宝身上花了不少的钱和精力吧？"

"对呀，对呀。"女主人开始很高兴地为玫琳·凯介绍她为这条狗所花费的钱和精力。

玫琳·凯非常专心地听着女主人兴奋的介绍，在一个非常适当的时机，她插了话："那是肯定的，能够为名贵的狗花费足够的钱和精力的人，一定不是普通阶层。就像这些化妆品，价钱比较贵，所以也不是一般人可以使用得上的，只有那些高收入、高档次的女士，才享用得起。"

女主人听后，很高兴地买下了一套化妆品。

玫琳·凯与朋友一起到成衣店里去逛，听到了旁边有一对女孩子在说话。两位女孩一位金发一位黑发。金发女孩买了一件新衣服，穿起来很好看，黑发女孩称赞道："刚才你放下的那件衣服，扣子挺漂亮的。"金发女孩突然有点生气："那是什么破衣服，扣子难看死了，看看这个。"

这时，玫琳·凯和朋友走了过去。玫琳·凯面带笑容对金发女孩说："这件衣服的领子很漂亮，衬得你的脖子像高贵的公主一样有气质，要是再配上一条项链，那就简直完美极了。"金发女孩很高兴，因为她也是这么想的。她骂黑发女孩没有欣赏眼光，黑发女孩不服气："我也是这么觉得的，只不过没说出来罢了。"

玫琳·凯对黑发女孩说:“其实你可以试一下这件,它特别能衬托出你优美的身材。”黑发女孩也高兴起来了。“当然,要是你们脸上的肤色再稍微护理一下,会显得气质更加优雅。”于是,三人就开始聊起了美容化妆的话题,这是玫琳·凯最擅长和最希望的。

后来,这些人都成为玫琳·凯的忠实顾客。

赞美别人是一种自信,一种优雅,一种谦逊,是女子内在魅力的展现。赞美别人是一种健康的生活心态,是你具备完美的鉴赏力的表现。快乐、积极地面对每个人,每件事,真心地赞美别人,喜欢别人,鼓励别人,你会得到更多。要让别人的生活因为有了你的生存而更加美好,这就是赞美别人而得出的幸福的定义。

同事之间相处久了,就会忽略对方的优点,反倒对彼此间的缺点很敏感,这是使工作陷入困境的征兆。其实,一句由衷的赞美或一句得体的建议,都会让同事感觉到你对他的重视,无形中增加对你的好感。聪明的女人知道,每个人都渴望自己的价值得到认可,渴望得到别人的赞美。尤其在我们付出了辛勤和复杂的劳动之后完成的工作,更是期待别人的注意和赞赏。同事之间如果能经常用毫不吝啬的语言赞美对方,相信在工作的时候,我们的激情会更高,工作效率也会提升。

会赞美的女人,会带给男人好运,也必然会为她自己带来幸福。家庭生活中很多妻子习惯性地对丈夫泼冷水,这往往会使两个人的关系更加恶劣。要知道,身为妻子的最大职责,就是帮助她的丈夫成为他理想中的那个人。要做到这一点,需要相当的智慧。不要挑剔他,也不要拿他来和隔壁的某某人相比,而是应该温柔地鼓励他、赞赏他,给他加油打气。当男人受到妻子的赞美,当他们听到妻子说“真了不起,我以你为荣,我真高兴我是你的老婆”这种话的时候,几乎没有一个男人不会高兴得眉开眼笑。许多成功的男人,背后都有个有智慧的女人,他们都可以证明这种说法的真实。女人要让男人进步,并不是逼他、给他压力,而是学会赞美,激励和鼓舞他。只要针对他的特质和优点给他支持和赞赏,就能让他施展出个人独特的才华。

会赞美的女人，除了会说话，语气诚恳，最重要的就是认真的眼神和表情，完全没有虚伪和戏谑的意思，这才是赞美别人的最高境界。

一位中年人在脚踏车店买东西，老板娘一看见他就说："你好年轻，看上去只有二十七八吧！"虽然他知道老板娘是为了和客人交际，多少有开玩笑的性质，但不知为什么，看老板娘满脸正经，连笑都不笑一下的表情，他的心情十分愉快，回到家还在镜子面前照了很久，一直问自己："我看起来真的很像二十七八岁吗？"赞美一个人的优点，尽管评价略高于实际，但并不意味着不诚实，而是给人受尊重的感觉。无论他人的赞美是真是假，赞美都是出自内心的喜欢和赞赏，并非逢迎和阿谀，这会在不知不觉中令对方增加自信心，整个人充满希望。

会赞美别人，是一种人格修养，一种气质提升，可以让女人逐渐走向完美。"授人玫瑰，手留余香"。真心地赞美别人，给他人一个满分，于人于己都会是一种鼓励，一天的好心情或许就始于一句淡淡的赞美。若所有的人都吝啬于言语的赞美，死守着自身的阴暗和消极，这样的环境又如何会让人觉得幸福快乐呢？在满是激烈竞争的生活中，一份好心情是多么来之不易，那么为什么不自己带给自己呢？

Chapter 5

铿锵玫瑰：好习惯助你轻松走出困境

人生中没有困境，就没有更多的喜悦、快乐和满足。因此，那些幸福的女人会凭借丰富的阅历在风雨来临时以坚强的姿态来面对。同时，诸多良好的习惯会帮助女人快速走出困境的泥潭，早早看到美丽的彩虹。就如一位心理学家所说，女人在困境中会担心，但更应该有信心，有恒心。当然，更睿智的女人会在这一切来临之前培养自己应对困境的良好习惯。

越在困难时，越要肯定自己

自信，指的是一种态度在任何情况下都相信自己的。一个女人只有把自信当成一种习惯，才能更好地激励自己自爱、自强、自主、自立。

Google的中国区总裁李开复曾给过年轻人一个忠告："把'不可能'三个字从你的人生字典里删除，并添加上'我能行'这三个字。"事实上，如果女人们不管在艳阳高照还是乌云密布的情况下都能相信自己，并努力把自信培养成一种习惯，那么，她就一定能够战胜一切困难，获得比她梦想的要多得多的成功。

居里夫人有句名言："我们应该有恒心，尤其要有自信心！"高尔基也指出："只有满怀自信的人，才能在任何地方都把自信沉浸在生活中，并实现自己的意志。"这里所说的自信，指的是一种在任何情况下都相信自己的态度。一个女人只有拥有了自信，才能更好地激励自己自爱、自强、自主、自立。

林晓大学毕业的时候，恰逢1997年金融危机，市场一片萧条，只勉强找到了一份推销员的工作；而更为不幸的是此时林晓的母亲刚刚去世不久，父亲因为过度操劳病倒在床上。来自家庭和社会的压力，几乎把林晓压得喘不过气来。就在她内心惶恐不安，对现实充满绝望的时候，他的父亲对她说了一句话："生活中没有过不去的坎儿，凡事也没什么大不了，相信自己，你一定可以的！"

林晓在父亲的鼓励下重拾信心，每天早出晚归，任劳任怨地工作，渐渐地赢得了老板的信任。一次，老板安排她去上海的展销会去推销新产品，这对于从未接手过展销会事宜的林晓来说无疑是一个巨大的挑战。然而，林晓并未因此而气馁或退却，而是在最短的时间内查阅了近年展销会的资料，以及新产品的特点，并凭借自己的勇气和信心提出了一个新颖的策划方案。终于，公司的产品在展销会上一出场就吸引了大批观众的眼球，一鸣惊人。林晓也因此深受老板器重，被提拔为销售部经理。而此时林晓父亲的病因为得到妥善的医治，也在逐渐地康复。林晓在回忆自己最灰暗的时光时说："就像做了一场噩梦，然而幸好在噩梦中我没有放弃'自信'这一缕希望的曙光。"

人生就像一望无垠的大海，潮起潮落是随时都会发生的事。一个女人一生中不可能一帆风顺，事事顺心如意。碰到问题并不可怕，可怕的是有些女人因为恐惧和害怕而去回避问题。回避问题不代表问题已经消失，在你的"姑息养奸"下问题反而会越变越严重。聪明的女人绝不会去做"掩耳盗铃"的事，她们总是依靠自己多年培养的自信的习惯，自信地挺起胸膛，即使前方乌云密布，情景黯淡无光，也会果断地去处理问题。

女人们应该把困难当做对自己的一种考验和磨炼。也许坚持到最后你会发现你未必能解决所有的问题，然而在此过程中，你的智慧、经验、心胸都会在不同程度上有所收获，这对你日后解决问题会有很大的帮助。因为人生最宝贵的财富莫过于信心和经验，而在克服困难的过程中，你收获最多的恰恰是信心和经验。

罗杰·史密斯，1981 年通用汽车的董事长。他的一位同事回忆说："罗杰在刚进公司的第一个月就认真地告诉我，他将来要成为通用公司的总裁。"

事实上罗杰 1949 年刚刚进通用公司的时候，做的只是一份会计的工作。他之所以选择通用公司，也只是因为他的父亲曾经说过"通用汽车公司是一家经营良好的公司"。罗杰没有任何的人脉关系，没有任何有利的家庭背景，然而凡是跟他共事过的人都对他印象深刻："他在任何困难下都相信自己能够成功，而且相信自己能做到最好。"

在信心的支持下，罗杰很快就展现出他的工作能力与超人的规划能力，最后如同他预言的那样成为通用公司的总裁，把通用领向另一个充满希望的春天。

谁拥有了自信，谁就成功了一半。记得有一句广告词是这样说的："只有想不到，没有做不到。"也是在强调信心对人的重要性。一个自信的女人，会发愤图强；一个自信的女人，会百折不挠；一个自信的女人，会在任何时候都对成功充满希望。

缺乏自信习惯的女人，无一例外地拥有一颗过分夸张的自尊心和虚荣心。她们从不轻易地改变自己，每天总是穿着相同样式的衣服，梳着同样的发型。她们不喜欢聚会，拒绝听取不同的意见，不玩从未玩过的游戏，也不习惯和异性聊天。她们在勉强维持不美满的婚姻，死死守住自己牢骚满腹的工作。她们不是不渴望改变和突破，而是缺乏改变的信心。

但是女人们需要明白的是：如果你在生活中毫无信心，优柔寡断，不敢超越自我，那么所有美好的事物都将与你无缘。世上没有真正的救世主，能够真正帮助你的人只有你自己。奇迹从来都需要靠自己去创造，别人创造的永远只是他们的美好。成功只会与正视现实、迎接挑战的女人结伴同行。

画家几米曾说："我绝望，掉入深井；我低头，却看见井水里闪耀着满目的星光；我总是在最深的绝望中看到最深的美丽。"越是在困难的时候女人们越是不能放弃希望，只要你带着自信去征服困难，就会发现"阳光总在风雨后"其实很有道理。

电影《阿甘正传》中有一句话："生活就像一颗颗巧克力，不剥开糖纸，你永远不知道下一颗是什么口味的。"凡事总是要尝试过后才能知晓个中的滋味，未尝试就已放弃的女人是可悲的，因为她们将无法体验胜利的喜悦。女人们，困难就像弹簧，你强它就弱，你弱它就强。用你的自信"激流勇进"吧！

不说"不可能"，女人不要轻言放弃

无论是在生活中还是事业中，女人们永远不要说"不可能"。每个女人的身上都蕴藏着无限的潜能，只要用心去做，一切皆有可能。

世界著名品牌李宁的广告词是："一切皆有可能。"这句话看似简单，其中却蕴涵着一个重要的人生哲理——永不言弃，相信一切皆有可能，应该成为女人的一种思维习惯。

纵观人类的历史，我们总是在打破一个又一个"不可能"。抽水机的发明，打破了人们认为水"不可能"往高处流的看法；飞机的出现，打破了人们认为飞翔是个"不可能"实现的梦想的看法；而网络的问世，则彻底打破了人类认为地球村是"不可能"实现的看法……正是人类孜孜不倦地把看似"不可能"的事实转变成了"可能"，突破一个个"极限"，人类的文明才能不断地被刷新，被续写。

在生活中，很多女人总是抱怨"这份工作真的太难了""我的婆婆真是太难相处了"等。然而，很多事情并非不可能，只是女人们在处理它之前就已经在心里为自己设置了认为自己不可能成功的限制。女人们必须了解人生中最大的敌人不是别人而是自己，只有停止"我做不到""这对我来说是不可能的"这些心理暗示，调整自己注意的焦点，把"不可能"这个词从我们的生命中永远剔除，女人们才会拥有把梦想改变成现实的力量。

无论是在生活中还是事业中，女人们永远不要说"不可能"。每个女人的身上都蕴藏着无限的潜能，只要用心去做，一切皆有可能。正如一个渴望成功的商人绝不会让"不可能"这三个字阻挡自己前进的步伐，因为把"不可能"变成"可能"就是很大的商机。当人们还在念叨感慨"不可能"时，他们已经在默默地进行研发，积极地申请专利，然后石破天惊，成为庞大市场的引导者。

另外，永远不说“不可能”实际上指的还是一种永不言弃的精神。

英国首相丘吉尔十分推崇面对困难坚持不懈的精神，他一生最精彩的演讲也是他最后的一次演讲，是在剑桥大学的一次毕业典礼上。整个会场有上万名学生，他们正在等候丘吉尔的出现。

正在这时，丘吉尔在他随从的陪同下走进了会场并慢慢地走向讲台，他脱下他的大衣交给随从，然后又摘下了帽子，默默地注视所有的听众，过了一分钟后，丘吉尔说了一句话：“Never give up！（永不放弃）”丘吉尔说完后穿上了大衣，带上了帽子离开会场，这时整个会场鸦雀无声。一分钟后，掌声雷动。

丘吉尔的“永不放弃”有两个原则，第一个原则是：“永不放弃”，第二原则是当你想放弃时回头看第一个原则：“永不放弃”！

只有当一个女人拥有了永不放弃、勇往直前的精神，拥有了对任何事都不说“不可能”的习惯，她才有可能在社会上如“庖丁解牛，游刃有余”。

事实上，成功并没有什么秘诀，只要抱着“坚持到底，永不放弃”的信念，任何女人都可以取得成功。坚持不懈，不是一时的冲动，而是养成一种习惯。养成不轻言放弃的习惯，会让女人们慢慢变得坚强。如果你已经为了完成这个计划付出了很多，那就坚持下去，最艰难的时候，往往是离成功最近的时候。告诉自己，既然选择了就不要轻言放弃，说服自我，这就是最适合自己的。

吴敏出生在一个普通的农民家庭，初中只读了两年，家里就没钱继续供她上学了。她辍学回家，帮父母亲耕种三亩薄田。在她 19 岁时，父亲去世了，母亲因为过度悲伤而卧病在床，17 岁的弟弟还在念高中，家庭的重担全部压在了她的肩上。

听说养鸡能赚钱，吴敏向亲戚借了 500 元钱，养起了鸡。但是，一场洪水后，鸡得了瘟疫，几天之内全部死光。500 元钱对别人来说可能不算什么，对一个只靠三亩薄田生活的家庭而言，简直是个天文数字，这无疑是给这个原本就很贫困的家庭雪上加霜。不过，吴敏并没有因此放弃希望，她一边打工还债，一边积极寻找致富的方法。她种过葡萄、打过鱼、酿过酒，但没有一次成功过，到了28岁的“高龄”依然未婚，村里人都瞧不起她，很多人都认为她这辈子注定是毁了。甚至连唯一的弟弟都不理解她，劝她早点找个人嫁了，以免成为他人的笑柄，给家里抹黑。

然而现在，吴敏已经是一家规模不小的公司的老总了，手中有超过5000万的资产，而且在36岁时遇到了她迟到的“白马王子”，组成了一个幸福小家庭。许多媒体都采访过她，在得知她苦难的过去和富有传奇色彩的创业经历后，都纷纷问她：“在那些苦难的日子里，你凭什么一次又一次毫不退缩？”

吴敏坐在宽大豪华的老板台后面，笑吟吟地说了一句话：“即使只有一口气，我也会努力去拉住成功的手，除非上苍剥夺了我的生命。”

真是因为有着这样的精神，吴敏才能跨越一个一个的“不可能”，用自己的经历完美地诠释了“永不言弃”这四个字的含义。

俗话说：“世上无难事，只怕有心人。”只要不轻言放弃，再困难的事也能成功。一遇到困难就退缩，则注定一事无成，再容易的事也会成为困难的事。一个女人的成功，绝对不是靠上天的恩宠，而是靠日积月累的自我塑造，因此千万不能存有侥幸心理。

女人们从今天开始就动动脑筋去想想那些你认为不可能的人和事物，三十年风水轮流转，一切都是可能的，用这个想法去思考，就像给自己打开开关一样，你会更积极地去想办法，去思考事情的关联性，你会比过去更充实。

女人们，请记住在没有尝试之前，不要轻易否定任何一条路；在没有结果之前，不要轻易放弃任何努力的机会。因为“一切皆有可能”！

困难时更不要忽视对细节的关注

一个小数点的失误，可能使火箭上不了天；一句无心之失，可能使你苦心经营的人脉关系网产生破裂；一个不雅的动作，可能使你的爱人对你产生厌恶，为你的婚姻埋下隐患。

中国古人说："千里之堤，溃于蚁穴。"老子也说过："天下难事，必做于易；天下大事，必做于细。"这些名言强调的都是细节的重要性。一个女人如果能养成关注细节的习惯，就能够更容易地赢得他人的信任，从而顺利到达成功的彼岸。

一个小数点的失误，可能使火箭上不了天；一句无心之失，可能使你苦心经营的人脉关系网产生破裂；一个不雅的动作，可能使你的爱人对你产生厌恶，为你的婚姻埋下隐患。生活中，真是因为许多女人忽视了细节，才使"是非成败转头空"。

想要成为一个成功的女人，不但要有统筹全局宏观规划的本领，也要养成谨小慎微、防微杜渐的习惯。因为在很多时候一个小细节可能成为决定成败的关键，所谓的"牵一发而动全身"正是这个道理。刘备在白帝城奄奄一息的时候对刘禅说："勿以善小而不为，勿以恶小而为之。"戎马倥偬叱咤一生的刘备归纳出的最宝贵的人生经验，也许就是这个细节与全局的辩证法。

有些女人认为宏图大业才是真正的大事，而那些鸡毛蒜皮的小事都是不值得关注的。她们常常急功近利，好高骛远，认为"我很忙，没空去处理那些琐事"。殊不知，有些事是"牵一发而动全身"的，"一叶障目"很可能导致满盘皆输。

兰雅失业了。她的家庭本来就是一个双职工家庭，丈夫也仅是一家公司普通的职员，他们还要赡养父母，照顾女儿菲菲，她的失业可以说令生活一下子拮据起来。兰雅对此很是焦急，担心自己已年过中年，仅是大专学历，没有公司愿意聘请自己。

有一天，兰雅因为有事耽搁了，比平时稍微晚一些才去接上学的女儿。她看到女儿一个人独自站在校门口等她，心中泛起阵阵涟漪。校门口是一条繁华的大街，街上人来人往，车水马龙。兰雅以前的工作是110报警电话的接线员，她知道外面的社会随时随地都有危险，交通事故每天都会发生好几起，她很为这种情况担心。可是，现有的校车服务既不能满足她的需要，也不是她在经济上所能负担得起的。在她了解到很多家长也有这种担忧的时候，她觉得自己应该做点什么。

于是，兰雅买了一辆面包车，开始做接送孩子的工作。为了吸引更多的家长，兰雅把收费定在一般工薪阶层的父母都能接受的范围。事实证明她的做法是正确的，消息很快就在她所住的社区里传开了，家长们纷纷找她接送孩子上下学。兰雅说，她一直都觉得人们需要这种方便、可靠、价廉的学生交通服务。她关注细节的习惯，使得她比其他人更早地抓住了商机。

生意发展得很快，现在兰雅已经注册了一家公司，专门从事接送孩子的工作。在回忆自己创业的过程时，兰雅说："每件事都进展得非常顺利，比我预料的要好得多。人们显然并不介意为自己需要的服务掏腰包，更不介意付钱给所需要的优质服务。"

兰雅成功的关键在于她发现了大部分双职工家庭都有接送孩子的需要这个细节。关注细节的习惯使得兰雅顺利地摆脱了失业的困境，并顺利地走向成功。

很多时候成败的关键点都在于细节。一个女人要想获得成功，要想拥有一个幸福美满的生活，就必须养成重视细节的习惯。

习惯的养成也必须靠一点一点地积累。如果一个女人能执著地把手头的小事做到完美的境界，那么她就会成为一个了不起的人。

茵茵年仅30岁就已经做到公司总经理的位置，她把她的成功归功于对细节的重视。因此在诸事繁忙之际，她仍旧坚持让她的下属不断培养对细节关注的习惯。

有一次她的助理做了一份计划给她，茵茵认真阅读后，和善地对她的助理说："这就是你所能做到的最佳计划吗？"助理想了想，犹疑地回答："我相信再做一些细节上的改进的话，一定会更好。"茵茵立刻把计划书退还给她。两周之后，助理再次呈上了自己的成果。茵茵看了看，依然微笑地问她："你确定这是你所能拟订的最好的计划了吗？"助理疑惑地想了想，喃喃地说："也许把一两点细节再改下会更好吧……"

当这位助理再次走出办公室时，她决定一定要做一份让茵茵承认的完美计划。于是，这位助理夜以继日地工作两周后，终于信心满满地把她的计划呈给茵茵。当她又听到那句熟悉的"你认为这是你做到的最完美的计划了吗"，她激动得大声回答："是的，总经理。"茵茵轻轻地笑了笑，说："很好，我会认真地阅读的。"

茵茵以这样的方式训练她的助理，让她的助理认识到细节的重要性。事实上，女人们关注工作中的那些"小事"，反映的是一种忠于职守、尽职尽责、善始善终的职业道德和精神修养，其中也糅合了使命感和道德责任感。只有把每一件小事、每一个细节做到完美，女人们才能在工作中铸造出辉煌的成就。

海尔总裁张瑞敏说："把每一件简单的事做好就是不简单，把每一件平凡的事做好就是不平凡。"伏尔泰说："使人疲惫的不是远方的高山，而是鞋里的一粒沙子。"在生活中，愿意重视细节的女人往往能成为朋友和家人心中的依靠；在工作中，愿意把小事做细的女人最终会在芸芸众生中脱颖而出。

在这个日新月异的时代，我们不缺乏雄才伟略的战略家，缺少的是精益求精的行动者；我们不缺少各类规章制度，缺少的是对规章条款不折不扣的执行者。因此，女人们必须改变心浮气躁、浅尝辄止的毛病，提倡一丝不苟、注重细节的作风，把大事做细，把小事做好。正所谓"成也小事，败也小事"。

托尔斯泰所说："一个人的价值不是以数量而是以他的深度来衡量的，成功者的共同特点就是能做小事情，能够抓住生活中的一些细节。"有些女人一心渴望伟大，伟大却了无踪影；但是只要女人们认真做好每一件小事，力求把每个细节做到完美，伟大便不期而至。这就是细节的魅力，这就是细节的力量！

因此，女人们请记住：在生活中，只有做好小事，才能成就大事。从现在开始关注身边那些被你忽视的小细节吧，你会从中获得意想不到的收获！

马上行动，不让困难在想象中变大

世界上很多事情并没有你想象的那么困难，只要行动起来，你就会在行动中找出解决问题的方法。如果女人们不能养成马上行动的习惯，总是把今天的责任放在明天的肩上，如此日积月累，最终将不堪重负，变成一个负不起责任的人。

清朝诗人钱鹤滩在《明日歌》中写道："明日复明日，明日何其多。吾生待明日，万事成蹉跎。"是的，时光不会倒流，生命不会重来，光阴总是最公正无情的审判者，不会因为任何人任何事停留一秒。

生活中，我们常常可以听到那些上了年纪的女人感慨"长江后浪推前浪"，缅怀那些已经成为遗憾的人和事。而事实上，大部分成为遗憾的事都是因为女人们一时的懒惰造成的。可怕的是当懒惰演变为拖延，并成为一种习惯时，大好的时光就在我们的"明日复明日"中悄悄溜走了。所幸的是"亡羊补牢，为时未晚"，女人们对付拖延的秘诀就是马上行动。

成功不是想出来的，也不是说出来的，而是做出来的。一切方法、意愿只有在行动中才能发挥指导和辅助的作用，没有行动，一切都是幻想。

农民老张的农田中多年以来一直横卧着一块大石头。这块石头碰断了老张的好几把犁头，还弄坏了他的农耕机。老张对此无可奈何，巨石成了他种田时挥之不去的心病。

一天，在又一把犁头被打坏之后，老张气恼地终于下决心弄走巨石，了结这块心病。于是，他找来撬棍伸进巨石底下，却惊讶地发现，石头埋在地里并没有想象的那么深、那么厚，稍微使点劲儿就可以把石头撬起来，再用大锤打碎，清出地里。

但一切都结束后，老张脑海里闪过多年被巨石困扰的情景，再想到为什么不更早些把这桩头疼事处理掉，禁不住一脸的苦笑。他不禁想到：如果一开始遇到巨石时，自己就能立即弄清根源，并且立即处理，决不拖延，那么一切因巨石引起的困扰都不会存在了。

世界上很多事情并没有你想象的那么困难，只要行动起来，你就会在行动中找出解决问题的方法。如果女人们不能养成马上行动的习惯，总是把今天的责任放在明天的肩上，如此日积月累，最终将不堪重负，变成一个负不起责任的人。

世界著名的推销员汤姆·霍普金斯的一生充满了传奇色彩。他在27岁那年就跨进了美国千万富翁的行列；他拥有一个国际推销培训集团，每年出席75次全球研讨班，向全世界梦想获得巨大成功的人们传授销售知识，分享自己毕生的成功经验；他曾连续8年获得全美房地产的销售冠军，开着劳斯莱斯或奔驰轿车环游世界，并传授推销的方法。众所周知的华人推销大师陈安之就是汤姆在过去35年里300万学生中最优秀的学生之一。

一次，有一个人问汤姆·霍普金斯："请问您成功的秘诀到底是什么？"他说："马上行动！事实上我每天都要一遍遍地重复这句话，直到它成为习惯和行为本能。当我早上一睁开眼睛就要说这句话：马上行动！免得'再多睡一会儿吗'占据我的脑海。当我出门推销时，我就立刻开口说这句话：马上行动！免得‘客户会拒绝你’占据我的思想。当我站在客户的门口，就立刻开口说这句话：马上行动！免得‘犹豫不安’占据我的斗志和信心。成功是不会等人的，就在此时此刻，马上行动，绝不放弃，全力以赴！”

纵观历史我们发现，每一个成功者都是行动家，而不是空想家；每一个赚钱的人都是实践派，而不是理论派。因此女人们马上开始行动吧，只有养成马上行动的好习惯，你才会拥有一个幸福快乐的生活。

好的开始是成功的一半！勇敢跨越出那一步是最重要的，行动应该从这一秒开始，而不是下一秒。

有些女人心中向往着成功，脚步却总是在起点上犹豫不决地徘徊，并为之编织着各种各样的借口：我也许会失败；我可能准备得还不够充分；现在也许时机还不到；这样就开始未免太仓促了……

而有些女人则是因为做事没有紧迫感，总想着缓一缓，推到以后去做，而不是立刻行动，并为之编织着各种借口：再休息一会吧；也不差那点时间；我先去玩会儿电脑放松下；我的材料还没准备好呢……

事实上，这样的拖延不仅耽误了工作的进程，而且会使女人们的精神产生负担。那些想做而没有做的事，既不能忘又不想立刻去做，为女人们的心灵徒增了不少负担，实在是比认真完成还累人。因此女人们做事一定要有始有终，只要你已经对别人或者自己做出了承诺，就要马上开始，并且勇往直前地完成它。

女人们，从现在开始培养自己马上行动的习惯吧！从早上睁开眼睛那一刻开始，你就马上行动起来，一直行动下去，每一件事都要告诉自己立刻去做，你会发现，你整天都充满行动力的感觉。认真想想，现在你的手头上有没有什么还没有完成的任务，有的话就立刻去做吧！

拿一张纸写上“马上行动”，贴在你的书桌前，床头、镜子前，贴满你的房间，你一看到它就会有行动力的。现在就做！

为了帮助你更好地养成马上行动的好习惯，请你在每天起床后大声地告诉自己：“凡事我要马上行动，马上行动！”连续讲 10 次，立即行动！只有不断地行动，才能助你成功。

当你把胆怯畏缩改变成立刻行动，把懒惰拖延改变成立刻行动，女人们，你会发现你比你想象的更优秀。

自我挑战，不畏惧一切困难

女人们一旦养成了敢于向自我挑战的习惯，就如同拥有了流水般不屈不挠的精神，这股强大的力量会支持着女人们翻越生活中的各种“大山”。

拿破仑·希尔曾说过：“向自己挑战。每一次你做一件事，尽你所能做得比你自己上一次的表现更好、更快，你就会傲视同侪。”女人们在社会上闯荡，就如同穿梭在崇山峻岭之中，要想取得成功顺利地到达目的地，必然要经历一番艰辛的曲折。但是女人们一旦养成了敢于向自我挑战的习惯，就如同拥有了流水般不屈不挠的精神，这股强大的力量会支持着女人们翻越生活中的各种“大山”。

在生活中，女人们都是“摸着石头过河”的探索者，每个女人都可能不清楚自己到底最适合做什么工作，自己还能拥有什么样的潜力，这需要女人们拥有勇于向自我挑战的习惯，唯有如此，女人们才能在职场中根据实际的情况不断调整自己的战略和步伐，保持适当的警惕，成功化解生活中的各种危机，克服各种困难。

蓝星念完高中后，贫困的家庭再也无法支持她继续念大学了。无可奈何之下，蓝星只好放弃了自己的大学梦，应征到一份公交司机的工作，开始了披星戴月的工作生活。

蓝星工作极为勤奋认真，节假日也甚少休息，工作一个月后就被评为

"最佳员工"。跟她一起进公司的另一个女人见到蓝星如此受老板的器重，酸溜溜地对蓝星说："你那么拼命干吗？公交司机一辈子除了开车就是开车，你就是再拼命也摆脱不了司机的命运。"

蓝星沉默了一会说："你觉得我做了司机就会满足吗？我的目标是做公交司机的经理。在此之前，我会不断地向自我挑战，不断地向前进。"

正所谓："燕雀安知鸿鹄之志哉！"那个讽刺蓝星，安于现状的女司机又怎么能理解一个拥有敢于向自我挑战的习惯的女人的伟大志向？

10 年后，蓝星如愿以偿地成为公交公司的经理，并且得到公司的资助重新回到大学攻读管理学；而那个女司机依然只是个司机，她真的一辈子也摆脱不了当司机的命运了。

女人只有当不满足于已有生活的安稳和平衡，敢于向自我挑战时，才能不断向前发展。成功的大门从来只向敢于自我挑战的女人敞开！在你的生活中，不管你的目标是什么，不断地把它向前推进，不断地要求自己做得更好。即使你的能力是有限的，也要想尽办法不断地超越自己，不断向更高的目标前进，这是一种积极追求超越自我的好习惯。无论你要求自己今天多对人微笑一次，工作少出一次差错，还是改进一点人际关系，多认识一个客户，多做一件有意义的事情等，这些都可以视为自己进步的表现和激励。挑战自我的习惯需要女人们用心一点一点培养。

一百多年前，一位穷苦的牧羊人靠替别人放羊为生。有一天，这个牧羊人带着他的两个幼小的儿子赶着羊来到一个山坡上，一群大雁鸣叫着从他们头顶飞过，并很快消失在远方。牧羊人的小儿子问父亲："大雁要往哪里飞？"牧羊人说："它们要去一个温暖的地方，在那里安家，度过寒冷的冬天。"大儿子眨着眼睛羡慕地说："要是我也能像大雁那样飞起来就好了。"小儿子也应和道："要是能做一只会飞的大雁该多好啊。"

牧羊人沉默了一会儿，然后用沉着且坚定的语气对两个儿子说："只要你们想，你们也能飞起来。"两个儿子都用怀疑的眼神看着父亲，牧羊人肯定地说："未来有无数的可能，你们还小，只要不断努力、挑战自我，将来就一定能飞起来，去想去的地方。”

两个儿子牢牢地记住了父亲的话，并一直努力着、挑战着自我。等到他们长大——哥哥36岁，弟弟32岁时，他们果然飞起来了——他们发明了飞机。这两个人就是美国著名的莱特兄弟。

女人们总是在不断的挑战中成长起来的。只要用一颗勇敢的心，积极地挑战自我，困难总会迎刃而解的。只要你敢于向怯弱挑战，你总会变怯弱为无畏；只要你敢于向贫穷的处境挑战，你将变贫穷为富有。只要女人们敢于向自我挑战，就能轻松走出困境，改变自己的命运。

对于一个女人来说，没有什么比学会自我挑战更重要的了。这种习惯会影响着你对自己的评价和对未来的期望，会让你勇敢地正视事业上的困难，从而顺利地走出困境，重拾信心。

女人们要敢于树立这样的目标：我要成为主管、经理和老总。不管你目前的职位有多低，待遇多么糟糕，仍然应该勇敢地向自我挑战，不断地告诉自己：“我不仅仅是这个水平，我的职位应在更高处。”女人们要敢于梦想，要下定决心，并且发誓一定要为之竭尽全力，决不半途而废。唯有这样，女人们才能更加轻松地走出困境，顺利到达成功的彼岸。

生命的价值不依赖我们的所作所为，也不仰仗我们结交的人物，而是取决于我们本身！每个女人都是独一无二的个体，不要轻易地放弃，更不要随便地看轻自己。时光荏苒，岁月如梭，女人们要抓紧时间养成不管在什么样的困境下都拥有向自我挑战的习惯，学会做最好的自己，憧憬更高的目标。这不是简单的空想，它需要有女人们对自己坚定的信心做后盾。女人们要相信自己是独一无二的，是最棒的，是有能力去达到自己想要的目标的。

对女人来说，每一天都是一个新的开始。挥挥手，向昨天的自己潇洒地告别，每天进步一点点，做最好的自己！

积极主动，女人的命运自己把握

一个拥有做事积极主动习惯的女人，会用心做好每一件事，在面对任务的时候总是能集中精力、全力以赴。这样的习惯往往使女人们在陷入困境的时候，能够积极主动地去发现问题，并通过认真研究，找到解决问题的最好方法。

世界每时每刻都在变化，而“优秀人才”的内涵和主题也随着时代的变迁在不断升华、延伸。在当今社会中，昔日“听命行事的女人”已不再是老板和企业所期望的人才，取而代之深受老板喜爱的是“积极主动做事”的女人。因此，女人们应该努力养成积极主动做事的好习惯，以便顺利走出人生的各种困境，顺利到达成功的彼岸。

生活中，大部分上司都希望自己的下属是积极思考、主动工作的人。在老板眼里，那些只会像“应声虫”一样盲目服从的女人，是最让人头疼的；而能准确掌握他的指令，并积极主动地运用本身的智慧和才干把指令内容做得比他预期还要好的女人，才是他们真正要找的人才。

一个拥有做事积极主动习惯的女人，会用心做好每一件事，在面对任务的时候总是能集中精力、全力以赴。这样的习惯往往使女人们在陷入困境的时候，能够积极主动地去发现问题，并通过认真研究，找到解决问题的最好方法。

杨芳现在是一家颇具规模的上市公司的执行副总，然而在几年前她仅仅是作为一名小文员被招聘进来的。在刚开始工作的时候，杨芳并没有像其他文员一样一面工作一面抱怨，每天都巴不得早点下班，一逮到机会就翘班。尽管文员的工作十分枯燥无聊，但是杨芳还是以最积极认真的态度来面对它，一有机会她就缠着前辈们询问工作上的问题。不久，这个勤学好问的女人就引起了科长的注意，经过一段时间的考察后，杨芳被提拔为主任。

当上主任的杨芳依然是勤勤恳恳地工作，她总是早上第一个来，晚上最后一个离开。由于她对公司各个部门的运作以及正在从事的项目都了解得很透彻，同事们总喜欢向她咨询。

有一次，在公司经理被一个难缠的客户弄得焦头烂额的时候，杨芳“毛遂自荐”向总经理提出自己的看法以及解决措施，最后总经理利用她的方案顺利地和那个客户签了约。这件事后，经理决定让这个肯动脑又能干的年轻女人做自己的助理。

后来，杨芳成了公司的副总，但她依然特别积极主动地工作，从不说闲话，也从不参加到任何纷争中去。她鼓励大家学会用脑工作，学习和运用新知识，时至今日她还是经常向大家提出各种好的建议。

杨芳没有什么惊世骇俗的才华，也没有过硬的家庭背景，她从一个普通的文员做到副总，凭的完全是积极主动的做事习惯。

很多女人总是在为自己的懒惰和无知寻找理由，总是在抱怨老板对他们的能力和成果视而不见，付出再多也得不到相应的回报……然而，世界上没有任何一个女人一开始做事就能发挥全部潜能，女人们只有能够积极主动地完成每一项任务，才有可能得到老板的赏识，获得应有的提拔。

林莹和辛迪同在一家房地产公司做销售小姐。她们的学历相当，又是同一年进入公司的，按理来说也应该拿同样的薪水。但是辛迪进入公司不久就加薪升职了，而林莹仍然一直原地踏步。

林莹知道辛迪升职后，大呼不公平，常常在背后说老板偏心。不久，老板就听到了风声，他把林莹叫到了办公室对她说：“其实，不能说我不公平，辛迪这个女孩子实在是招我喜欢。我觉得我不能不给她加薪升职，那是她应该得到的。”见林莹百思不得其解的样子，老板笑笑说：“我跟你说件事吧。前一阵子，有个客人有意愿购买房子，是辛迪接手的。大热天的辛迪陪着他一套一套地看，但是那个客人东挑西拣了好久，都没有满意的。我们都觉得这个客人估计没戏，但是辛迪并没有放弃。她主动收集了其他楼盘的信息，对价位、地点、升值潜力、户型等做了个详细的对比图，亲自上门游说客户。结果你猜怎么着？那个客人一次就定了三套房子！他还亲自打电话给我，夸我们的员工做事不仅有耐心，而且认真负责。”老板说到这里，脸上带着欣慰的表情，问林莹道：“如果是你，你愿意把重要的工作交给辛迪这样工作认真负责的人做，还是交给做事懒惰却喜欢在背后嚼舌根的人呢？”林莹羞愧难当。

女人们，也许你会觉得你现在正在从事的工作简单、琐碎，毫无前途和创造性可言，但是，就是在这极其平凡、极其低微的工作中，往往蕴藏着巨大的机会。只要你能养成积极主动的做事习惯，把工作做得比别人更迅速、更正确、更完美，你就能尽早地摆脱工作无聊的状态，走出困境，得到老板的赏识。

很多女人面对繁杂事情的时候，总是企图用“我没有时间”“现在还不是最佳时机，还是以后再说吧”等借口来逃避责任。事实上，女人们要想成功摆脱困境，获得更多的机会，就应该积极主动地去面对自己的每一项任务。

当今社会，女人们若想要登上成功的巅峰，就要养成积极主动的做事习惯，即使你面对的是自己完全不感兴趣的工作，如果你能够做到率先主动地积极做事，你最后就能获得应得的回报。

所以，女人们要学会自己约束自己的行为，培养自己敢于主动做事的习惯。只有这样，你才能自觉且出色地完成任务，成功地走出困境，成为“鹤立鸡群”的佼佼者。

灵活变通，在穷途时学会转弯

生活中，女人们总会遇到各种各样复杂的问题。想要在最短的时间内走出困境，获得成功，女人们就必须养成适时灵活变通的习惯，否则通往成功的路途总会崎岖难行。

有这样一句俄罗斯谚语："巧干能捕雄狮，蛮干难捉蟋蟀。"这句话道出了一个普遍的真理，即做事要讲究方法，生活需要学会灵活变通的习惯。世事是变幻无常的，没有哪个女人能够总是一帆风顺，左右逢源。生活中，女人们总会遇到各种各样复杂的问题。想要在最短的时间内走出困境，获得成功，女人们就必须养成适时灵活变通的习惯，否则通往成功的路途总会崎岖难行。

埋头苦干，做好老板交代的工作本是无可厚非的，不过女人们想要以"老黄牛"的精神在当今社会混得风生水起，攀登事业的顶峰，这是不可能的。很多女人为了在老板面前表现自己，常常加班加点工作。她们错误地认为唯有这样才能得到上司的赏识。的确，每个老板都喜欢勤奋的员工，但是他们更喜欢能够有效率地工作，并且能够在最短的时间内将企业利益最大化的员工。女人们想要成为老板心中"最可爱的员工"，就一定要养成灵活变通的良好工作习惯。工作效率与工作业绩才是最重要的，女人们不能盲目地为忙而忙，而是要审时度势，对事情做出正确的判断，灵活、有效率地完成工作。

很多女人当年是学校成绩优异的"尖子生"，但是她们出了社会后却总是频频碰壁，常常遇到"四面楚歌"的情况。她们常常疑惑地问："问题出在哪里？难道知识不等于财富吗?”知识当然是财富,但是有了知识却不表示你就能获得财富,因为很多女人并不知道如何在社会上运用这笔财富。

郑希是上海财经大学的优秀毕业生。毕业后,她应聘进了一家证券公司。还没上几个月的班,这家证券公司就关门了。那时正值1998年金融危机,工作异常难找,郑希无奈之下只好在超市找了一份打零工的工作维持生计。

那时郑希在上海租的是最便宜的房子,几乎顿顿吃的都是泡面馒头,生活异常拮据。她不敢轻易地买衣服和首饰,一年四季也只有一双皮鞋可以穿。上海的雨季到来后,她的皮鞋泡水后底掉了四分之一。然而,郑希却没有精力去修,经常浑浑噩噩地穿着漏水的皮鞋拖拖拉拉地走在路上。朋友的邀约也常常以各种理由推托,她怕花钱。尽管生活节俭,但是上海的生活成本却依然让郑希吃不消,生活仅仅够温饱。那时的郑希真的可以用一贫如洗来形容。

一天,郑希走在路上碰到了大学的一位女同学。那个女同学以前在学校成绩一般,现在却已经是一家知名化妆品公司的销售总监。见到郑希如此的潦倒,那个女同学感叹地说:“社会比学校复杂得多,你一定要学会变通啊!”

这次的相见对郑希的影响很大,郑希决定不能再这样过日子了,她一定要改变命运。第二天一早,郑希跑去商场买了一双新皮鞋。然后,她找到一位以前证券公司的同事,他在某机构当部门经理,介绍郑希做起了兼职经纪人。经历了一番拼搏,三年后郑希挖得人生的第一桶金,一边从事证券,一边投资实业,生意逐渐有了起色。现在,郑希已经是上海一家小有规模的橡胶公司的老总,她成功地走出了困境。

俗话说:“条条大路通罗马”,“人不能在一棵树上吊死”,女人们做事做人都需要变通。如果郑希没有想要变通,她可能到现在依然徘徊在贫困边缘。灵活变通是一种分析判断、解决问题和发明创造的能力,是敏锐机智、灵活精明的反映,也是充满活力、随机应变的智慧。

生活中，女人们会遇到各种各样的困境。处置不同的情况，需要女人们利用灵活变通的习惯，做出不同的决策。女人们做事时，需要有一种求实的态度和科学的精神，在任何情况下都要按科学规律办事，自觉用理智战胜冲动，用灵活变通代替蛮干。这才是成功的捷径！女人们如果能深刻理解这一点，将会事半功倍。

林筱有个外号叫"犟妞"。大学毕业后，她先是在报社当编辑，后又去了一家广告公司写文案。由于语文功底扎实，文章写得漂亮，老板很是喜欢她，有意提拔她。但策划总监老是批评林筱的稿子与现实脱离，不说客户这一关过不了，公司都害怕拿出手。林筱对于这些批评抵触特别大，老板很是头疼。

后来总监想了一个办法，让林筱借调去业务部工作一段时间。业务部的经理带着林筱去了一家房地产公司洽谈。林筱发现这些客户根本不懂广告，开始极为不乐意。但是一路上，经理跟林筱分析客户的心理，又点评街道上各楼盘广告，讲得林筱心服口服，当下经理便要林筱想广告词。受了白天的感染，林筱晚上还没回到家，广告词便想出来了。发短信给经理，又发短信给总监，一致通过。客户得知后，也是赞不绝口。

这以后，林筱的文案水平有了一个质的飞跃，老板乐得给她的工资连翻两倍。林筱怎么就一下子开窍了？她淡淡微笑地回答："工作是需要灵活变通的。"

《易经》有云："穷则变，变则通，通则久。"一意孤行，明知不可为而为的女人，是彻底的失败者。这个世界上没有那种"只注重过程，不注重结果"的人，既然没有什么结果，那还是要以变通为妙。

在全球化的浪潮中，灵活变通是必须的，所谓"穷则思变"，灵活机变的习惯能把你引向成功的坦途。女人们，如果你现在还属于明知不可为而为的那类人，那么你最好还是"放下屠刀，回头是岸"。

从容不迫，最困难的时候更要镇静

不管是在生活中还是在工作中，如果没有从容不迫的习惯，就永远也不会有强大的后盾，更不会有骄人的业绩。尤其是对于女人，从容不迫是绝对不能缺少的一种习惯。

从容不迫是一种感悟，是一种境界，是一种宁静的美丽。拥有从容不迫习惯的女人无论走到哪里，都是一道靓丽的风景。她们身上没有市井女人的那种小气和贪婪，没有高贵女人那咄咄逼人的冷漠和高傲，更没有工于心计女人的阴险和狡猾，她们会微笑地观赏着世界的一沙一草一木。

一个在事业上取得成功的女人，往往都有着遇事从容不迫的习惯。即使身处逆境的时候，她们也会保持沉着、冷静的状态，随时准备捕捉和发掘新机会，以了解和对付新的问题。

不管在任何场合，女人们如果能够拥有从容不迫的习惯，那么任何事情都能应付自如。

36 岁的韶华是一家民营企业的总经理，她就是一个“镇静”的高手。在面对突然变故时，她总是能镇定自若地指挥他人，并且力图在最短的时间内使得利益最大化。认识韶华的人，都说韶华浑身上下充满了迷人的魅力，而这种魅力则集中表现为她的从容不迫。

有一次，公司的一个部门经理跳槽去了对手公司，走时还“顺手牵羊”地带走了公司当年正在进行和准备进行的项目策划材料。消息传出后，公司就像“炸开了锅”似的，乱成了一团。员工们纷纷议论着公司将面临的损失，而各主管经理纷纷冲到韶华的办公室询问相关事宜。

“这个项目我进行了一半，现在这种情况到底是继续做还是不做呢？”

“我手上的项目前期准备已经就绪,要是不开始前期投进去的几十万不就打水漂了?”主管们对着韶华激动地大声吵闹着,希望尽快得到韶华的指示。但是韶华只是坐在那一言不发,神情镇定地听着抱怨,仿佛早已成竹在胸。等到财务总监因为说得过于激动,“手舞足蹈”时不小心碰倒了韶华桌上的一杯茶时,韶华才终于大喝一声:“你们慌什么?”

四周的人顿时安静下来,呆呆地看着韶华。随即韶华开始以雷厉风行的速度分配任务:联系律师,估算损失成本,重新召开会议制订新的计划,安抚员工……得到指示的主管经理们顿时行动起来。半个月后,公司一切事务重新步入轨道,那个泄密的员工也已经被起诉。公司平静得仿佛完全没有出事过一样。

后来,有一个主管私底下跟韶华说:“那天的你简直厉害极了!你的从容不迫把我们完全震撼住了,你是怎么做到在那样的情况下还能淡定从容地思考的?”韶华听完大笑起来:“你以为我不怕吗?其实我也怕得要死,我知道要是处理得不好,公司很有可能会陷入危机。但是我也知道那时我一定不能慌,如果我慌了,那么周围的人更没有主见,那就真的糟了。那句‘你们慌什么’一半是对你们说,一半则是自我暗示。”

一个女人如果遇事慌张,她的大脑就会失去正常的思考能力,她就会丢三落四,语无伦次。许多女人掉了重要东西,或者说话说漏了嘴,就是因为心里慌张。

本涅特曾说过:“你并不掌管整个宇宙,但你得掌管你自己。”从容不迫,遇事镇静,是女人不能没有的一种习惯。不管做什么事,如果没有从容不迫的习惯,女人们无论如何都不会把事情做好的。

人生充满生老病死和爱恨别离等种种变故,女人们应该训练自己应对逆境的适应能力,对人生持从容自信的态度,这样,女人们自然会变为生命的健康、快乐又有魅力的女人。

不管是在生活中还是在工作中,如果没有从容不迫的习惯,就永远也不会有强大的后盾,更不会有骄人的业绩。尤其是对于女人,从容不迫是绝对不能缺少的一种习惯。

从容不迫的女人，不会随着时代快节奏的脚步忙碌不停，步履匆匆，她们会稍微慢一点脚步，每天留一分钟的时间，看湛蓝的天空，看飘舞的秋叶，她们会发现世界的广博，人间的冷暖，时光的流转。

从容不迫的女人，总会留一点时间给自己，留一个休息的驿站给心灵，做一点自己喜欢做的事，充实自己的心灵。她们或遨游书海，或游历名山大川，或挥毫泼墨，或对弈品茗。她们能够充分感受到生活的美好。

在时间的长河里，经历了人生的繁花似锦后，成熟的女人不再浮躁，她能用从容不迫的心态“看庭前花开花落，观天上云卷云舒”。这是一种拥有从容不迫习惯的女人特有的气质和气量。

从容不迫的习惯不是一蹴而就的，没有哪个女人一出生就具有这样的魅力，但是从容不迫的习惯是女人们可以通过后天的培养训练而成的。比如，遇事慌张的时候，女人们可以尝试下有意地放慢你的动作节奏，越慢越好，并在心里说:“不要慌！千万不要慌！”动作和语言的暗示会使你慢慢镇静。这样你的大脑就会恢复正常的思考，以应付周围发生的事情。

一些没有见过大场面的女人，一到人多的场所，就会全身不自在。克服这种心理的方法是把所有的人都当做朋友，点点头，打声招呼，别人自然也会致意回报。虽然他可能永远也无法想起曾经在哪儿见过你，但是你却因此消除了紧张。

因此，女人们，从现在就开始培养遇事从容不迫的好习惯吧！

果断决策，关键时刻更要速战速决

在生活中，女人们遇到问题，到底是做还是不做，什么时候做，该怎么做，女人们都要果断地做出决策。如果决策晚了，机会就没有了；要是决策错了，则有可能全盘皆输。所以，如果女人们想要顺利走出生活的困境，就应该时刻注意培养自己的决策能力。

果断决策的习惯是一个女人能不能走出困境，为自己取得成功的重要筹码之一。有的女人总喜欢在做一件事前，再三权衡利弊，举棋不定，结果待到想好了的时候，机会已经丢掉了。正所谓留得青山在，也怕没柴烧，青山虽然常在，柴却不等人。“花开堪折直须折，莫待无花空折枝。”因此女人们必须培养起果断决策的习惯。

无论女人们从事的是什么职业，出生的背景如何，其人生道路都离不开决策。决策有时候往往能影响女人的一生，要么成就你，要么毁灭你。因此，女人们只要自己认为对的事情，不可优柔寡断，必须付诸行动。在生活中，女人们遇到问题，到底是做还是不做，什么时候做，该怎么做，女人们都要果断地做出决策。如果决策晚了，机会就没有了；要是决策错了，则有可能全盘皆输。所以，如果女人们想要顺利走出生活的困境，就应该时刻注意培养自己的决策能力。

吴巧是一家小公司的普通会计，她在这个岗位已经待了15年，工作清闲但是薪水也不高。她的人生一直过得平平淡淡，没有任何的波澜壮阔。

一天，吴巧的大学同学给她打了个电话，原来她的老同学自己下海开了一家公司，现在正在招聘财务总监，他知道吴巧是个技术过硬、做事认真负责的人，因此问她有没有兴趣跳槽来共同打拼。吴巧的老同学还跟她谈及了许多关于自己公司的未来规划，以及前景，并且承诺如果公司发展得好，未来上市后，将分3%的股份给她。

吴巧心动了。她思来想去好几天，都没能做出决定。一方面她对老同学的公司很感兴趣，也很想改变生活状态，好好干一场；另一方面又害怕自己人到中年，经不起折腾，万一老同学的公司没有办起来，自己岂不是"赔了夫人又折兵"。在这样反复犹豫中，吴巧终于错过了这个千载难逢的好机会。

5年后，老同学的公司成功上市。上市那天，老同学在该市的五星级大酒店办了一个盛大的庆祝会，也邀请了吴巧来参加。吴巧没有去赴约，只是黯然神伤地把请帖撕成了碎片，扔到了垃圾桶里。

所谓"机不可失，失不再来"，有些机会是人生中的"一期一会"，如果当时不能果断地做出抉择，女人们很有可能因此而抱憾终生。

在人生的求索中，女人们需要有一种果断抉择的习惯陪伴着自己走好漫漫人生路。世上有太多的事会让女人们犹疑不定，难以抉择。即便如此，女人们也千万要记得人才是主宰者，抉择权也在自己。女人们只有简单一点，决断一点，才能顺利走出人生的各种困境，做一个真正的成功者。

在生活中，女人往往有太多的抉择而最终变得毫无选择。果断不同于冒失或轻率，果断是要求女人们经过深思熟虑，充分估计客观情况，迅速做出有效的决定；再在情况发生变化时，善于根据新情况，及时做出新决定。机会来去匆匆，瞬息即逝，犹如划过天际的流星，女人们如果不能果断地做出抉择，就只能永远对生活"嗟叹"。

在《钢铁是怎样炼成的》一书中曾讲述过这样一个故事：保尔·柯察金在途中见到自己的战友朱赫来被敌人的一个士兵押解着。这时，保尔的心狂跳起来，猛然想起自己衣袋里的手枪。于是决定等他们从身边走过时，开枪射死敌士兵，但是一个忧虑的念头又冲击着他："要是枪法不准，子弹万一射中朱赫来……"就在这一刹那之间，敌士兵已走近面前，在这关键时刻，保尔出其不意地一头扑向那个士兵，抓住了他的枪，死命地住下按……朱赫来终于得救了。这个故事充分表现了保尔·柯察金果断的决策，要是再等一刻，也许结果就大不相同了。

一个女人的成功往往在于她善于抓住有利时机，果断做出决策。不管事情大小，果断出击总比怨天尤人、犹豫不决更为有益。果断决策、决不拖延是成功女人的作风，而犹豫不决、优柔寡断则是平庸女人的共性。犹豫不决、优柔寡断的坏处不只是在反复考虑之间丧失了成功的机会，它给人最大的负担是精神上的压力。在慎重行事的同时，少一分犹豫，就多一分成功的可能。

人生如同一部雄浑的交响曲，果断的抉择常常是人生乐章的序曲。在各个人生交叉口，女人们一定要谨慎地抉择，正所谓"当断不断，必留后患"。如果当时不能正确地做出判断，不能抉择路在何方，那么很有可能将影响和改变你人生的命运。

在生活中，女人们要学会在决定事情前，全面地了解事情，并且用全部的常识和理智慎重地思考。女人们一旦做好了心理准备，就要果断出击；一经决定，就要雷厉风行地出手，并且绝不轻易反悔。

女人们，从现在开始培养起自己的果断的决策习惯吧！昨天已经过去，无须感伤嗟叹；明天尚未到来，无须费心妄想；最珍贵的是今天，也就是现在。回眸过去，展望未来，抉择就在于现在！

持之以恒，方能早日突破困境

人生苦短，寻寻觅觅，几多酸甜苦辣，几许风雨历程。女人们想要能够遇事果断坚韧，始终如一地欣然前行，需要一种气韵，一种豁达、深厚、浩荡、释然的风度。

台湾作家刘庸在《做个快乐的读书人》一书中写道："天才实际决定于个性，谁坚持得久，谁就是天才。"这里说的天才的个性就是持之以恒。人生苦短，寻寻觅觅，几多酸甜苦辣，几许风雨历程。女人们想要能够遇事果断坚韧，始终如一地欣然前行，需要一种气韵，一种豁达、深厚、浩荡、释然的风度。

持之以恒，是人生中一种可贵的品质，是一种根植在灵魂与骨髓中的百折不挠、震撼心魄的深深信念。一个没有精神支柱、不懂得持之以恒的女人，成就不了什么大事，只能在鲁莽的矫情与虚伪的轻浮中沉浮。

持之以恒，是一种素养和心态，是一种良好的精神状态。如果女人们没有这种"锲而不舍，金石可镂"的坚持，何来成功后的"不管风吹浪打，胜似闲庭信步"的自信呢？

孟子曾做过一个比喻："有为者譬若掘井。掘井九仞而不及泉，犹为弃井也。"说的是人生好比挖井，必须持续不断地努力才能见效。如果挖井下几丈不见水就放弃，那就只能是一口废井。无论是学习还是工作，其实都是在考验女人的意志力，因为任何事情都是由浅入深、由表及里不断深化的过程。女人们无论在工作还是在爱情上，都不应该轻言放弃。

秦青和吴晗恋爱一年了，一年来他们的感情安然无恙，从没有吵过一次架，红过一次脸。然而，世上没有永恒的风平浪静，终于有一天他们因为一件小事而大吵了一架。吴晗气昏了头，对秦青骂了几句重话，还说她是个不可理喻的女人。从小娇生惯养的秦青哪里受得了这种气，倔脾气一上来“分手”两个字就自然而然地脱口而出。

吴晗事后后悔得肠子都青了，但是无论吴晗怎么低声下气地道歉，秦青就是打定主意分手，不再理他，甚至还当面对吴晗说：“好马不吃回头草，我对伤过我心的人从不原谅。你不要再来找我了，我以后再也不想见到你。”吴晗大惊，他从未想过秦青会如此的决绝。他沉默了一会儿，对秦青说：“听我说完一个故事你再走，好吗？”秦青想了想，终究停下了脚步。

“从前有一个人挖井，他觉得挖了很深还没见到水，于是他就换了一个地方挖，他每次都比前一次挖得深一点，没水就又换了一个地方，最后一次他放弃的那口井离水源只有一锄的距离，而这一次他永远放弃了。我的故事讲完了，我想说的是我现在依然很爱你，我绝不会像那个挖井人一样这么快就放弃。无论现在你说什么我都不会就这样草率地结束我们之间的感情，也请你不要因为我的一次失误就全盘否定我，好吗？”

秦青听完，默然了许久。终于她上前一步，像往常一样，轻轻地挽住他的手臂。

席慕容说：“前世的五百次回眸，才换来今世与你的擦肩而过。”女人们，恋人就像机会一样可遇而不可求，请珍惜眼前人，并持之以恒，将爱情进行到底。

我国清代学者王国维曾在《人间词话》中总结了人生的三种境界。其一为志存高远，“昨夜西风凋碧树，独上高楼，望断天涯路”；其二为持之以恒，“衣带渐宽终不悔，为伊消得人憔悴”；其三为成功境界，“蓦然回首，那人却在灯火阑珊处”。持之以恒是志向和成功之间的桥梁，没有锲而不舍的过程，再宏伟的志向也是镜中花；没有坚持不懈的追求，再渺小的成功也是水中月。

古代思想家荀况也说过：“锲而舍之，朽木不折；锲而不舍，金石可镂。”

梁小夕出生于江南小镇一个普通的家庭。高中毕业后，年仅18岁的她踏入一家公司，成为一名推销厨具的推销员。此时的她手上没有任何有利的资本：她没有富爸爸，且只有高中学历；她所在的厨具公司在当地的顾客满意度排名中倒数第二名；她所在的公司财务状况不佳。她服务的公司连续多年亏损，财务危机不断，公司给业务员的资源少得可怜。

更为忧心的是，公司的销售据点在穷乡僻壤，当地居民不到5万人。营业处的一百多位推销员几乎都跳槽了，只有她和其他二十多位留了下来。

但是梁小夕却决心要在这片贫瘠的地方开疆辟壤，创造出自己的一片天地。一开始，她得面对销售弱势品牌的挑战，客户很容易变卦。那一年，她连年终奖金都没有领到。但她没有被打倒，她常常激励自己："只要持之以恒，我相信总会有柳暗花明的一天。"

在不懈的努力下，公司渐渐好转。而她也凭借平均一天三套厨具成为公司的王牌推销员，被当地的媒体誉为"超级推销员"。现在她的年收入是18万元，创下了当地的推销员之最。在梁小夕回忆自己的成功经历时，她这样说道："我就像生长在悬崖上的兰花，没有土，没有水，悬崖上的风还很大，但是自己从不放弃，因为我相信我能从细缝中活出精彩。"

上帝给予谁的都不会很多。它只给了迪斯尼一只老鼠，还是在他最穷困潦倒的时候，但是经过持之以恒的努力，迪斯尼却用它创造出了一个童话王国；它只给牛顿一只苹果，还是以砸的方式，但是经过持之以恒的努力，牛顿却从中发现了万有引力定律。人生本来就是如此，无论底牌有多糟，只要女人们有了正面的思考、积极的心态和不懈的努力，即便连一张好牌都没有，也能靠自己一路打出好牌，更能在一片恶土上垦出一座漂亮的花园。

持之以恒，是燃烧在心底里难以扑灭的激情；持之以恒，是响彻耳畔荡漾心胸美妙的天籁；持之以恒，是跋涉泥泞坎坷走向彼岸的潇洒；持之以恒，还是风雨兼程义无返顾坚毅的执著。女人们，从现在开始培养自己持之以恒的习惯吧，美好的未来就在远方不远处等待着你。

{Chapter 6}

跨越藩篱：坏习惯的克服是幸福前提

哲人说："影响我们人生的绝不是环境，而是我们所养成的习惯。"习惯能成就女人，也能毁掉女人。在女人的身上，好习惯与坏习惯是并存的，好的习惯能让女人一生幸福，坏习惯会不断阻碍女人获得美满的幸福生活的脚步。因此，养成良好的习惯，是女人迈向幸福人生的第一步，同时，女人应该尽快地克服那些坏习惯，这样才能让自己更快地投入幸福的生活中。

女人不要让易怒毁了自己

女人如果不注意克服易怒的坏习惯，遇到些不如意就生气愤怒，那就算有再好的事业家庭也终会被破坏。

随着生活节奏的不断加快，人们的压力越来越大，有些女人天生脾气暴躁，愤怒发火已成为一种习惯。在易怒的坏习惯影响下，女人做出来的决定往往很不理智，无论事后怎么挽回，都为时已晚。

女人如果不注意克服易怒的坏习惯，遇到些不如意就生气愤怒，那就算有再好的事业家庭也终会被破坏。易怒的习惯会伤害你身边的每一个人，也会伤害你自己，所以易怒的坏习惯一定要节制。其实，克服易怒的坏习惯也是一个女人气度、涵养的表现。我们在与人相处时，不可能事事都一帆风顺。当受到嘲笑或无理的对待时，女人不必愤怒。如果对方侮辱你的地方是事实，就要勇敢地承认，这样对你不仅没有损害，反而会帮你改进自身的不足；如果对方只是无理地对待你，那么这些言语只是显示了他的低俗素质，对你是毫无损失的，你尽可置之不理，这样愈发会显现出你宽容大度的人格。

有一个小女孩，常常无缘无故地发脾气。一天，父亲给了她一大包钉子，让她每发一次脾气就用铁锤在她家后院的栅栏上钉一颗钉子。

第一天，小女孩共在栅栏上钉了 37 颗钉子。

过了几个星期，小女孩渐渐学会了控制自己的情绪，每天在栅栏上钉钉子的数目逐渐减少了。她发现控制自己的坏脾气比往栅栏上钉钉子要容易得多了……最后，小女孩变得很乖巧温柔，不爱发脾气了。

小女孩很高兴地把自己的转变告诉了父亲。父亲又建议她说:“从今天起,如果你一天没发脾气就从上面拔一颗钉子下来。”小女孩照着父亲的要求做了。终于,上面的钉子全拔完了。

父亲拉着小女孩的手来到栅栏边,对她说:“女儿,你做得很好。但是,你看一看那些钉子在栅栏上留下的那么多小孔,栅栏再也不会是原来的样子了。当你向别人发过脾气之后,你的言语就像这些钉孔一样,会在人们的心中留下疤痕。无论你说多少次对不起,那些伤口都会永远存在。”

在易怒这个坏习惯的影响下,女人由于偏激行为所造成的伤害,无论怎样弥补也无济于事,这些伤害就像栅栏上的钉孔一样,也许永远都无法消失。所以,女人宁可事前小心,也绝不要事后悔恨。遇到事情,不要总习惯性地生气发火,不管怎样,总要留下退一步的余地,以免做出无法挽回的事情来。

很多有智慧、有成就的伟人,都曾反复告诫我们:千万别被愤怒的情绪左右。康德说:“生气,是拿别人的错误惩罚自己。”毕达哥拉斯则说:“愤怒以愚蠢开始,以后悔告终。”蒙田说:“愤怒这个武器有奇特效用。所有的武器都由人类使用,唯有这个武器是它在使用我们。”

在易怒的坏习惯爆发时,女人千万要注意两点:第一,不可恶语伤人,因为这会给别人留下深刻的伤害;第二,不可因愤怒而随意泄露他人的隐私,这会使你不再被人信任。总之,无论在情绪上怎样愤怒,都千万不能做出无可挽回的事来。没有人会跟一个动不动就怒火中烧,既伤人又伤己的女人融洽相处。女人改变自己易怒的习惯是相当重要的,这是我们家庭美满、人生幸福的保证。

那么,女人要如何来改变自己易怒的习惯呢?

首先,在发怒之前最好想一想,这件事到底值不值得发这么大火,对方是不是真的有责任来承担我的怒火,这样一来,你发火的可能就会减少一半。

其次,有些脾气不好的女人对鸡毛蒜皮的小事都很在意,别人不经意的一句话，她会耿耿于怀，过后又把事情尽量往坏处想，结果越想越气。如果你也有这种情况，当你无法控制愤怒的情绪时，你要立即放松自己，把事情看淡看轻，避免与他人形成正面冲突，这样会减少因易怒而对别人造成的伤害。

再次，女人如果控制不住自己，还是生气了，这时到户外运动运动或者逛街看电影等都可以有效地分散你的注意力，减轻你的怒火。

习惯能成就未来，也能摧毁未来，坏习惯不属于我们自身的本性，它与好习惯一样，不是与生俱来的，是可以改变的。有些女人在工作上是一个优秀的人，可就因为易怒的坏习惯而在无形中得罪了很多人，使得事业不再一帆风顺。所以，女人要想更好地适应社会，得到幸福美满的一生，就必须学会培养自己的自制力，克服易怒的坏习惯，理智客观地处理所有问题。这样你的朋友会更喜欢你，你的家人会更亲近你，你的生活才会更加幸福美满。

凡事猜疑让女人迷失自己

“猜疑”这个坏习惯的产生，是由于女人总是按照自己的主观想法去设想对方的想法，但她所设想的往往并不是对方的真实想法。

社会是一张人际关系编结而成的巨网，任何人都不可能逃避这张网而孤独地生存。现代社会竞争越来越强，人际关系也越来越复杂。有些女人由于缺乏自信，在面对复杂的人际关系时无所适从，总以为别人在议论自己，看不起自己，算计自己，稍有不如意就猜疑对方是不是故意找自己的麻烦。

猜疑似乎是女人天性中的一部分，这是一个坏习惯，历来害人害己。

《三国演义》中曹操刺杀董卓败露后，与陈公一起逃至吕伯奢家，曹吕两家是世交，吕伯奢一见到曹操到来，本想杀一头猪款待他，可是曹操听到磨刀之声，又听说要"缚而杀之"，便疑心大起，以为吕家要杀自己，于是不问青红皂白，拔剑误杀无辜，落得个杀害恩人的千年骂名。

猜疑的坏习惯会让女人迷失自我，因为习惯猜疑，夫妻离异；因为习惯猜疑，朋友反目，生活这种例子数不胜数。有些女人敏感多疑，当几个同事聚在一起，悄悄说话，她便会怀疑他们是在讲自己的坏话；当她自己告诉朋友一个秘密后，便会不停地想朋友是否会讲给别人听；一位朋友对她的态度冷淡了些，她会觉得朋友可能对自己有了看法……这些都是猜疑的坏习惯对女人的影响。

"猜疑"这个坏习惯的产生，是由于女人总是按照自己的主观想法去设想对方的想法，但她所设想的往往并不是对方的真实想法。

一位夫人在布置自己的居室时想在墙上挂一张画。她手里只有钉子，没有锤子。她知道邻居有锤子，于是她决定到邻居那儿去借锤子用一下。

正要出门时，她起了疑心：要是邻居不愿意借锤子，那怎么办？昨天他对我只是漫不经心地打招呼，也许他内心对我是非常不满的。有什么事会让他这么不满呢？我又没有做对不起他的事，是他自己在多心罢了。要是有人向我借工具，我立刻就借给他。而他为什么会不借呢？他怎么能拒绝帮别人这么点儿忙呢？他肯定自以为我依赖他，仅仅因为他有一个锤子！我受够了。

于是这位夫人迅速跑过去，按响门铃。邻居开门了，还没来得及说声"早安"，她就冲着邻居喊道："留着你的锤子给自己用吧，你这个恶棍！"

这位可怜的夫人由于疑心太重，为一些根本没有的事而忧愁烦恼，没有借到锤子不说，还得罪了邻居。由此可见，猜疑似一条无形的绳索，会捆绑我们的思路，使我们远离朋友。女人一旦掉进了猜疑的陷阱里，容易处处神经过敏，对他人对自己心生疑虑，影响自己的正常生活。

其实，猜疑这个坏习惯是可以克服的。

猜疑源于过剩的自尊，自尊一旦过剩，人则走向猜疑。猜疑之火往往在长舌人的煽动下，越烧越旺，导致女人被疑心逼得失去理智，最终酿成恶果。因此，当女人听到对你不利的流言时，千万要冷静，遇事要多沟通。很多时候，一些无法挽回的错误只需要双方多一些沟通就可以避免。沟通是解决所有问题的有效方法。人生活在社会中，时时刻刻需要与别人沟通。对于女人来说，没有沟通，就没有幸福的美好生活。

每一个女人都应该拓宽自己的胸怀，敞开心扉，信任别人，将心灵深处的猜测和疑虑公之于众，求得彼此之间的了解沟通。积极的心态是可以克服猜疑的坏习惯的，它可以避免一切不必要的麻烦和错误。

与人相处，要充满自信，信任对方。俗话说："害人之心不可有，防人之心不可无。"这话绝不等于对谁都心存戒心，猜疑来猜疑去。古人说："长相知，不相疑，不相疑，才能长相知。"好夫妻，贵在相知；好朋友，贵在不相疑。女人自信越足，就越容易信任别人。如果每个女人都能克服猜疑的坏习惯，那么人与人之间就会少一些猜疑，多一些相互之间的信任，到那时，女人与周围的朋友会相处得更加融洽，世界将会更美好。

逃避不能帮助女人解决任何问题

要想克服逃避的坏习惯，女人就要培养自己乐观的性格，只有乐观地看待事物，才能积极地处理人生遇到的各种问题。

人的一生中，风险几乎无处不在，无时不有。乐于迎战风险的人，会享受到战胜风险、夺取成功的喜悦。一个不愿冒任何风险的人，虽然逃避了痛苦和悲伤，但他们却不能从中学习、成长。他们被自己逃避的态度捆绑着，是丧失自由的奴隶。人生因充满信念才精彩，女人却往往因逃避困难而放弃信念。

逃避是一种心智和情感上的行为。当你的心志逃避时，你会错失重要的信息。当你的情感逃避时，你会让自己错失活着的感觉，错失和别人建立亲密关系的机会。逃避是一个坏习惯，它时刻潜伏在女人脆弱的心灵中。即使女人现在有工作，有地位，也不能说明她不是一个逃避现实的人。逃避的方式很多，原因也很多。可是，无论在逃避什么，女人都应该明白，逃避并不是解决问题的方法，必须勇敢面对。

1928 年，里奥纳德 · A. 崔加先生的父亲留给他价值 10 万美元的财产。10 年后，他却破产了。过程很简单——

“我父亲很有钱很大方，”崔加先生说，“我读高中时，只要一没钱，他就让我去银行开他户头上的支票。到了大学，我更是随便地往支票上填数目了。大学毕了业，我仍不懂得金钱有什么价值，我自己也不会赚钱。只知道怎么开支票。”

“我父亲去世时，我对生活没有任何准备。他留给我一片丰饶的土地。我开始经营农业。经济大萧条那一年，我的账户出现赤字，我用一块土地抵押，用以还债并重新补充我的存款。经济继续不景气，我只好卖掉那块抵押的土地，还了贷款。我就这样生活，用钱时，继续抵押或是卖掉土地。终于，我破产了。”

“终于我想清楚了，我必须面对现实。‘好日子过去了，朋友，’我对自己说，‘作为一个成人，应该表现得像一个成人。成熟起来，找份工作吧！’”

“我的信念赢得了回报，在堪萨斯城的联合财务公司，我找到了工作。我坚持愉快地工作了 4 年，然后辞职，我又回到我的农业事业上面。通过努力，我获得了非凡的成功。不过，这都得益于我没有向以前一样选择逃避，我的财产是靠我的努力赚回来的。更可贵的是，我拥有可以留给两个儿子的伟大真理——超出金钱价值的财产。”

最后，崔加先生意味深长地说：“我们必须拥有信念，但是如果我们有信念却不去实践，只是一味逃避现实的话，这信念就跟没有一样了。”

崔加先生的故事告诉女人，逃避的坏习惯并不能解决任何问题。初经挫折时，崔加先生曾经像孩子一样逃避现实，但他知道，逃避不能帮他解决任何问题，他用自己的信念战胜了逃避的坏习惯，他像一个真正的男人那样面对现实，并最终取得事业上的成功。

鸵鸟在遇到危险的时候常常把自己的头藏在沙土中获得心灵上的解脱。生活中我们虽然知道很多事情不能躲避，必须坚强面对，但还会在心底存留着那种逃避和寻求安慰的想法。一个积极心态的女人并不否认逃避情绪的存在，她只是学会了不让自己沉溺其中逃避现实。积极心态能使一个懦夫成为英雄，使女人从心志柔弱变为意志坚强。

其实，困难和风险也是欺软怕硬的，你强他就弱，你弱他就强。这个世界上没有任何人能够改变你，除了你能改变自己，这个世界上也没有任何人能够打败你，打败你的也只有你自己。逃避的坏习惯会让女人心态悲观、消极，不去积极解决人生所面对的各种问题。遇到矛盾和困难只会逃避的女人是无法得到幸福的，要想克服逃避的坏习惯，女人就要培养自己乐观的性格，只有乐观地看待事物，才能积极地处理人生遇到的各种问题。

女人要相信自己，要时刻记得，最困苦的时候，没有时间去流泪；最危急的时候，没有时间去犹豫。克服逃避的坏习惯，用乐观的眼光来看待世界，这样才能更有效率地解决问题，并得到幸福美好的前程。

好高骛远只会束缚女人的手脚

女人要克服好高骛远的坏习惯，从每一件小事做起，踏踏实实做人，认认真真做事，这样会得到最大的回报。

有些女人总是有很高的梦想，但却无法脚踏实地去实现，这是因为她们受好高骛远的不良习惯影响。她们不屑于眼前的这些小事，旁人在她们眼中，也大多是一群庸庸碌碌之辈。这些眼高手低的女人，大部分时间都沉浸在自己宏伟的梦想中，长此以往，她们不能也不会做出什么成就。

好高骛远的坏习惯，对女人有百害而无一利，它会让女人变得浮躁，变成一个空想家，为了不让好高骛远的习惯毁了自己，女人必须踏踏实实地去工作。

一般在事业上取得一定成就的女人，大都是在简单的工作和低微的职位上一步步走上来的。而"眼高手低"的女人永远站在起点，无法到达终点。沉湎于过去或者深陷于对未来的空想是没有前途的，你只有将自己正在做的工作做得比别人更完美，才有可能将寻常变成非凡。

一个成功的女人，满怀感激地生活、工作，同时在内心明确地保持着自己的理想。与其天天做白日梦或者失意地愤而退出，不如集中精力扎扎实实地努力工作；只有这样，才能更快更好地让梦想变成现实。到那时，周围的人一定会对你刮目相看，你将会充分实现自己的梦想和价值。

李楠毕业于某大学外语系，她一心想进入大型的外资企业，最后却不得不到一家成立不到半年的小公司"栖身"。心高气傲的李楠根本没把这家小公司放在眼里，她想利用试用期"骑马找马"。在李楠看来，这里的一切都不顺眼——不修边幅的老板，不完善的管理制度，土里土气的同事……自己梦想中的工作可完全不是这么回事啊。“怎么回事?”“什么破公司?”“整理文档？这样的小事怎么让我这个外语系的高材生做呢?”“这么简单的文件必须得我翻译吗?”“就一篇小报告而已，为什么自己不写要我帮忙呢?”“噢，我受不了了!”

就这样，李楠天天抱怨老板和同事，双眉不展、牢骚不停，而自己的工作却常常是能拖则拖，能躲就躲，因为这些“芝麻绿豆的小事”根本就不在她的思考范围之内，她梦想中的工作应该是一言定千金的那种。

试用期很快过去，老板认真地对她说：“我们认为，你确实是个人才，但你似乎并不喜欢在我们这种小公司里工作，因此，对于手边的工作敷衍了事。既然如此，我们也没有理由挽留你。对不起，请另谋高就吧。”

被辞退的李楠这才清醒过来，当初自己应聘到这家公司也是费了不少力气的，而且就眼前的就业形势来说再找一份像这样的工作也很困难啊。初次工作就以“翻船”而告终，这让李楠万分失望与后悔，可一切都已晚矣!

李楠看不起自己的工作，一心做着外企高级白领的美梦，结果梦想没成真，反倒弄砸了饭碗。成功不但要有理想，还要能脚踏实地地去工作，一个人如果眼高手低，不从实际出发，只懂得沉浸在宏伟的梦想里，一个习惯于好高骛远的人，是不会有未来可言的。

如果我们想在公司里出人头地，就应该将自己的梦想与公司的发展结合在一起。我们要从现在的工作做起，一步步认真而又执著地做下去。这样一来，不但你的心中会时时充满对工作的热爱，你也一定能在工作中体会到无穷的乐趣，逐渐取得越来越大的成就。当你的能力逐渐超过现在职位需要的时候，你就可以充满自信地向更高的职位前进了。

女人如果不想一事无成，那就赶快克服好高骛远的习惯，要知道无数的小事将集成大事，一天一天的成就会砌成你梦想的大楼。尽管行动并不一定会带来理想的结果，但是不行动则一定不会带来任何结果。不要让好高骛远的坏习惯束缚了女人的手脚，在工作中，每一件事，不论大小都值得用心去做，而且对于那些小事更应该如此。只要你从一点一滴的小事做起，毫不松懈地坚持下去，终有一天，你的梦想会变成现实。

女人要克服好高骛远的坏习惯，从每一件小事做起，踏踏实实做人，认认真真做事，这样会得到最大的回报。积跬步以至千里，积小流以成江海，当女人从眼前的一点一滴小事做起时，相信很快就能实现自己美满人生的梦想。

拖延是阻碍女人前进的绊脚石

女人有了目标后，最重要的就是放弃任何借口，克服拖延的坏习惯，立刻将它付诸实施，并且坚持到底。

很多女人都有拖延的毛病，因为有时候恐惧的压力很大，女人觉得如果把自己害怕的事拖延到稍后再做，或许会有所改变。然而事实上，排除做某件事的恐惧，唯一的方法就是去做。马上做有什么不可以？如果你每天都做一点，最后你会把自己想做的事做完；如果你什么都不做，永远都不会看到改变。

拖延是一种坏习惯，它会让女人在不知不觉中丧失进取心，阻碍计划的实施。拖延最常见的表现就是寻找借口。虽然目标已经确立了，却磨磨蹭蹭，像个生病的羔羊，没有一点精神。一个人如果进入拖延状态就会像一台受到病毒攻击的电脑，效率极低。有些人不论什么时候，总能找到拖延的理由，计划当然就会一拖再拖，成功也就遥遥无期。

有些幸运的女人也许发现了这一情况：有些不利的情况随着时间过去，自然就会有结果。但这只是很少见的情况，更多的时候我们等到的并不是我们想要的结果，只是白白浪费了自己的时间。有时女人的故意拖延其实是想置身事外，但等待并不是一个令人享受的过程，因为你不知道自己要等多久，不知道事情的结果是否是你想要的那样，因此拖延等待就变成了一种等着受苦或失望的行为。

有些女人常常因为无关紧要的事情忙碌着，这时候重要的事情就在无形中被拖延了。也有可能这种拖延是女人故意的，因为她不愿意去面对它而给自己找了诸多借口。可问题是它依然摆在那里，女人迟早都是要面对的。把时间浪费在没有意义的工作上，而重要的工作却摆着不做，这并不会让重要的工作自动完成；不去找一份新工作 ，整天坐着看电视、睡觉，新工作并不会从天而降。

有时我们也做事，但结果却并不像预计的那么好。比如，一直把某件事拖延到第二天再做时，我们可能会让自己没有退路，直到真的最后一天时，我们必须匆匆忙忙把事情做完。一般说来，匆匆忙忙完成的事不会像逐步完成的事那么圆满。人不可能到最后的时刻一下子将事情做到完美，任何事情都需要一个步骤一个步骤地去完成。将事情拖到最后的结果是，我们已经没有时间去将它做得更好了，于是只好草草收场，导致事情的结果不能达到尽善尽美。

拖延对事情的解决没有什么好处，甚至只能使事情变得更糟，最后无法收拾。如果真的到了那一步，可能采取任何措施都已经无法弥补了。如果你是一个喜欢拖延的女人，应该立刻改掉这个坏习惯。

安妮是一名销售员，她为自己制订了一个完整的销售方案。第一天到公司上班的时候，她没有去做销售工作，而是在办公室里听歌，她觉得自己的销售方案太完美了，不用那么急着去做工作。第二天她仍然没有去做销售，她对自己说，我是学营销专业的，销售对我来说太简单了，不用急。结果一个月过去了，她像一个千金小姐一样，没有做任何事，没有一点销售业绩，老板只好把她开除了。但是老板很惋惜，因为她的销售方案确实非常完美，只是安妮没有立刻去执行。

对一个渴望事业成功的女人来说，拖延的坏习惯会成为阻碍她前进的绊脚石。女人的人生不应该停留在等和靠上，成功是不会像中彩票一样从天而降的。女人唯一需要的是制订计划并立即执行，不再拖延，决定好就立即去做。如果女人是因为没有信心才迟迟不敢行动的话，那么最好的办法就是不去想后果，先做再说，用行动来证明女人的能力，用结果来增强女人的自信。朗费罗说："我们命定的目标和道路，不是享乐，也不是受苦，而是行动。"很多女人都胸有壮志宏图，但若不能付诸实施，结果只能是纸上谈兵，毫无实际意义，就像被开除的安妮一样。

女人有了目标后，最重要的就是放弃任何借口，克服拖延的坏习惯，立刻将它付诸实施，并且坚持到底。我们常说"千里之行始于足下"，就是要求我们行动起来，把心中的梦想通过立刻行动变成美好的现实。如果只是因为自己有一个美好的梦想就沾沾自喜，忘记了行动的力量，把要做的事情一拖再拖，那么无论对岸的风景有多么诱人，它也不会属于你。

吝啬并不能让女人富有

女人一定要摒弃吝惜的坏习惯，要学会给予，这样女人的精神会在给予时产生快乐的感觉，同时也会得到自己想要的一切，那样的话她的生活才是真正的美满富有。

何谓吝啬？简单地说，就是小气，是一些人对待金钱、财物的"特殊态度"。吝啬的女人都是金钱的奴隶，而不是主人。对这种女人来说，唯有金钱、财物才是最为重要的。

吝啬的女人一般都不懂人与人的感情。她们不懂得亲情，不懂得友谊，就算拥有,也要以金钱的标准去衡量。这类女人的一般处世原则是,认钱不认人,有的为了金钱甚至到了“六亲不认”的程度。女人如果过分爱钱财,过分吝啬,那么在得到金钱的同时,必然会失去天真的人性、亲密的感情和幸福的人生。吝啬并不能让女人富有,相反它会让女人失去更多,女人一定要摒弃吝啬的不良习惯。

猴子死后要求面见上苍。它愤懑地说:“下辈子我一定要做人!做猴子遭人戏弄而且没有钱,看看那些游客吧,他们穿着那么鲜艳,使用的东西那么先进而且有趣,世界上最美妙的事情莫过于做人了。”

上苍笑着说:“既然你这么想做人,而且说得也很有道理,那我就给你一个机会,不过你必须做一件事情才有可能成为人!来人……”

随着上苍的一声吩咐,一群可爱的天使向猴子走过来,他们手中都拿着一把镊子,然后按住猴子,飞快地拔它身上的毛。一时间,猴子痛得嗷嗷直叫,它不满地问上帝:“刚才你不是说我的话很有道理吗?现在为什么要这样来折磨我?”

上苍依然温和地笑着说:“你要变成人,自然要先拔掉身上的毛!只有这样才能变成人,又想做人,又想一毛不拔,怎么可能呢?”

吝啬的女人一般都是自私的、贪婪的。就像这只猴子一样,一心只想索取,不愿付出。

“慷他人之慨”的吝啬女人最容易失去人心,最终甚至会众叛亲离,这种女人往往为人所不屑,因为没有人会喜欢小气的人。而“慷自己之慨”的女人则容易得人缘,处处受欢迎。

其实,吝啬女人的生活是最不安宁的,她们整天忙着的是挣钱,最担心的是丢钱,因而整天提心吊胆,坐立不安,永远不会愉快。吝啬的女人心胸狭隘,在她们身上很少体现亲情二字。只有当她们遇到金钱无法解决的问题时,才会感到因为吝啬而失去的东西实在太多了,才会充分感觉到金钱的真正无能。

其实,吝啬是女人看不透人生的真实表现。她们不懂得这样一个简单的道理:人赤条条地来到这个世界,在最后,也只能赤条条地离开。所以,吝啬实际上是女人为自己头上套上的一条无形的精神枷锁。它使人成为金钱的奴仆,使人活得不自在、不痛快,甚至使人卑鄙和龌龊。女人要想摒弃吝啬的不良习惯,就要培养自己“舍得”“给予”的心态。

一个漆黑的夜晚,一位僧人看见巷子深处有盏小灯笼在晃动,身旁的人说:“瞎子过来了。”

僧人百思不得其解,问那个盲人:“既然您什么也看不见,为何还要挑一盏灯笼呢?”

盲人说:“黑夜里,满世界的人都看不见,所以,我就点燃了一盏灯。”

僧人若有所悟:“原来您是为别人照明呀!”

盲人却说:“不,也是为我自己。虽然我是盲人,但我挑了这盏灯笼,既为别人照亮了路,也让别人看到了我,这样他们就不会在黑暗中碰撞我了。”

瞎子明白一个很简单的道理:给予了别人,自己同样有所获得。吝啬的女人只想“借光”,而不挑灯,那么,她的人生将永远在黑暗中穿行。

吝啬的女人要明白,舍与得是紧紧地联系在一起的,吝啬并不能让女人富有。在人生的长河中,女人常常面临着舍与得的考验。如果你需要快乐,就给予别人快乐;如果你需要爱,就学会付出爱;如果你需要别人的关注和欣赏,就先学会对别人关注和欣赏;如果你想物质上富有,先帮助别人富有起来。一味吝啬,并不能帮你得到你想要的。

事实上,得到最简易的方法,是让别人得到他们所要的。想要得到必先付出,舍得之间不仅是智慧的彰显,更是人格的升华。当给予是无条件和真诚的时候,回报也是成正比的。所以女人一定要摒弃吝惜的坏习惯,要学会要给予,这样女人的精神会在给予时产生快乐的感觉,同时也会得到自己想要的一切,那样的话她的生活才是真正的美满富有。

女人死要面子只能活受罪

女人想要克服死要面子的坏习惯，就要按照自己的性情生活，不让这个坏习惯羁绊自己，这样才会更容易得到舒心的生活。

每个人心底都有一种争强好胜的信念，不管他最终是否付诸行动，这种活着就要争一口气的想法始终都不会轻易抛弃。正所谓“人要脸，树要皮”，人都是有脸面的，面子代表着一个人的人格和尊严，但太顾及脸面很多时候只会让自己有苦说不出。死要面子是女人的一种坏习惯，有时候女人比男人更看重面子，因此不免会“死要面子活受罪”。要想克服要面子的坏习惯，女人就需要培养一种坦然的心态，能拿得起，同时还要能放得下。

在现实生活中，总有一些女人为了面子奔波一生，最后留给自己的还是烦恼一堆。其实，她们输的不是她们的个人能力，而是这个不名一钱的薄薄的脸面。如果我们能够正视面子，认识到在现实生活中比面子重要的东西还有很多，放下那些没有价值的面子，我们的生活就不会有那么多的痛苦。

如果把面子问题看得太重了，在不该爱面子的时候爱面子，往往会给自己带来很大的麻烦。在我们生活中有许多这样的人，他们不懂得如何拒绝别人，放不下自己的面子，“打肿脸充胖子”。本来是自己能力之外的事情也一味逞强，生怕被人瞧不起，说到底还是虚荣心在作怪。

小品《有事您说话》是对那些要“面子”的人的讽刺：郭冬临是厂里的一名普通职工，他希望别人能够高看自己一眼。但他并没有在工作中努力，而是一味地帮人家办事。大家觉得他挺热心，有什么事都求他，对此他即使办不了也为了顾全面子而答应下来。为了替科长买火车卧铺票，他先谎称自己铁路上有熟人，然后再连夜冒着寒风去火车站排队，要是排不上再自己搭上钱从票贩子手里买高价票。最终事情办完了，拿到票的科长喜笑颜开，连夸小郭有本事，可他背后的辛酸只有他自己知道。他这样做就是想让别人认可自己，不愿承认自己比别人差，怕伤及同事的感情或是得罪上司。可到头来自己得了"面子"却累坏了身子，一味地死要面子使得他真的丢了面子。

面子问题的确不能轻看。把面子问题看轻了，就会为人所不齿。晏子使楚，楚王让他从"狗门"入，意欲羞辱，不料晏子却以一句"出使狗国，方能从狗门入"的话反向羞辱了楚王，这不仅保全了自己的面子，更重要的是保全了齐国的尊严，所以赢得了万代景仰。面子何时争，何时不争，聪明的人是不会让情绪帮自己做出选择。他们会理智地分析，面子要不要讲，值不值得去争，关键是看这件事值不值得。

台湾经济的领航人尹仲容，逝世已经二十多年了，但他有守有为、能于担当、特立独行的作风，仍为老一辈的工商界人士念念不忘。

前交通部长沈怡评论尹仲容，说他为人锋芒毕露，但待人宽厚；不肯服输，却又从善如流；懂权术，但从不玩弄手段；有高度智慧，却从不用小聪明。

除此之外，至今仍为人所津津乐道的，是尹仲容勇于认错、不死要面子的故事。

1960 年 8 月间，尹仲容一人担任外贸会主任委员、美援会副主任委员、台湾银行董事长等三要职。他根据外贸会部属的签报知悉，中药药材中的甘草，以伊朗价格最低廉；黄花、红参等，以韩国价格最低廉。为节约外汇，他立刻制订了限定采购地区的办法。

该办法公布之后，因为伊朗与韩国的船期不定，而且他们不肯小批出售；可是本省需要量不大，如果大批采购，势必增加买者资金与利息的负担，结果买卖双方僵住了。双方的触礁，引起中药价格的暴涨。

尹仲容发现错误之后，在新办法公布的第三天，立刻取消前令，恢复原来的办法，并公开向报界承认他的错误。

当时有记者问他："您这不是朝令夕改吗？"

他率直地回答："知错了还不改，那还了得！"

记者追问:“这岂非有损政府威信吗?”

他说:“知过不改,才真的有损政府威信,而且还可能会害死许多病人。”

尹仲容勇于抛弃“面子”,坦然认错改过,能够顾全大局,即使面对众人的批判和嘲笑,也坦然处之,这一点很值得我们敬佩。

对于女人来说,能否得到别人的认可和欣赏,不仅仅是看你帮了别人多少忙,更主要的是看你能否在自己的领域做出一番成就,能不能做个有个性的人,不唯他人马首是瞻,敢于承认自己的缺点,不为了那虚无的“面子”而丢失了人的本色。成就女人人生的不是这些毫无价值的面子,而是灵活的思维。

女人想要克服死要面子的坏习惯,就要按照自己的性情生活,不让这个坏习惯羁绊自己,这样才会更容易得到舒心的生活。太顾及别人的想法,让生活的焦点着眼于他人的目光之中,那会是一种非常愚蠢的生活方式,让我们克服死要面子的坏习惯,生活得更率性一些吧。

女人一味抱怨只会让自己失去更多

幸福的女人是不会怨天尤人的,因为她懂得事情发展成今天这个样子都是自己一手造成的,把精力浪费在抱怨上没有任何意义,它只会让自己的意志更加消沉。

生活中,每个女人都会遇到烦恼,但明智的人会一笑了之,因为有些事是不可避免且无力改变的。一味抱怨对事情的解决并没有帮助,面对无法预测的事情,能救的应该尽力补救;无法改变的就要坦然面对,调整好自己的心态去做该做的事情才,这是正确的做法。

有一个人，原本生活条件很不错，但是她有一个很不好的习惯：爱抱怨。她好像从来就没有顺心的事，什么时候与她在一起，都会听到她在不停地抱怨。高兴的事她抛在了脑后，不顺心的事她总挂在嘴上。见到人就抱怨自己所谓的不如意，结果她把自己搞得很烦躁，同时把别人也搞得很不安，大家都对她避而远之。

你周围有没有这样的女人？每天都会有许多不开心的事，她总在不停地抱怨。其实，她所抱怨的事也并不是什么大不了的事，而是一些日常生活中经常发生的小事情。有些女人就像那个爱抱怨的人一样，每件不称心如意的小事都会长久地堆积在心里、挂在嘴上，自己的心态、情绪也因此变得很糟。在这样一种精神状态下，不难想象，犯错误的几率自然要比别人高，许多新的烦恼又在后边等着她。我们不可能保证事事顺心，但可以做到坦然面对，该放则放，不要把一些垃圾总堆在心里，把乌云总布在脸上，把抱怨总挂在嘴上。

有些女人经常抱怨说工作怎样的不好，怎样的累，总之一句话，工作是负担，她们只是为了生存才去工作，否则是不会去工作的。殊不知，这种抱怨的态度不会让她们感到丝毫快乐。正确的做法应该是，不要抱怨工作，学会在工作中发现乐趣，保持快乐的态度。要知道，有些人还在大街上找工作，相比较而言，有工作的女性是多么的幸运啊。

困境是生活的组成部分，是人人必领的“快餐”，既会困扰自己，也会光顾别人，这才合乎自然。人们常用脆弱形容女人，可想而知，女人在人们的心目中是不坚强的。但是困境是不会怜悯她们的。女人再坚强再能干，也终有解决不了的难题。当发生这种情况时，抱怨是没有用的，重要的是学会自我安慰：积极地自我评价，对自己适度的宽容以及抚慰自己因失败、挫折、不幸而痛苦不堪的心。面对逆境，要告诉自己这是合乎自然的事情。人是可以被打倒的，但是任何人也不能阻止你再爬起来，调整心态积极面对内心与外界，能帮助你走出困境，重获新生。

为什么要抱怨呢？能平安健康地活在这个世界，已经是生活对我们的厚待。抱怨生活，只能使自己过得更加疲惫。其实，生活对于每个人，都是公平的，永远不要抱怨生活。如果要抱怨，就只能抱怨自己没有善待生活，没有用心地去品味生活。要知道，路是自己走出来的，脚印是自己一步步踏出来的。俄国作家托尔斯泰曾说过："幸福的家庭都是一样的，不幸的家庭却各有各的不幸。"生活对每个人都是公平的，你无权抱怨。

有时，抱怨是自卑的一种体现，它会控制女人的生活，在女人有所决定、有所取舍时，向你勒索着勇气与胆略；当你碰到困难时，自卑会站在你的背后大声地吓唬；当你要大踏步向前迈进时，自卑会千方百计地阻碍你。有的女人遇到一次偶然的挫败就会垂头丧气，一蹶不振，将自己的一切否定，她会觉得自己一无是处，窝囊至极，继而不停地抱怨。因此，女人一定要有信心，要高高地抬起头，迎接生活的种种幸运与不幸。只有这样，你才会活得开心，活得充实，你的人生才会充满良好的情绪和洋溢自信的感觉。

幸福的女人是不会怨天尤人的，因为她懂得事情发展成今天这个样子都是自己一手造成的，把精力浪费在抱怨上没有任何意义，它只会让自己的意志更加消沉。没有一种生活是完美的，也没有一种生活会让一个人完全满意，我们做不到从不抱怨，但我们应该让自己少一些抱怨，而多一些积极的心态，因为如果抱怨成了一个人的习惯，就像搬起石头砸自己的脚，于人无益，于己不利，生活就成了牢笼一般，处处不顺，处处不满；反之，则会明白，自由、健康地生活着，其本身就是最大的幸福，如果你能体会到这一点，那你就不会有那么多的抱怨了。

女人别因优柔寡断而错失机遇

很多时候，女人越想思考周全，防止纰漏，结果却越是事与愿违。要知道就算是真正的大事，也很难真正找到万全之策，一再犹豫不会使事情自动向好的方向发展。

许多女人经常处于惶惶不可终日的状态中，她们每天不是担心工作，就是担心家庭，简直没有一件事不担心。这样的结果，就是使得她们作任何决定都优柔寡断、不知取舍。优柔寡断是女人的一个坏习惯，在它的影响下，女人会因犹豫而错失机遇，严重的会影响女人的人生轨迹。女人要想克服它，要想拥有真正的幸福，就要培养自己果断的办事风格，雷厉风行，不要放过任何一个可能改变自己人生的机会。

两个猎人去打猎，路上遇到了一只大雁，于是两个猎人同时拉弓搭箭，准备射杀大雁。这时猎人甲突然说："喂，我们射下来后该怎么吃？是煮了吃，还是蒸了吃？"猎人乙说："当然是煮了吃。"猎人甲不同意煮，说还是蒸了吃好。两个人争来争去，虽然明知彼此建议的优缺点，但就是做不了决定，一直没有达成一致。

终于，前面来了一个砍柴的村夫，于是两个人征询村夫的意见，村夫听完说，这个很好办，一半拿来煮，一半拿来蒸，不就可以了。两个猎人感觉这个主意不错，决定就这么办。于是再次拉弓搭箭，可是大雁早已飞走了。

猎人犯了议而不决、拖沓等待的错误，在如何吃的问题上，花了太多的时间和精力，最终失去了猎杀大雁的最佳时机。没有了猎杀的过程，当然就没有了怎么吃的结果；没有快速地行动，当然就没有最后的成功。人的精力是有限的，不可能在每一个方面都做到最好。而最明智的方法就是不要优柔寡断，要快速作出决定。

从前有一头毛驴，它拥有两堆草料。它饿了，可是站在两堆草料中间，是去左边还是去右边呢？往左边走走……嗯，还是去吃右边的比较好；往右边走了几步……算了，还是去左边那堆好了。走走又回头，回头又走走，于是，这头幸运的、富有的毛驴，就这样在两堆草料间活活地饿死了。

这个故事当然是有点夸张，可是，不要说女人就不会做这样的傻事。因为人比毛驴聪明，思考能力强，在前思后想中，更容易犹豫不决，失去机会。

人的一生是由一个个选择构成的，每一个选择都决定了你以后的人生道路。人们正是因为知道自己在某种特定情况下作出的判断的重要性，所以害怕作出错误的判断，得到错误的结果，也就滋生了优柔寡断的坏习惯。

很多人面对的最简单的犹豫就是，一件事情，你可以作出两种不同的选择来处理，但此时你不知道选哪种好；有时只有一种选择时，你还会犹豫做还是不做。这种犹豫不决的状态，常常会耽误了事情的进展。有些人无法走出面对选择时的犹豫心理，就养成了做事拖沓的习惯，总是强迫自己、为难自己，在两者之间徘徊，结果就是选择放弃，什么都不去做，最终一事无成。

很多人面对多种选择或一些重要的选择时，会惶恐不安，束手无策。他们不知道也不敢作出任何选择，只能在那里犹豫不决，看着机会从自己的手中溜走。其实，在社会上打拼了许多年的人通常有这样的经验：很多时候，越想思考周全，防止纰漏，结果却越是事与愿违。要知道，生活中原本需要非常谨慎的事并不太多，就算是真正的大事，也很难真正找到万全之策，一再犹豫不会使事情自动向好的方向发展。即使是走错了，或许还能有更多的时间补救。其实很多时候，机会已经站在了你的身旁，只要你坚定地伸出你的臂膀，挽住她的腰，她就会倾心于你。与其相反的是，很多人都曾想着挽她的腰，但又担心她的心不属于自己。就在这反复思考之时，机会悄然从身边溜走了。

优柔寡断的女人，总是诸事不顺，这个坏习惯于事无益，女人要努力克服。

女人要明确自己选择的目标，明确做事的目的。任何事情都不是单纯的，“智者千虑，必有一失”，你考虑得再细致，事到临头也会有些意外的情况。这时意志薄弱者最容易陷入犹豫的陷阱。因此需要冷静，需要遇事不慌。要用意志来约束自己，排除干扰，避免选择的失误。在需要做出选择时，不应将各种可能的结果单纯地视为对的或错的，好的或坏的，甚至不应视为更好或更坏，只应把他们看做不同的出路而已，只要自己勇敢地走下去，每一条路，都是正确的，只是其中的坎坷和风景不同。这样，你就能颠覆犹豫，大胆地行事了。

下篇：历练自己成为出色的习惯园丁

{Chapter 7}

健康习惯：女人青春永驻的幸福资本

很多女人认为，健康是到了中年之后才需要关注的事情，这使得她们对自己的身体健康粗心大意，在日常生活中不注重培养和保持健康习惯。据研究发现，女人每天高达90%的行为都出自于习惯。良好的生活习惯是储存健康的银行，不健康的生活习惯是袭击健康的杀手。健康的身体是女人幸福的必备条件，而健康习惯则让女人受益一生。

运动是女人最好的健康习惯

女人们的运动应建立在科学合理的基础上，频率、强度、时间以及运动类型都要进行合理的安排。每一次的运动强度根据当时的身体状况而定。

很多女性的上班族，在工作两三年后精神状态每况愈下，有不少女人甚至需要饮用一些刺激性的饮料，如咖啡和浓茶才能提起精神。其实，这种情况与上班族的运动量大幅度减少有关。

上班族，尤其是长期使用电脑工作的文员，一般肩膀、背以及颈项部分均会感到酸痛，因为使用电脑姿态不正确就会导致这几个部分的肌肉受损。而且，在办公室工作的女人身体长期都保持一个固定的坐姿，缺乏大腿、下肢的活动，长此以往有可能导致出现软组织损伤，手指无力、酸痛等病状，更会使女人长期处于亚健康的状态。

女人在年轻时就要及早地为自己的健康投资，不管是为了保持完美的体型还是为了储备健康的资本，想方设法进行锻炼，是一种明智的举措。据调查统计，健身房、瑜伽、爬山、游泳等是女人们休闲时青睐的运动。散步使人放松，登山培养女人的意志，游泳使女人线条更美，跑步让女人充满活力。懂得生活的女人，都已经有良好的健康习惯为伴。

健康专家告诉女人，运动能使人精力旺盛，心情舒畅。人体在锻炼的时候会释放出许多有益的激素，能调节人的情绪和心境，增强抵抗力，有益于身心健康。运动对加强心肺功能，灵活关节，促进新陈代谢，增加肺活量也有很大的功效。运动能提高大脑功能。大脑支配肢体，肢体的活动又可兴奋大脑，经常锻炼可提高动脑效率，增强记忆力。

现代女性往往很忙，闲暇的时间也很少，所以应该尝试在生活中增添运动的元素。如上班的时候采用步行和自行车，多走楼梯少用电梯等。这些简单又行之有效的运动能让你在不知不觉中起到锻炼的作用。如果经济条件和时间允许的话，还可以参加瑜伽、健身舞、健身操、秧歌、太极拳等运动强度低，持续时间长，不需要较高技巧的运动项目。需要强调的是，锻炼贵在坚持，“三天打鱼，两天晒网”无法起到切实有效的作用。

另外，女人们晨练时记得不要做剧烈的运动，运动前必须做好充分的准备活动，穿衣多少要适中，鞋子宜柔软轻便，以免造成身体不必要的损伤。日出前，不要到绿树丛中锻炼，因为绿色植物在夜间放出的二氧化碳较多，对人体有害。锻炼之后防止着凉，运动时出汗较多，结束后切忌穿着湿衣服吹冷风，应及时擦干身上的汗水，换上干净的内衣。

女人们的运动应建立在科学合理的基础上，频率、强度、时间以及运动类型都要进行合理的安排。每一次运动的强度根据当时的身体状况而定，不要“过犹不及”，要持之以恒。接下来安排一套适合普通上班族女性的运动方案：

1. 运动类型

女人们运动时应以有氧运动和耐力运动为主，如走路、骑车、慢跑、健美操、游泳、爬山、网球、羽毛球等。运动频率一周 2 ~ 3 次就行，平时可以利用一切可能的运动，如坐公交车少坐两站，接下来的路靠双腿走，效果也是相当不错的。

2. 运动强度

上班族的女人们选择中等强度运动即可，持续活动时间为 10 分钟左右。但一个人维持中等强度的活动时，心率相当于最大心率的 60% ~ 70%，自觉疲劳程度为有一点累、稍累。耐力型中等强度的有氧运动有利于改善脂代谢，减少腹部脂肪，预防和控制肥胖。慢跑等高强度的运动对改善心、肺功能有良好的效果，但是刚开始运动时应适当控制时间，不应过长。

3. 运动时间

女人们每天可以锻炼 30 ~ 60 分钟，每次持续的时间应大于或等于 10 分钟。

4. 运动频率

每周5 ~ 7 天，最好每天1 次。关键是养成每天都有一定身体活动的良好运动习惯，即有规律的运动。特别是平时缺乏身体活动的女人，只有经过一定时间的规律适量运动积累，才能获得相应的健康效应。

伟大领袖毛主席说过："身体是革命的本钱。"近年来，网络上也流行一句话："一个人要成功，首先得要自己行，接着得要有人说你行，最后自己必须身体行，你才真的能行！"由此可见，锻炼身体是享受幸福人生的关键和基础。女人，健康是什么也换不来的，请养成运动的好习惯，让健康常伴你左右！

生命在于运动，这是一句每个女人都耳熟能详的至理名言。《吕氏春秋》云："流水不腐，户枢不蠹。形气亦然，形不动则精不流，精不流则气郁。"而华佗更进一步指出："人体欲得劳动，但不当使极身。动摇则谷得消，血脉流通，病不得生，当譬犹户枢，终不朽也。"可见，运动对于女人们来说是十分重要的，运动是女人保持健康的奠基石。

健康专家说，运动是女人预防疾病、消除疲劳、获取健康长寿的重要途径。培养一种你喜爱的运动并使之成为你的习惯，你会从中受益匪浅。

女人的膳食结构自己调理

对女人来说，如果可以合理地掌握膳食中各种食物的质和量及比例搭配合理，建立合理的膳食结构，使得人体的营养生理需要与人体的膳食摄入的各种营养物之间保持平衡的关系，会给健康带来极大的裨益。

我国古代伟大的医药学家李时珍说："饮食者，人之命脉也。"民间也有"民以食为天"的说法，可见饮食对女人是十分重要的。合理膳食就是合理营养或平衡膳食。对女人来说，如果可以合理地掌握膳食中各种食物的质和量及比例搭配合理，建立合理的膳食结构，使得人体的营养生理需要与人体的膳食摄入的各种营养物之间保持平衡的关系，会给健康带来极大的裨益。

我国传统的饮食结构讲究“五谷为养、五果为助、五畜为益、五菜为充”。然而，随着肯德基、麦当劳等洋快餐店如雨后春笋般遍布中国的大街小巷，快餐文化迅速流行起来。高胆固醇、高脂肪的食物取代了传统的谷物类食物地位，导致近年来，女人肥胖的几率、罹患各种慢性疾病几率持续攀升。因此，要想保持健康和苗条身材的女人们，从现在开始就要重新计划你的一日三餐，合理安排你的膳食，让一日三餐成为营养之源、健康之本。

《陆地仙经》中曾有一诗：“早饭淡而早，午饭厚而饱，晚饭须要少，若能常如此，无病直到老。”所以说，一日三餐究竟选择什么食物，怎么进行调配，每餐的摄入量是多少等，都是很有讲究的，并且因人而异。根据科学研究，一般来说，一日三餐的主食和副食应该粗细搭配，而早、中、晚三餐摄入量的比例应为3∶4∶3。

1. 早餐

营养专家认为“一日之计在于晨”，早餐是一天中最重要的一顿饭，每天吃一顿好的早餐，可使人长寿。然而，虽然很多女人都知晓早餐的重要性，但真正在行动上将它重视起来的女人却少之又少。

很多女性白领因为早上时间匆忙，常常不吃早餐，结果常在上午10点左右就感到饥肠辘辘、疲惫乏力，注意力难以集中，导致工作效率严重下降，这其实是很影响健康的。经过一夜的休息，早晨时我们的胃往往处于空置状态，血糖也降到最低水平。如果这时人体还没有摄入食物，体内就没有足够的血糖供给，人就会感到倦怠、疲劳，或反应迟钝。要是一个女人长期不食用早餐，身体就会一直处于亚健康的状态。另外，女人们要是在早晨起床后不吃早餐，血液黏度就会增高，且流动缓慢，天长日久，会导致心脏病的发作。

因此，吃好一顿早餐是非常重要的。丰盛的早餐不但使女人们在一天的工作中都精力充沛，而且有益于心脏的健康。早餐时，女人们应吃一些营养价值高、少而精的食物。主食一般可以选择含淀粉的食物，如馒头、豆包、面包等，还可以适当增加些含蛋白质丰富的食物，如牛奶、豆浆、鸡蛋等，再配以一些小菜。合理的搭配一定既能让你的早餐可口，又能为你提供一天的活动能量。

2. 午餐

俗话说“中午饱，一天饱”，午餐其实是一日三餐中最主要的一餐。由于上午体内热能消耗较大，午后女人们还要继续工作和学习，因此午餐在一天的能量补给中起到承上启下的关键作用。

午餐应以五谷类为主食，摄入足量的米饭或面食。另外要重点补充一些富含蛋白质、脂肪的食物，如鱼虾、肉类、蛋类、豆制品等，有助于补充和恢复体力、脑力。此外，维生素和矿物质的供给也是不能少的，这可通过蔬菜和水果补充。女人们可以根据自己的喜好，照科学配餐的原则相互搭配食物食用。另外，特别提醒女性白领和职业女性在选择午餐时，可选简单一些的清淡茎类蔬菜、少许白豆腐、部分海产植物作为午餐的搭配，这样既能保证有足够的营养摄入，又能防止摄入过高的热量而引起的肥胖。

还有一点需要注意的是，中午虽然要吃得饱，但是不等于就可以暴饮暴食。因为如果吃得过饱，会延长大脑处于缺血缺氧状态的时间，从而影响下午的工作效率。

3. 晚餐

晚餐比较接近睡眠时间，不宜吃得太饱，女人们切忌吃宵夜。对于很多双职工家庭来说，晚餐才是一家人相聚的一餐，因而很多女人会把晚餐准备得过于丰盛。然而，事实是如果晚餐吃得过多，对人体是非常不利的。

晚上女人的活动少，大部分女人吃完晚饭都留在家里上网、看电视。晚餐摄入的过多营养会在胰岛素作用下大量合成脂肪，使人容易发胖。女人要是吃晚餐吃得过多，会增加消化系统的负担，出现腹胀，影响睡眠，迫使胃肠道加快蠕动速度和消化液分泌，引起胃肠疾病。所以，晚餐以吃到八成饱为宜，还要尽可能地清淡一点。

根据科学研究，晚餐必须在8点之前完成。在8点之后任何食物对于人体来说都是不良食物。还有晚餐后，切忌再吃甜食。这不仅会使女人容易发胖，而且还很伤肝。

懂得健康的女人，要养成合理膳食的好习惯，使自己轻松地拥有健康的身体和充沛的体力，为事业的成功和家庭的美满打下坚实的基础。

女人要学会健康地吃零食

面对琳琅满目、形态各异的零食，很少有女人能不动心。然而，杂志上却常常指出依赖零食对身体有害无益，这又使大部分的女人苦恼不已。那么，到底怎样才能“鱼和熊掌”兼得呢？

“女人爱吃零食，就像男人爱抽烟一样，都是由于人类天生就有吸吮的需求。”心理学家曾如此评论过关于女性爱吃零食的现象。女人们往往对零食有这样的定义：花的是“零敲碎打”的时间，用的是“零零散散”的地方，吃的是“七零八碎”的小食。科学家们在长沙马王堆汉墓出土的汉代贵族女尸的肠胃里也发现了未曾消化完的瓜子残渣，说明我们的老祖宗们早在几千年前就已经享受零食带来的种种快乐了。

随着经济的发展和社会生产力的提高，零食在内容、形态、口味甚至功能上变化万千，越来越受到女人们的青睐。面对琳琅满目、形态各异的零食，很少有女人能不动心。然而，杂志上却常常指出依赖零食对身体有害无益，这又使大部分的女人苦恼不已。那么，到底怎样才能既有益健康又一饱口福呢？

很多女人心情郁闷或情绪低落时，都选择用零食来调节情绪。不良的情绪往往在“吧唧吧唧”的吃零食声中，不翼而飞。心理学家认为，从性质上讲，吃零食行为与自我抚摸行为的机制是相同的。吃零食的目的并不仅仅在于满足肚子饥饿的需要，还在于对紧张情绪的缓解和内心冲突的消除。当食物与嘴部皮肤接触时，它能够通过皮肤神经将感觉信息传递到大脑中枢而产生一种慰藉，使人通过与外界物体的接触而消除内心的孤独。

在亲朋好友的聚会中，如果能伴之一些瓜子糖果等小零食，有助于融洽感情及和谐气氛。因此，零食的功用还是很大的。

但是营养学家也指出，零食有两项最致命的缺点：一是让人肥胖老化，二是营养不良。很多零食都能使人发胖，如巧克力、冰激凌等，有些女人常常无节制地吃大量的零食，从而导致从食物中摄入的热量大大超过身体生长和活动的需要，多余的热量转化为脂肪，储存在脂肪细胞内，促进脂肪细胞肥大，天长日久，脂肪大量堆积而导致肥胖。因此，吃零食还是点到就好，适可而止，以免要为发胖的身材伤透脑筋。

不仅如此，零食还会消耗我们体内的维他命 B 来燃烧所吃进的糖类。体内维生素逐渐减少，会使人出现神经紧张、暴躁及精神不易集中、精力减退和失眠等症状。

吃零食有利也有弊，那么如何才能“鱼”与“熊掌”兼得呢？以下为您推荐几种可放心地敞开肚皮吃又不怕把肚皮吃成游泳圈的食物：

1. 坚果

白领女性长时间坐着办公，不仅容易发胖，而且患心血管疾病几率大增。常吃核桃等坚果类食物能使发病几率降低。坚果中丰富的亚油酸成分，可帮助脑部血液畅通，它们还含有丰富的蛋白质及植物油，肚子咕咕叫时可以顶饿。不过，坚果类中的花生脂肪含量也较高，不要吃太多，否则就真的会脂肪囤积。

2. 燕麦片

纤维含量高，能使消化的速度放慢，持续不断地向血管供应碳水化合物，帮人体源源不断地获得能量，并使人体血糖水平一直维持在较高水平，从而防止头晕、记忆力减退、工作效率降低。当女人们工作导致心情不佳时，不妨泡一包燕麦片。

3. 黑巧克力

在所有巧克力中，黑巧克力是含糖量和脂肪量最低的，它变成葡萄糖后进入血液，在身体里缓慢释放能量，使血糖经 2 ~ 3 小时才降到空腹时的水平。

4. 酸奶

奶类中含有的钙质是人体钙的最好来源，热量低且含钙高，可使女人的皮肤柔软滋润，并且可以强壮筋骨。牛奶、酸奶含有 8 种人体必需氨基酸以及大量优质蛋白质，可促进健康发育和构成机体组织。酸奶不但营养丰富，还易于消化吸收，尤其适合乳糖不耐受者。每天喝一些牛奶或酸奶，可以获得丰富的蛋白质和钙。

5. 水果

水果是最好的零食，许多水果都有益于美容护肤，如柑橘、橙子、柠檬、西红柿等，它们维生素含量丰富，能增加身体对细菌的抵抗能力，减慢或阻止黑色素合成，增白皮肤。水果还含有丰富的碳水化合物、矿物质及膳食纤维素等，可以补充正餐中容易缺乏的各种必需的营养物质，能够增进食欲、帮助消化、治疗便秘。

最后，在这里还要提醒所有爱吃零食的女人们，对零食不要贪吃，要浅尝辄止，更不要用零食代替正餐。因为零食中的营养是有限的，无法补给人体中所需要的各种元素。睡前两个小时切忌进食，以免造成脂肪的囤积和肠胃压力过大。选择零食还要注意搭配，最好既要有水果类，也要有坚果、水产品类等，这样才能全面平衡地获得营养。

女人们，让自己在享受零食带来的欢愉的同时，也保持身体的健康和美丽吧！只要善于考虑各种零食间的搭配，你就会发现鱼和熊掌其实也是可以兼得的。

女人的健康茶道

茶叶不仅具有提神清心、清热解暑、消食化痰、去腻减肥、清心除烦、解毒醒酒、生津止渴、降火明目、止痢除湿等药理作用,还对现代疾病,如辐射病、心脑血管病、癌症等疾病,有一定的药理功效。女人常常喝茶能喝出健康,喝出活力。

古语有云:"当家度日七件事,柴米油盐酱醋茶。"这说明茶在我国人民生活中必不可少。事实上,茶文化在我国源远流长,我们的老祖宗早在2700年前就意识到茶有药用价值。东汉的《神农本草》,唐代陈藏器的《本草拾遗》,明代顾元庆《茶谱》等史书,均详细记载了茶叶的药用功效。日本僧人荣西禅师在《吃茶养生记》中将茶叶列为保健饮料。

据现代科学证实,茶叶确实含有与人体健康密切相关的生化成分,茶叶不仅具有提神清心、清热解暑、消食化痰、去腻减肥、清心除烦、解毒醒酒、生津止渴、降火明目、止痢除湿等药理作用,还对现代疾病,如辐射病、心脑血管病、癌症等疾病,有一定的药理功效。总之,茶叶药理功效之多,作用之广,是其他饮料无可替代的。

喝茶对于现代职业女性来说也是很有益处的,比如茶叶可以防止和减少辐射的危害。

现代职业女性,特别是白领阶层和从事编辑、文员职业的女性,每天接受电脑辐射时间往往超过10个小时,对身体和皮肤的伤害是很大的。如果在操作计算机的时候能泡一杯茶,每工作一段时间后,浅呷几口,不但可防止辐射线的危害,而且可舒活筋骨,消除倦怠和疲劳,是一种保健养身的好方法。

唐代《本草拾遗》中对茶的功效有“久食令人瘦”的记载。现代科学也已证实茶叶确实有助消化和降低脂肪的重要功效，可以帮助想要瘦身的女人们达到减肥的目的。这是由于茶叶中的咖啡碱能提高胃液的分泌量，可以帮助消化，增强分解脂肪的能力。所谓“久食令人瘦”的道理就在这里。

喝茶还具有美容护肤的作用。茶中的茶多酚是水溶性物质，用它洗脸能清除面部的油腻，收敛毛孔，具有消毒、灭菌、抗皮肤老化，减少日光中的紫外线辐射对皮肤的损伤等功效。爱美的女人们一定要好好利用这个廉价却实用的美容产品。

喝茶虽然对人体健康非常有益，但是其中的讲究还是很多的，什么季节喝什么茶都要根据药理而为之。例如中医就主张：春饮花茶，夏饮绿茶，秋饮青茶，冬饮红茶。

春天，万物复苏，但是人们常常会感到困倦疲乏，这就是我们常常说的春困现象。这时候女人要多喝喝花茶，它不仅能缓解春困带来的不良影响，还能驱逐积聚在人体内的寒气，令人神清气爽，疲劳顿除。

夏日，骄阳似火，女人们常常消耗过多的体力，从而感到精神萎靡。这时可以多喝“寒可清热”的绿茶。它对去火，生津止渴，消食化痰，降血脂，加速胃溃疡愈合有良好的作用。

秋天，气候干燥，女人们常常会感到口干舌燥，还容易嘴唇干裂，这时宜饮用青茶。它不寒不热，温热适中，有润肤、润喉、生津、清除体内积热，让女人适应自然环境变化的作用。

冬天，天寒地冻，女人的机体生理活动处于抑制状态，这时候喝茶以红茶最为适合。红茶甘温，可以使女人的身体起到御寒保温的作用。另外，红茶含有丰富的蛋白质和糖，生热暖腹，增强人体的抗寒能力，还可助消化，去油腻。

据统计，英国人每人日均喝茶 3.36 杯，年均 1335 杯，去年他们共喝了 620 亿杯茶，数量为世界之最；而我们号称茶文化茶产业大国的中国人均喝茶量却远远低于英伦三岛的男女老少。老外尚且懂得喝茶有益健康，而国人们却常常忽略茶的益处，实在是令人百思不得其解。

顺便还必须强调的一点是，时代女性常常把咖啡当成是最喜爱的饮料，然而咖啡并不是所有的人群都适合饮用的。如冠心病、高血压患者，喝咖啡则是不适合的。因为咖啡喝多了以后，这些患者会产生血压升高、心动过速、焦躁不安、出虚汗等现象。另外，由于咖啡中包含咖啡因的成分，因此要是过分饮用的话，会造成对它的依赖，也就是我们通常所说的“上瘾”，这对身体是十分有害的。

宋代诗人欧阳修曾在《茶歌》赞颂茶叶：“论功可以疗百疾，轻身久服胜胡麻。”既然茶叶有如此多的功效，女人们，你们还等什么呢？于品茗中，品出你的美丽和健康来吧！

女人尽量少坐多蹲

蹲，在很多女性的眼里也许是不雅观的姿势，但实际上它对健康的作用却很大。如果在日常生活中坚持少坐多蹲，将对健康大有裨益。

很多现代女人因为工作的需要（特别是从事文秘、编辑工作的女人），常常对着电脑在椅子上一坐就是一整天。很多女人都对此习以为常，但是这个习惯会直接影响女人的健康。

长时间地坐着不动，往往会使摄入的食物积聚于肠胃，加重肠胃负担，而食物中的淀粉、脂类也会由于久坐不动转化为脂肪，使女人发胖的几率大大地增加。同时由于体内静脉回流受阻，血液循环不畅，容易导致身体内直肠静脉出现扩展，容易引起痔疮。另外，因为缺少颈部运动，人骨连接处无法产生足够的黏液而变得干燥，继而引发关节炎和颈椎病。所以，常常听见坐办公室的女人抱怨颈椎没来由地疼，就是久坐不动的后果。

久坐对女人的危害可见一斑!

蹲，在很多女性的眼里也许是不雅观的姿势，但实际上它对健康的作用却很大。如果在日常生活中坚持少坐多蹲，将对健康大有裨益。

南京市中医院中医专家马传礼教授最近提出了“仿童健身”的新概念，他认为儿童很多无意的姿态和动作其实是强身健体、保持年轻化非常好的方式，成年后也应该尽量保持童年时的一些天姿，而蹲就是其中最简单有效的方法。

蹲在地上玩沙子、看蚂蚁、逮蛐蛐，这些孩童游戏，其实蕴藏着大大的健康益处。马传礼教授说，人在蹲姿时，小腿压大腿，大腿压腹部，这个挤压的过程，其实是人体“做功”的过程，能对全身血液进行重新调配，将更多的血液“挤”向大脑、心脏等人体重要脏器，增强心肺功能，让大脑年轻化。在我们的生活中，很多人可能都有过这样的体验，突然心慌不适、胃痛难受，都会不由自主地蹲下来，其实就是这个道理，人体本能地借助蹲这个动作，让脏器获取更多的血液供应，来缓解症状。

由于人在下蹲时，为了保持住这种姿势，比站和坐都要消耗能量，再加上对腹部的挤压作用，也是消除腹部脂肪的好办法。不仅如此，在一蹲一起这个简单的动作中，全身肌肉会从紧张到松弛，反复进行，就好像在给全身进行深层按摩，既减压，又解乏。

蹲时，身体两个最大的关节——膝关节和髋关节折叠到最大限度，各关节几乎不承受身体重量，躯干部肌肉却得到活动。专家认为，蹲着，使腹部、腿部、臀部得到最大限度的挤压，可以减少脂肪赘肉；蹲比坐更能消耗热量，能有效减肥；人蹲着时，心肺血流相对充分，可以减少冠心病、肺气肿及高血压的发病率。在蹲的状态下，膈肌上抬，站起来横膈下降，可加大胸腔和肺的活动范围，肺活量因此增加。人类在探索长寿的奥秘时，发现长寿总是青睐女性，科学家认为这可能与女性比男性更多地采用蹲位有关。以如厕方式为例，女人比男人每天多蹲十几分钟，女性平时的家务劳动也多有蹲姿。

因此，为了健康，女人们要少坐一些，多蹲一刻。在家里或适当的时候，站在地上双脚并拢并微微下蹲，双手按住双膝，按顺时针转 36 圈，再逆时针转 36 圈，坚持做两次。这样能挤压腹部血液，促进静脉回流，可增强膝部关节和腿部肌肉的力量，对防治膝关节疼痛、风湿性关节炎、下肢静脉曲张及小腿抽筋等症，效果明显。

对于已经习惯了坐着工作、坐着生活的现代女人来说，刚开始练习下蹲时在时间上不用强求，等身体灵活了再延长下蹲的时间。

除了每天有意识地下蹲锻炼，女人们还可以把下蹲这个动作融入自己的生活中，看电视、择菜、洗衣服，从现在开始，试试改坐为蹲吧。

下面为上班族的女人们推荐一种简单有效的健身下蹲法："下蹲法"称得上是一项全身的运动，尤其能增强股四头肌、臀大肌和减缩臀腹部脂肪，使下肢富于曲线感，同时能扩大胸腔和增强肺活力。

"下蹲法"既简单又灵活。说它简单，是因为它没有任何招式，不用什么器械；说它灵活，是因为它在什么地都可以练，室内练可以，室外练也可以。时间上来说，利用上、下午的时间可以练，早、晚的空闲时间也可以练，上班一族能在办公室等集体场合随时随地练习。

其基本动作要领为：两脚并拢，周身中正，重心放在前脚掌上，含胸收腹，全身放松，头不可后仰、不可倾斜，始终将两腿并拢，彻底蹲下后再缓缓上起，如此反复多次。

蹲一次以 30 个为一组，多多益善。减肥健美锻炼时间要在 30 分钟以上。减肥锻炼也可以一天分多次下蹲。当然，下蹲锻炼也要讲究循序渐进，逐步加码，如第一次只蹲 30 个，过两天蹲至 60 个，以后逐步增加数量。要持之以恒，坚持不断，这样才能对减肥健美大有裨益。

你可根据自己的健康状况和健身减肥要求，适量进行下蹲锻炼，保证每天抽一定时间蹲蹲就行。

熬夜的女人损伤大

根据一份研究表明，经常熬夜的女性医务工作者、警察、记者患乳腺癌的几率是不熬夜者的70倍。

现代社会竞争日益激烈，女性们的工作压力也逐步增大，习惯熬夜的女人们越来越多，甚至，对于某些女人来说，熬夜已经成为生活的一部分。但事实上，熬夜对人体的健康是极具危害的。很多工作族的女人认为，熬夜不过是损失了几个小时的睡眠，自己的身体还年轻，没问题。然而“冰冻三尺，非一日之寒”，日积月累后，熬夜对身体的伤害就没这么简单了。

根据一份研究表明，经常熬夜的女性医务工作者、警察、记者患乳腺癌的几率是不熬夜者的70倍。熬夜会造成疲劳、精神不振，人体的免疫力下降，随之而来的感冒、胃肠感染、过敏等自律神经失调症状都会找上你。熬夜的第二天，熬夜的女人们常常会觉得头昏脑胀，精神萎靡，甚至出现幻觉。长期熬夜，还会造成记忆力衰退。

由于晚上太晚进入睡眠状态，很多野猫族女性有吃夜宵的习惯，然而，这对脂肪的囤积和肠胃功能的损耗又起到恶性循环的作用。

此外，熬夜还是美容的天敌。过度疲劳会造成眼睛周围的血液循环不良，引起黑眼圈、眼袋或是白眼球布满血丝。所以很多爱美的女人常常在熬夜后，都会对着自己的“熊猫眼”哀悼不已。皮肤干燥、黑斑、青春痘，也是熬夜常见的“赠品”。晚上11点到凌晨3点是美容时间，也就是人体的经脉运行到胆、肝的时段。这两个器官如果没有获得充分的休息，就会表现在皮肤上，容易出现粗糙、脸色偏黄、黑斑、青春痘等问题。

事实上，睡眠是保养皮肤的一个重要环节。在睡眠中，皮肤血管更为开放，可以吸收更多的营养成分，并充分排泄废物。夜间睡眠中，人体抗氧化酶活性的增高有助于清除皮肤垃圾，延缓皮肤衰老。身体中分泌的生长激素，有利于皮肤新生与修复，帮助皮肤保持弹性。白皙水嫩的肌肤就在不知不觉中“睡”出来，如此好事，爱美的女性又何乐而不为呢？

美国的免疫学家在对睡眠和人体免疫做了一系列研究后认为，睡眠除了可以消除疲劳，还与提高免疫力、抵抗疾病的能力有着密切关系。有充足睡眠的人血液中的T淋巴细胞和B淋巴细胞均有明显上升，而这两种细胞正是人体内免疫力的主力军。困倦是大脑相当疲劳的表现，不应该等到这时才去睡觉。只有养成定时睡觉的习惯，保证每天睡眠时间不少于7小时，才能维持睡眠中枢生物钟的正常运转。所以，女人们也应该学会控制自己的生活习惯，不让自然节律被打乱，陷入恶性循环。

当然，熬夜在很多时候都是身不由己的，那么就请爱美的女人在不得不熬夜时，做好充分的准备，所谓“防患于未然”，这样至少可以把熬夜对身体的损害降到最低。

首先，虽然晚睡，但必须按时进餐，而且要保证晚餐的营养丰富。进餐时，多补充一些含维生素C或含有胶原蛋白的食物，利于皮肤恢复弹性和光泽。由于长时间的用眼，可以多吃些植物性食物，如胡萝卜、苋菜、菠菜、韭菜、青椒、白薯以及水果中的橘、杏、红枣和柿子，因为它们含有大量维生素A，而维生素A可以通过调节视网膜感光物质的合成，从而提高熬夜者对光线的适应力，以达到防止视觉疲劳，从而保护视觉的功效。鱼类豆类产品有补脑健脑功能，也应纳入晚餐食谱。熬夜过程中，要注意补水，可以喝枸杞大枣茶或菊花茶，既补又有去火功效。

其次，保护你的肌肤。一般来说，长时间熬夜，会破坏人体内泌和神经系统的正常循环，从而使皮肤出现暗疮、粉刺、黄褐斑等问题，而神经系统失调又会引起皮肤干燥、弹性差、缺乏光泽等问题；如果长期睡眠不足，还会导致皮肤过度疲劳，水分和弹性双双下降，而黑眼圈与眼袋等问题也会双双登场。

根据科学研究，皮肤的作息时间是在22:00～23:00进入晚间保养状态。这时是皮肤吸收养分的好时机。熬夜的女人们在这个时间段，一定要进行一次皮肤清洁和保养。用温和的洁面用品清洁之后，涂抹一些保湿营养乳液，这样，皮肤在下一个阶段虽然不能正常进入睡眠，却也能正常得到养分与水分的补充。

熬夜之后，最好的保护措施自然是“把失去的睡眠补回来”。如果做不到，午间的10分钟小睡也是十分有用的。此外，多去户外走动，有助于你的身体健康和精神愉快，这也是摆脱熬夜后萎靡状态的好办法。

此外，熬夜的时候要少喝浓茶或咖啡。夜猫子熬夜的时候总是爱喝咖啡或浓茶，然而咖啡或浓茶会相对消耗体内的B族维生素，而疲劳的一个主要原因就是身体缺乏B族的维生素，这就将本身很疲劳的身体推向了疲劳的深渊，无疑是火上浇油。而喝白开水就不一样了，不但能补充身体所缺乏的水分，而且还可以帮助消化与体内毒素的排除。

女人们，不要以自己的身体为代价，自诩年轻而能抵挡熬夜对身体的伤害。亡羊补牢，为时未晚，从现在开始培养自己良好的作息习惯吧！

最适合女人的睡姿

良好的睡姿是健康的重要保证。女人们，睡觉前不妨检查下你的睡姿是否符合你身体的需求，切勿让睡眠成为你健康的绊脚石。

失眠、睡不好、睡不足等问题，往往给现代职业女性的睡眠质量打了很大的折扣。据调查发现，八成以上的人认为，自己在睡醒后有脖子酸痛等不适感；四成受访者有睡了8个小时仍然“睡不醒”的症状；有七成人睡眠质量不佳，晚上容易惊醒。

很多女人把睡眠质量下降的问题归结到压力大、空气流通、饮食健康、环境安静等因素上，然而很多时候，在这些因素都不存在的情况下，你依然无法拥有一个良好的睡眠质量，在无可奈何和百思不得其解中，很多女人选择用安眠药等药物来辅助睡眠。女人们不妨换个角度来思考睡眠质量下降的问题，除了以上所提到的因素外，还有什么会影响你的睡眠质量呢？科学家给我们提供了答案：睡姿。

人的一生中几乎有三分之一的时间是在睡眠，姿势合理与否与健康有着十分密切的关系。良好的睡眠姿势，对提高睡眠质量很有好处。常言说"站如松，坐如钟，卧如弓"，这"卧如弓"，就是说睡觉的姿势。那么到底什么样的睡姿才算是健康、合理的呢？

人的睡眠姿势大致可有三种：仰卧位、侧卧位、俯卧位。仰卧位时，只要床舒适，四肢保持自然伸展，可使全身肌肉放松，并使腰椎间隙压力明显降低，减轻腰椎间盘后突，对于患有腰椎间盘突出症的患者是最佳体位；侧卧位时一般认为右侧卧位最好，原因是右侧卧位不会压迫心脏，而且不会影响胃肠蠕动；俯卧位时，往往使头颈处于向一侧极度扭转的体位，胸部受压，易引起颈部肌肉、韧带、关节的劳损和退行性病变，也易引起腰椎前凸增大，压迫心肺而影响呼吸，加重心肺负担，故这种睡眠姿势一般不宜采取。

科学界根据研究一般认为，双腿弯曲右侧卧睡最适宜，这样既能使全身肌肉得到最大限度的松弛，又不至于压迫心脏。心脏是在胸腔偏左的位置，向右卧会使较多的血液流向身体的右侧，相应减轻心脏的负担，有利于心脏休息。

另外，睡眠时用的枕头不宜过高。如果睡眠呈过度的头高脚低状态，或头高于平体位，则可出现脑部血液供应减少，血氧供应不良，大脑无法得到充分休息的状态。时间久了也容易使人出现精神疲乏、精力下降、工作效率低等不良后果。

女人如果长期使用高枕，头部前倾，颈曲就会减小，甚至变直，即可导致颈部软组织劳损，易形成慢性颈肩痛或习惯性落枕。久而久之，颈椎骨关节失稳，就可能发生退行性改变，其相应部位即会形成骨刺，会对脊髓、血管和神经产生刺激或压迫，出现颈肩痛、上肢麻木、头晕或走路不稳等颈椎病。

良好的睡姿有时还能对你所患上的疾病有所帮助：

1. 高血压

高血压宜采用加枕平卧的睡眠体位，枕头一般高约15厘米，过高过低皆易产生不适感。

2. 心脏病

心脏代偿功能尚好者，可向右侧卧，以减轻对心脏的压迫。若已出现心衰，可采用半卧位，以减轻呼吸困难，切忌左侧卧或俯卧。

3. 脑血栓

有关专家调查2000例脑梗塞病人，发现95%以上的病人习惯于侧卧，这样，在本身已有动脉硬化的情况下，加重了血流障碍，特别是颈部血流速度减慢，容易在动脉内膜损伤处逐渐聚集而形成血栓。为消除这一隐患，仰卧睡眠较为妥当。

4. 肺气肿

患有肺气肿的中老年人应仰卧，并抬高头部，同时双手向上微伸，以保持呼吸畅通。

5. 胃病

胃溃疡病人宜提倡左侧卧位。如果向右侧卧，从胃部流向食管的酸性液体回液量大大多于正常情况，而且持续不断，可引起胃部疼痛。

6. 肝胆病

急慢性肝病、胆结石等患者宜左侧卧，有利于病情好转。

总之，良好的睡姿是健康的重要保证。女人们，睡觉前不妨检查下你的睡姿是否符合你身体的需求，切勿让睡眠成为你健康的绊脚石。

女人睡眠，无物一身轻

每天戴胸罩的时间在12小时以上的女性，罹患乳房癌的几率是戴的时间较短者的21倍；如果连睡觉时都戴的人，这个数字则会跳到113倍。

人的一生有相当一部分时间都是用来睡眠的，因此睡眠和人的健康息息相关，相辅相成。如何才能在睡觉的过程中获得健康呢？女人们，请记住一句话：无“物”一身轻。

这里的无物指的不是裸睡，而是摘除掉一些在睡觉过程中成为你负担的物品。这些物品往往是你常用的生活必需品，然而在睡觉的过程中它们往往会成为危害女人健康的隐形杀手。

1. 胸罩

许多女人常习惯戴着胸罩睡觉，有的女人认为戴着胸罩睡觉能够更好地调整胸型，有的女人则认为很麻烦，故意不脱。然而根据美国的一份研究报告指出，睡觉时还戴着胸罩的女性，比较容易患乳腺癌。研究人员对4700多名女性进行了两年半的调查，发现每天戴胸罩的时间在12小时以上的女性，罹患乳房癌的几率是戴的时间较短者的21倍；如果连睡觉时都戴的人，这个数字则会跳到113倍。这个数字是相当惊人的。

晚上睡觉时戴着胸罩，会压迫乳房中的淋巴腺，使得在此处产生的毒素不易排出，日积月累就会癌变了。再说，大多胸罩由化纤制成，化纤中的有毒有害物质也会对乳房带来不良刺激，长期戴化学纤维胸罩，无疑是促发乳腺癌的一个重要因素。

因此，女人们应该减少戴胸罩的时间。最好是出门时带，回家就立刻脱掉，实在觉得不方便的也应该在睡觉前脱掉，还应该常常按摩乳房，保证乳房的健康。

2. 手机

随着时代的进步，手机的使用率逐年增加，几乎到了人手一部的情况。很多女性都有在睡觉前使用手机的习惯，跟朋友发发短信，跟远在他乡的恋人互诉清肠，又或者听着音乐进入梦乡，充分享受手机为生活带来的便利。然而，使用完的手机往往在进入梦乡时被遗落在你的枕边，开始辐射你的身体，危害你的健康。手机不论开着还是已经关掉，它都会有不同波长和频率的电磁波释放出来，形成一种电子雾，影响我们的神经系统，对我们的中枢神经系统造成机能性障碍，引起头痛、头昏、失眠、多梦和脱发等症状，有的人面部甚至出现刺激感。

因此，在这里还要提醒各位女性，为了使你的睡眠更加健康，睡觉时最好要让手机远离你的身旁。

3. 首饰

爱美是女人的天性，漂亮的手链、璀璨的戒指都是女人的最爱。这些首饰往往寄托着深厚的含义，如戒指往往象征着忠贞不渝的爱情，项链可能是亲友送的，意义非凡。因此，很多女人在睡觉时也不愿把首饰摘下来，始终戴着。然而，这种行为对健康是有害无益的。

一般的健康人在早晨醒来后可能会出现轻度的浮肿，虽然浮肿的时间不长，但如果晚上睡觉前不摘掉戒指，那么就会因为清晨手指浮肿卡住了静脉，静脉血液流通不畅会接着造成肿胀，这样很容易诱发手指疾病。

另外，一些金首饰中含有钋、钴、镭等放射性元素；某些天然宝石饰品中也含有放射性物质；某些易被激活的石材经辐射后可发出艳丽光彩，其中也有放射性物质。皮肤长时间接触放射性物质会引起放射性首饰病，表现为疲倦、恶心、头痛、皮肤痛痒等症状，严重者可造成血液、神经系统和消化系统损伤，还可引起皮肤癌、乳腺癌、肺癌等恶性肿瘤。

因此，在睡前最好将首饰取下，以避免带来不必要的麻烦危及你的健康。

4. 化妆品

很多女人，特别是年轻的女性，由于工作压力大，生活节奏快，往往回到家中没有卸妆就倒头大睡，而戴妆睡容易使肌肤长痘，甚至会引起皮肤过敏。带着残妆睡觉，化妆品会堵塞肌肤毛孔，造成汗液分泌障碍，妨碍细胞呼吸，长此以往会诱发粉刺，损伤容颜。所以，睡前卸妆洗脸很有必要。

睡觉前及时卸妆，能让肌肤得到充分呼吸，不仅可保持皮肤润泽，还有助于早入梦乡。我们周围的环境中存在着许多破坏皮肤健康的因素，如空气污染、紫外线、尘埃等，而化妆品具有很强的附着力，这些污染物都会积聚在上面，再加上皮肤中分泌出的油垢、汗水，若晚上不彻底清除，会妨碍肌肤正常新陈代谢、繁殖细菌，长出青春痘或暗疮、粉刺。经常不卸妆的人，污垢会一直残留在皮肤中，为日后清理带来很大困难。所以，无论你化的是浓妆还是淡妆，甚至不化妆，回家后都应及早卸妆，这是保养皮肤的第一步。

那么如何卸妆才是最彻底的呢？接下来教女人们几个卸妆的小技巧。

卸妆时，最好先在面部涂上一层婴儿油，这种油对睫毛膏、粉底、口红等有很好的溶解作用，能将它们彻底清除。然后，选择一些刺激小、起泡力佳的洗面奶清洁面部。如果化的是浓妆，那就要采用专业的卸妆液。使用时最好从眼部开始，先用棉花球浸在眼部卸妆液中，再敷在眼上；然后从头部起向上和向外搽在脸上，用打小圈的手势按摩下颌和鼻子，清除深藏的污垢。做的时候要尽量慢，保证充足的时间让污垢溶解。

女人们，良好的睡眠质量是身体健康和护肤养颜的保证。睡觉时有意识地去除一些“身外物”，让自己睡出健康，睡出美丽吧！

女人尽量远离方便面

方便面由于其方便快捷的特点，近年来深受女性朋友的喜爱。然而方便面作为一种应急食品，偶尔吃吃可以，长期吃对身体是有害无益的。

随着生活节奏的加快，方便面由于它烹煮和食用的便捷，得到越来越多女性上班族的青睐。目前，市面上方便面种类繁多，琳琅满目，由袋装到碗装应有尽有，销售量也很惊人。据估计，每人平均一年吃四十几餐方便面。很多女人把方便面也纳入自己的饮食结构中，她们出差的时候吃，熬夜的时候吃，甚至由于懒得煮饭或者没时间，就把方便面当正餐吃。实际上，方便面对人体是十分有害的。

小陈是一家方便面厂的技术员，她每天都要试尝6份各不相同的方便面，虽不必全吃，但必须品出它们的优缺点。小陈工作5年后，终因胃病、头痛、肥胖等病而不得不提前退休。退休后，她又相继患上了胆结石、高血压、糖尿病、动脉硬化、胃炎等多种疾病。这些都是长期品尝方便面给她带来的"职业病"。那么小陈为什么会患上这么多病呢？我们先来分析一下方便面中的添加剂。

1. 食盐

一包方便面含盐6克，而我们每天食盐的摄取量是8克左右，所以，方便面含盐量明显偏高，吃盐过多易患高血压，且损害肾脏。

2. 磷酸盐

它的用途广，可以改善方便面的味道。但是，人体摄磷过多，会使体内的钙无法充分利用，容易引起骨折、牙齿脱落和骨骼变形。

3. 油脂

方便面都用油炸过，油炸后可减去面中水分，延长保存期。但这些油脂经过氧化后变为“氧化脂质”，它积存于血管或其他器官中，加速人的老化速度，并引起动脉硬化，易导致脑溢血、心脏病、肾病等。

4. 防氧化剂

方便面从制成到消费者手中，短的一两个月，长的达一两年，其中添加的防氧化剂和别的化学药品已经在慢慢地变质，对人体有害无益。

另外，很多方面便是以碗装的形式进入市场的，而碗装的包装是采用聚苯乙烯制成的。这种包装遇热会变形，为了避免在加工过程中遇热分解，需要加入安定剂——防酸化剂（BHT）。这种东西是致癌物，能够引发肝脏肥大，染色体变形。我们在食用碗装泡面的同时，滚滚热水会分解包装上的聚苯乙烯，虽然是少量，但是危害已经显而易见了。

日本子孙基金做过一个试验：在十二个品牌的罐装方便面中注入沸腾的开水，5 分钟后测试发现每个品牌的罐装方便面中都含有 1 ~ 33 不等量的 ppb 的苯乙烯单体，而方便面罐在接触到庚烷等试验用溶剂的地方发现有苯乙烯二聚物等物质渗出。女人们试着想想看，吃一次方便面就吃下了这么多的“隐形炸弹”，经过日积月累，那么你离炸弹爆炸的时间估计也不远了。

人体的正常生命活动需要六大要素：蛋白质、脂肪、碳水化合物、矿物质、维生素和水。而方便面的主要成分是碳水化合物，汤料只含有少量味精、盐分等调味品，即使是各种名目的鸡汁、牛肉汁等方便面，其中肉汁成分的含量也非常少，这远远满足不了我们每天所需要的营养量。因此，女人们如果长期食用几乎没有任何营养的方便面，很容易使得身体处于营养不良的状态，从而吃成“面黄肌瘦”的女人。

因此，在这里提醒那些以方便面为主食的女人，方便面只适于救急，如临时就餐不便或受到条件限制吃不到东西的时候食用。一周至多两次，绝对不能天天食用。最好冲水后把面汤倒掉，再续上水或汤，以减少盐分和其他有害物质。

方便面最好煮着吃，在煮方便面的时候可以酌情增加一些副食。如食用些香肠、牛肉干、肉脯、肉松、熟鸡蛋、卤肉等。或者配餐用一些生吃的瓜果、蔬菜，如黄瓜、西红柿、萝卜、藕、香蕉等，以弥补方便面中的营养不足。

总之，女人们要牢记方便面只是一种应急食品，偶尔吃吃可以，长期吃对身体是有害无益的。女人们，离方便面远一点就离健康更近一点，聪明如你，应该知道如何抉择吧？

{Chapter 8}

心理习惯：女人潇洒处世的心理指南

心理学家说："人的生活首先也主要是由人的心理与行为支撑的。"心理一直是一个神秘的领域，心理世界的奇妙不亚于一片浩瀚的海洋，同时又好似一个五彩缤纷的万花筒。一个女人倘若心理是残缺的，哪怕只是消极的，她的人生也定会与幸福相去甚远。良好的心理习惯会给女人的心开启一扇迎接阳光的天窗，更会让她在积极的自我暗示下成就非凡的人生。

给自己积极的心理暗示

艾蜜莉·顾埃曾说，你若说服自己，告诉自己可以办到某件事，假使这事是可能的，你便办得到，不论它有多艰难。相反的，你若认为连最简单的事也无能为力，你就不可能办得到，而一个小土坡对你而言，也会变成不可攀的高山。

在华沙，一群儿童在嬉戏。一个吉卜赛女巫托起一个小姑娘的手，仔细看了看说："你将会闻名世界！"小姑娘十分坚定地点了点头，多年后，女巫的预言应验了。这个小姑娘就是后来的居里夫人。

你或许听过这个故事，但未必会去想其中的道理。其实，世上没有什么准确的预言，女巫给了居里夫人一种"成功"的信念。这就是"心理暗示"，它能引导人走向成功，也能致人死亡。

其实，很多女性都有过类似的经验。早上出门的时候，有人对我们说一句"好漂亮"，我们这一整天都会美若天仙；相反，如果我们听到的是"你好憔悴"，那么我们可能一整天都会灰头土脸。当所有人都开始穿同一种款式的衣服，追逐时尚的你可能会按图索骥来一件；电视上奢华的广告、柜台里精美的包装，有时会让我们像中蛊一样，深信这些东西价值不菲；上司对你的工作能力大加赞赏，此后你更加灵感四射，业绩也有了很大提高……

我们多数人的生活境遇，既不是一无所有，一切糟糕，也不是什么都好，事事如意。这种一般的境遇相当于"半杯咖啡"，你面对这半杯咖啡，心里产生什么念头呢？消极的自我暗示是为少了半杯而不高兴，情绪消沉；而积极的自我暗示是庆幸自己已经获得了半杯咖啡，那就好好享用，因而情绪振作，行动积极。

在相同环境下，女人比男人容易被暗示。每一位渴望成功的青年女性也正是拥有了“半杯咖啡”：年轻，精力充沛，具备一定的专业知识；但是缺乏经验，收入不尽如人意……此时，成功的女性会想象自己成为最想成为的那种女人，并且让它成为现实——这就是积极的心理暗示。培养这样的习惯始于很多细节，比如，走路时挺胸抬头，会觉得自己很有精神；出门的时候照照镜子，整理好仪表，会对自身形象有个积极的评价；工作的时候整理好桌面，让自己感到很从容很有条理；说话的时候清晰大方，让自己感到自信沉稳……这些看似微不足道的地方，其实都会不知不觉地影响你的心理，能促使你像芝麻开花节节高一样，提升内在的驱动力，甚至创造奇迹。

环球小姐吴薇本来只是一名银行职员，根本没有什么舞台经验，但她所展示的一份自信积极的魅力，征服了所有评委。

2003 年 4 月，吴薇参加了环球小姐中国赛区的比赛。她希望趁自己还有比较好的状态时去见识一下五湖四海的女孩。吴薇注重的是参与的过程而不是结果，所以尽管在分赛区的比赛中，她只得了第四名，但还是积极地参与到总决赛的培训中，她相信能把自己最好的精神风貌带到总决赛。终于，她捧得中国环球小姐桂冠。她认为自己获胜的最大优势便是积极的心态，这是对美丽最好的表现。每个积极向上的女孩子都能站到舞台上来，也都有机会拿到属于自己的人生大奖。

在后来的全球比赛初赛中，吴薇仅排在第 17 名，无缘决赛。因为环球小姐评选跨越不同肤色、不同种族、不同文化，东西方必然存在强烈的审美差异。但吴薇并不会为了迎合评委而改变自我，她为自己是一名开朗而又内敛、含蓄的中国女性而自豪。虽然没能进入决赛，但通过吴薇出色的表现，世界人民还是看到了中国女性的风采，这就已经足够了。

比赛结束后，吴薇恢复了本色，她非常珍惜银行的那份工作。她觉得那里是最适合她的地方。明星的光彩毕竟只是一时的，而职业的美丽才是永远的。25 岁的她已经是行里最年轻的副经理了。她认为一个人只要相信自己的能力不比别人弱,带着自信的笑容和积极的心理暗示看待每一件事、每一个人,并学会宽容,就可以在工作中游刃有余。

的确,无论是在舞台上,还是在工作中,积极的吴薇永远美得精彩。她敢于展示自己的风姿,敢于让全世界发现东方女性的美好,敢于跳出设定的审美框框,不去刻意改变自我。自信的她,就是一个至真至纯的出色女人。

积极的心理暗示不仅可以使人获得好的心情,而且也能让你精神更加饱满地去干事情。把这种习惯和你的工作混合在一起,那么你的工作将不会显得辛苦而单调。积极会让你整个身体充满活力,使你不觉疲倦。积极的暗示习惯,不是一个空洞的名词,它是一种重要力量,是一种意识状态,能够激励女性对自己手中的工作采取行动。你可以利用它使自己获得好处,不仅如此,它还具有感染性,所有和它接触过的人都将受到影响。女人若没有了它,就像电池没有了电一般失去生命的支柱。

当星期一早上你还未从"周末综合征"中彻底解脱出来时,先不必急于工作,可以先与同事们交流一下,或是先翻阅一下上周的工作日志,当你给自己的心情"预热"之后,再以崭新的面貌进入工作状态,在状态最好时迎接挑战。每个人都有自己的"情绪周期",这时就应该先做些简单的工作,不要给自己增添过重的负担。我们可以在自己情绪高涨的时候处理那些令人感到棘手的问题,因为好心情能激发饱满的工作热情,促使人们增强信心,产生知难而上的挑战欲。每个人都会有不顺的时候,试着在最不开心和失败时对自己说:"这是最糟糕的了,不会再有比这更倒霉的事发生了。"既然"最糟糕的事"都已经发生了,还有什么可怕的呢?既然已经到了最低谷,那么以后就该否极泰来了!当你在最不顺利的时候给自己这样的心理暗示,会增强心中的安全感,也会给自己以信心。

艾蜜莉·顾埃曾说,你若说服自己,告诉自己可以办到某件事,假使这事是可能的,你便办得到,不论它有多艰难。相反的,你若认为连最简单的事也无能为力,你就不可能办得到,而一个小土坡对你而言,也会变成不可攀的高山。

女人的信心与意志是一种心理状态,是一种可以用自我暗示诱导和修炼出来的、积极的心理状态。成功的女人不相信眼泪,不相信怨声,她们总保持积极的心态。如果你真的不想成为一个不幸的女人,就勇敢地走出来,然后告诉自己:没问题,我可以!

及时减压,不让心灵负荷太重

人生中的压力就像海浪一样,会有浪高浪低的时候,当我们无法改变环境时,就必须学会改变自己,在现有环境下,做最大的放松。

现代女性不漂亮不行,光有美丽也不行,要有气质有学识有能力,最好自己养活自己之外,还有财力上的富余,在父母家承欢膝下尽孝,在老公面前恰到好处地撒娇,在公婆处扮传统贤媳讨巧,还不可以耽误养儿育女慈母严父一身两任;下完厨房出厅堂,走出家门又是一片天,在职业场上投入打拼,力争像个成功女性。来自各方面的压力导致我们患上了严重的安全感匮乏症,担心自己不够年轻漂亮,害怕自己愚钝、固执、落伍,唯恐自己不够完美。其实,现实生活中,你不是完美的女性,我也不是。

生活中,有来自各方的压力。它会抑制你的免疫系统,使疾病更容易靠近,它会加速你的衰老,使你更缺乏自信。女人,要享受生活,就一定要养成及时减压的习惯,会缓解压力是女人永葆青春的秘诀。有很多方法可以及时减压,所有这些都要求你能抛开当时的烦恼和紧张情绪,让自己的心境转向平静和松弛。

陆致瑛,现任清华同方股份有限公司计算机系统本部副总经理。她曾在政府里做过官员,当过电台女性栏目的主持人。1999 年,在一个偶然的机会下,她走进清华同方,正式进入 IT 行业。

用陆致瑛自己的话说，她是个普通女人。在她的身上，女人的优点差不多都具备，女人的弱点也没落下。比如说，她有女人的细腻，理解别人，关爱别人，很唯美，希望给所有的人带来快乐。再比如说，她有时情绪会有所波动，会耍小脾气，甚至会哭。她在工作上的压力主要来自自己，她总想把事情干得更好。刚进入IT行业时，自己必须要对产业、对公司等很多事情全面了解、把握，那段时间，她差不多每天至少工作16个小时，非常辛苦。但大约半年后，当她在工作中驾轻就熟时，觉得非常幸福与自豪。

陆致瑛认为，一个人的学习能力决定了其面对压力时的缓解能力。她说，自己是个学习能力比较强的人，也是个非常爱学习的人。因为会学习、喜欢学习，自己能很快适应环境。比如，每当她看书时，每有感触，就动手写一些东西，而不仅仅是摘些话。陆致瑛说，到她手里的书会很幸福，她会最大限度地发挥书的价值。当她读一本书时，如果觉得很适合某位朋友，她会毫不吝啬地主动送出。

在事业上，陆致瑛是个不安分的人。她喜欢面对各种挑战，喜欢做一些没有做过的事儿，她总为要做新鲜的事而激动不已。一旦把事情干成了，她就非常满足、快乐。她在东北一家电台做《女人有约》栏目时，有一天，下了五六十厘米厚的雪，当天电台的节目都停了。陆致瑛觉得那天自己一定得上节目，就走了40分钟到台里。节目播完之后一出门，发现一百多辆出租车在等她，有的车子都冻得没法开动了。从那一刻起，陆致瑛意识到，她有能力影响很多人，她说这是她的福分。也正是通过这件事，她学会去欣赏，学会去分享，学会去给予，学会去感恩。

陆致瑛很会打扮自己，她说她从不嫉妒比她漂亮的女人，相反她会去欣赏。尽管单位和家里的事很多，但她会常常腾出时间参加一些美丽沙龙活动。她会把自己的美丽心得与女员工分享。她说，一个女人美，只是一个点；一群女人美，那是风景。

陆致瑛是个成功的女性，我们评价她绝不仅仅是因为她就职于中国的知名企业和担任这些企业的高层管理人员，而是从她身上透射出来的对事物发展可能性的天性敏感、积极应对挑战和承受压力的创新精神、勤奋好学的品性和乐观自信的心态。

人生的道路千万条，只有量力而行，才不至于总因目标得不到实现而痛苦不堪。人生中的压力就像海浪一样，会有浪高浪低的时候，当我们无法改变环境时，就必须学会改变自己，在现有环境下，做最大的放松。习惯及时减压，习惯“缓慢生活”，学习悠闲，整个人就会稳定下来，压力自然会从慢的过程中消逝。

习惯及时减压的女人，无论家庭、事业、交际，都能一帆风顺，偶尔出现的挫折打击，总能被她们轻巧化去，一举手、一投足间，便能使事情向着有利于她们的方向转去。有压力时她们想：“无论有多难的工作，既然交给我，就说明我能胜任。我很高兴造物主给了我这么多的挑战，当我自信、高兴地应付了这些挑战，造物主一定会大大地奖励我的。”

习惯及时减压的女人，也许会疲劳，但是她们总有办法用最短的时间最恰当的方式巧妙地处理妥当，在众人的赞叹声中，保持她们自信的微笑，给大家送去定心的精神动力。漫漫人生旅程中，女人若能养成给自己及时减压的习惯，也是成功的一种方式。

女人要给予自己更多的肯定

别人认为你是哪一种人并不重要，重要的是你是否肯定自己；别人如何打败你，并不是重点，重点是你是否在别人打败你之前，就先输给自己了。

在生活的道路上，我们总会遇到各种各样令人烦恼的事情和不计其数大大小小的对手。于是，我们开始绞尽脑汁地想着如何面对这些事情，于是，有些人成为我们的朋友，有些人成为我们的敌人，于是就有肯定自己和否定自己的现象发生。如果你想自己有自信，那么从现在开始，你就要用肯定的方式对自己说，这还会给你带来你想不到的好处。

美国作家马尔兹在《创造人生》中说："我们要以信心充实自己，就像我们每天以食物充实自己一样。"戴尔·卡耐基告诫人们："下一回你被某项工作吓住时，不妨昂然地向它走去，完成那不可能的工作，这是办得到的。只要你对自己有无比的信心，你就办得到。"诗人李白在不得志的时候仍然对自己说"天生我材必有用"。肯定自己，是面对竞争时除了实力之外最重要的砝码。

肯定自己，将使别人对我们萌生信心的绿芽。肯定自己是发自内心的一种战胜困难、夺取成功的强烈信念和力量。肯定自己不是装出来的虚张声势，应该是发自内心地把人最本源、最自然的一面体现出来。用心去沟通，真正打动别人，这样成功就有了基础。

每个女人都同样需求被接受和感到自己重要，没有人愿意被看扁。女人的价值应该靠自己来体现，来争取。别人怎么样看你并不是最重要的，重要的是你自己如何来看自己。养成肯定自己的习惯，你就会不由得产生一种这样的心态：我就是我自己，没有什么可害怕的。我不需要感到害羞，不需要感到不自信，因为我的价值是独一无二的。也因为有了这样的思索，女人的自信才变成自然的体现。

著名歌唱家朱明瑛以其能歌善舞的才华而享誉世界，她演唱的外国歌曲，深受中外朋友们的喜爱。一个纯粹的中国人，怎么能载歌载舞、把外国歌曲唱得这么好呢？要知道，想唱好外国歌曲，不仅要有好的唱功、舞功，还要会外语，这并不是件容易事。朱明瑛是怎样具备这一奇妙功夫的呢？她说："人是有潜力的。但是，人们往往在缺乏信心的情况下，使自己的潜力流失了。我也曾经动摇过，但是我很快战胜了自己的软弱，又充满了自信。"

朱明瑛信奉居里夫人说过的一句话："我应该相信，自己对于某种事业有特殊的才干，并且不惜任何代价去完成这个事业。"她懂得，信心对于要成就一番事业的人来说，只是一种健康的心理，一根坚实的支柱。如果仅仅具有信心而不去努力，同样是不行的。为了唱好外国歌曲，她真的不惜一切代价，报考了语言学院。当时，她已经结婚生子，平时既要唱歌、练舞，又要照顾家庭和孩子，还要去上那些全部用英语教学的课。

成功以后的朱明瑛这样评价信心在她前进途中的作用："人就怕没本事，不怕没机会。不少人说我一步登天，其实我知道，我在任何一步上稍一迟疑，就可能没有勇气走下去了。现在有的人老爱说没有机会，可在机会来临前，你作好迎接机会的准备了吗？偶然性从来都是包含着必然性的呀！在这一点上，我最欣赏的是我的自信！"

每个女人从来到世界那一天起，都是独一无二的，世界上永远没有谁可以取代她。别给自己贴上失败的"商标"，不要总是对自己说"我的能力实在不行""我缺乏变通的技巧""大家都不喜欢我"等。要知道，成功的女人总是善于肯定自己，相信最优秀的人就是自己。很多时候我们都在感激别人给予我们的帮助和支持，其实真正能救助自己的只有自己，如果我们肯定自己是正确的，那么我们的世界也会是正确的。

莎士比亚曾说："假使我们自己将自己比做泥土，那就真要成为别人践踏的东西了。"其实，别人认为你是哪一种人并不重要，重要的是你是否肯定自己；别人如何打败你，并不是重点，重点是你是否在别人打败你之前，就先输给自己了。不论在什么时候，每个人都必须看重自己，在别人肯定你之前，你先要肯定自己。

习惯肯定自己的女人，不一定拥有自己的事业；但拥有事业的她们，一定能够在事业上挥洒自如，让同事和对手都心悦诚服地佩服她的工作能力。在工作上的她们，举重若轻，急大局之所急，做事稳妥细致，拥有自信女人的企业，也拥有了一份自信的明天。

习惯肯定自己的女人，不会学那些为赋诗词强说愁的小女人整天无所事事，借助酒吧、舞厅、烟、酒、网络消磨自己的青春。她们目光长远，她们能够使父母顺心、丈夫放心、子女开心，她们绝对是成功男人背后的女人，她们还会在朋友最需要的时候出现，用自信的微笑扫去友人脸上的阴霾，能用柔柔的话语化解友人心中的苦闷。

习惯肯定自己的女人，不一定天姿国色，不一定闭月羞花，甚至可能相貌平平，但是，因为那份自信，她们瞬间便变得光彩耀人，变得淡雅高贵。因而，无论在哪个场合，她们都是最耀眼的焦点，而且永远不会因为容颜的衰老而失去自己的魅力。

每个女人都会有一种发光点，有自己的特色，无论何时何地，都是一个聚焦点。当你对自己不断肯定时，你会发现自己对生活的态度对了。

经常把自己的心放空

空杯心态告诉我们的是，在做任何事之前，都要先有好的心态。这就犹如一个装满水的杯子很难接纳新东西，如果想学到更多学问，就要先把自己想象成一只杯子，将杯子倒空，将自己所重视、在乎的很多东西以及曾经辉煌的过去从心态上彻底了结清空，这样，才能汲取更多的养分和知识。

现代职业女性，在繁华的都市中生活，欲望满满的心灵，总是追逐着时间，丝毫感受不到舒缓空间的存在。你是否可以找一个空间，将心灵抒放、空寂，使自己沉淀下来，从忙碌的生活中，找回自我？是的，生活节奏太快，我们要懂得放空心灵。然而，你是否了解，养成时常放空自己心灵的习惯，不仅可以使我们感到惬意快慰，更能使我们在生活与职场中，看到更广阔的世界，得到更多的机会。

在心理学上，有一个专门的词汇，叫做“空杯心态”，空杯心态和我们平时所说的放空心灵有些相似又有些不同。何谓“空杯心态”？“空杯心态”对我们的人生究竟有什么帮助？

相传古时候一个佛学造诣很深的人，听说某个寺庙里有位德高望重的老禅师，便去拜访。老禅师的徒弟接待他时，他态度傲慢，心想：我是佛学造诣很深的人，你算老几？后来老禅师十分恭敬地接待了他，并为他沏茶。可在倒水时，明明杯子已经满了，老禅师还不停地倒。他不解地问："大师，为什么杯子已经满了，还要往里倒？"大师说："是啊，既然已满了，为什么还倒呢？"禅师的意思是，既然你已经很有学问了，为什么还要到我这里求教？这就是"空杯心态"的起源。

"空杯心态"不仅仅是一种时尚理念，更是由无数成功的企业、成功人士的实践总结归纳出来的。对我们来说，空杯心态告诉我们的是，在做任何事之前，都要先有好的心态。这就犹如一个装满水的杯子很难接纳新东西，如果想学到更多学问，就要先把自己想象成一只杯子，将杯子倒空，将自己所重视、在乎的很多东西以及辉煌的过去从心态上彻底了结清空，这样，才能汲取更多的养分和知识。

空杯心态并不是让我们一味地否定过去，而是要怀着否定或者说放空过去的一种态度，去融入新的环境，对待新的工作，新的事物，从而取得新的成就。

这个形象的道理很容易理解，抛弃这个专业的心理学名词，就从小到大的玩沙经验来看，也能够明白，当我们将手里的沙抓得越紧，从手的缝隙里滑落的也就越多。如果干脆放下手中的沙石，也许我们能够抓住更多的东西。所以，养成经常将自己的心放空的习惯，我们首先要学会松手。

我们很容易明白的道理，在真正做起来的时候，却不肯遵从，一切仿佛变得不那么容易。有谁能够毫不在意地在取得辉煌成就的刹那对高人一等的地位嗤之以鼻？有谁能够轻松地放下自己过往的荣誉？有谁能够放下高不可攀的权力？很难。地位、金钱和权力不是流沙，然而，当地位、金钱和权力填满了你心灵中的整个杯子，你再拿什么去盛装生命赐予你更美好的一切？

一代武学宗师，功夫巨星李小龙也非常推崇时常将自己心灵放空的习惯，他曾经诚恳地说："清空你的杯子，方能再行注满，空无以求全。"成功如李小龙，尚且可以清空杯子，而你我作为芸芸众生中的一员，又有何不可？记住，永远不要把过去当回事，永远要从现在开始！当我们把心灵"归零"成为自己的一种常态，一种难以阻断的延续，一种不断要做的事情时，也就完成了职业生涯的全面超越。

因为对于身在职场的我们来说，往往最容易在得意之时忘形，在失落之刻无法重新审视自己，然而，当你习惯时常将自己的心倒空时，就会在每时每刻都懂得松手，懂得倾倒，这样才能不在拥有更大的成功时忘形，不在遭遇逆境之时沉湎失败。女人，请养成时常放空自己心灵的习惯，这是每一个想在职场得到良好发展的人所必须拥有的最重要的心态。

哈佛大学的校长来北京大学访问时，曾讲了一段自己的亲身经历。一年，校长向学校请了三个月的假，然后告诉自己的家人，不要问我去什么地方，我每个星期都会给家里打个电话，报个平安。原来，校长只身一人，去了美国南部的农村，尝试着过另一种全新的生活。在农村，他到农场去打工，去饭店刷盘子。在田地做工时，背着老板吸支烟，或和自己的工友偷偷说几句话，都让他有一种前所未有的愉悦。最有趣的是，最后他在一家餐厅找到一份刷盘子的工作，干了 4 个小时后，老板把他叫来，跟他结账。老板对他说："可怜的老头，你刷盘子太慢了，你被解雇了。"

"可怜的老头"重新回到哈佛，回到自己熟悉的工作环境后，却觉得以往再熟悉不过的东西都变得新鲜有趣起来，工作成为一种全新的享受。这三个月的经历，像一个淘气的孩子搞了一次恶作剧一样，新鲜而有趣。自己原本洋洋自得，甚至呼风唤雨的哈佛大学校长职位，自己原本认为的博学与多才，在新的环境中一文不值。更重要的是，回到一种原始状态以后，就如同儿童眼中的世界，也不自觉地清理了原来心中积攒多年的"垃圾"。

也许我们无法猜测，如果哈佛大学的校长没有进行这段放空的经历将会如何，但是不能否定，这一段经历让这位德高望重的校长受益匪浅。定期给自己的心灵复位归零，倾倒自己心中的满杯水，清除心灵的污染，才能更好地去工作与生活。

其实,我们常常听说或亲见这样的例子,它时常在我们生活之中上演,只是恰好被我们忽略了。让我们记住这样一句话:“心空则容道,闻道则知,知则速大。”

每天给自己一个希望

美国五星上将麦克·阿瑟曾对希望作过如此诠释:“你若希望,你就年轻;你若绝望,你就衰老。”每天给自己希望,就是给自己一个目标,给自己一份信心。希望对于任何女人来说都是非常重要的。没有希望,就没有人生。

人生,就好比是一个大舞台,每个女人都是一名好演员,无非是各自扮演的角色不同,有妻子,也有母亲,有上司,也有职员。在现实生活中也一样,有幸福同时也有痛苦,有欢乐就会有悲伤,有情感就会有烦恼,有得到更会有放弃,有希望就会有失望,还有很多无奈。一个女人将成为怎样的女人,固然与环境有关,但是环境不能造就你,你之所以成为自己是你希望的结果。即使你手无缚鸡之力,让他人控制了你的环境,但他不能控制你的心态。你的心态决定你的选择,你的选择创造你的生活,并决定你能成为一个怎样的人。

美国五星上将麦克·阿瑟曾对希望作过如此诠释:“你若希望,你就年轻;你若绝望,你就衰老。”每天给自己希望,就是给自己一个目标,给自己一份信心。希望对于任何女人都是非常重要的。没有希望,就没有人生。

随着《哈里·波特》风靡全球,它的作者和编剧 J. K. 罗琳成了英国最富有的女人,她所拥有的财富甚至比英国女王还要多。她曾有一段穷困落魄的历史,她的成功恰恰在于她坚持每天给自己希望。

罗琳从小就热爱英国文学，热爱写作和讲故事，而且她从来没有放弃过。大学时，她主修法语。毕业后，她只身前往葡萄牙发展，随即和当地的一位记者坠入情网，并结婚。无奈的是，这段婚姻来得快去得也快。婚后，丈夫的本来面目暴露无遗，他殴打她，并不顾她的哀求将她赶出家门。不久，罗琳便带着三个月大的女儿杰西卡回到了英国，栖身于爱丁堡一间没有暖气的小公寓里。丈夫离她而去，工作没有了，居无定所，身无分文，再加上嗷嗷待哺的女儿，罗琳一下子变得穷困潦倒。她不得不靠救济金生活，经常是女儿吃饱了，她还饿着肚子。

但是，家庭和事业的失败并没有磨灭罗琳写作的希望，用她自己的话说："或许是为了完成多年的梦想，或许是为了排遣心中的不快，也或许是为了每晚能把自己编的故事讲给女儿听。"她成天不停地写呀写，有时为了省钱省电，她甚至待在咖啡馆里写上一天。

就这样，在女儿的哭叫声中，她的第一本《哈利·波特》诞生了，并创造了出版界奇迹，她的作品被翻译成35种语言在115个国家和地区发行，引起了全世界的轰动。

罗琳从来没有放弃过自己的希望，她用自己的智慧与执著赢回了巨大的财富。即使她的生活艰难，她习惯于每天给自己希望，她相信自己必定会达到事业的顶峰。每个女人都希望有一天能登上人生之巅，享受随之而来的丰硕果实。遗憾的是，她们往往不能养成充满希望的习惯，总觉得顶峰是那样高不可攀，想象一下就已经足够了。

在这个处处充满竞争的社会，那种自怨自艾、柔弱无助的女人已日渐失去市场。一个没有希望，惯于悲观绝望的人，只能平庸地过一生；而一个习惯每天给自己一些希望的女人，永远也不会被困难击倒。因为希望的力量是惊人的，它可以改变恶劣的现状，打造令人难以置信的圆满结局。

希望今天比昨天幸福，希望午餐比早餐丰富，希望睁眼的瞬间比闭眼的刹那精彩，希望一阵深呼吸后的自信，希望在生活中对自己微笑，希望每天思念一点点，希望每天努力一点点，希望每天充实一点点……有希望的女人永远不会老。

保持一颗谦虚的心

在工作和生活中，保持着谦虚的习惯，不但有利于提升我们的能力，也可以让我们与别人建立良好的人际关系，帮助你遮掩住毕露的锋芒，让你能够比旁人得到并把握更多的机会，从而以退为进，成为最后的赢家。

谦虚是女人的秘密武器，不论是在职场或是生活中，谦虚的女性往往能够得到比旁人更多的机会，有着更为强大的竞争力与吸引力。在中国人的眼里，很多时候，锋芒毕露不如以退为进。

每个人天生的个性都不尽相同，有的人习惯骄狂，有的人常自感卑贱。现代人一致认同的观点便是性格决定命运，想要获得成功的女性是否想过，怎样的个性习惯能够铺平自己的人生之路，使自己永葆美好？

王阳明这样认为：人生大病，只是一个"傲"字。对于这点，经历过生活历练的女性应该更有感触，在人生的道路上，那些保有谦虚心态的人，到头来会有更多的收获。女性，请无论如何都要保有谦虚的习惯。

谦虚不是把自己想得很糟，把自己弄成一个卑微的女子，整日低眉顺眼、卑躬屈膝，而是抬起头，睁开眼，以公正的观点，平和的态度，真诚地对待每一个人，包括自己的至亲、朋友、竞争者、敌人，当然也包括自己。当平视而不是俯视一切时，我们会变得更加公正与平和，更容易引起旁人的好感。在职场上，因为谦虚，男性竞争者甚至会忽略你的存在，不拿你当对手，当你取得出色的成绩之时，他们在心里会真诚地赞叹一个女人能做到如此是何等的不容易。因为谦虚，生活中几乎所有人都会撤下虚伪的面具，和你做朋友，向你吐露些发自真心的话，在你遇到困难时帮助你。因为谦虚，出色的你在同性中也不致太招眼球。也只有养成谦虚的习惯，我们才能够学到更多的知识。人外有人，天外有天，我们懂得的一切都没有什么了不起的。

在工作和生活中，保持着谦虚的习惯，不但有利于提升我们的能力，也可以让我们与别人建立良好的人际关系，帮助你遮掩住毕露的锋芒，让你能够比旁人得到并把握更多的机会，从而以退为进，成为最后的赢家。

扪心自问，自己是否更喜欢谦虚的人，而不愿意与自以为是的人为伍，如此，我们在生活中应该扮演什么样的角色，就不言而喻了。在日常的生活中，我们经常可以遇到一些好为人师的人，他们总喜欢指出别人这样那样的错误与不合适，似乎他们什么都在行，对什么都可以说出个道理来，殊不知，这种自负与炫耀，恰恰使他们远离了友好，结果只能使他们在生活中更加捉襟见肘，遭人厌恶。

任何人潜意识里都是争强好胜的，自负是人的本性之一。也许有的时候很难做到谦虚，但是，请鼓励自己，一定要做这样的人。试想，一个人有才能已经是件值得佩服的事了，如果再能用谦虚的美德来装饰，那就更值得敬佩了。不论你的目标是什么，只要你想要追求成功，谦虚就会是你必要的特质。在你到达成功的顶峰之后，你会发现谦虚更重要——只有谦虚的人，才能得到智慧。

钟彬娴是财富五百强的公司中屈指可数的女性总裁之一，也是唯一一位华裔。1999 年她荣任雅芳总裁，当时正是这家百年公司的低谷时期，而她改变了这家公司的命运，从此被西方商界视为神话。

其实，钟彬娴只是一个出生于多伦多的华裔移民家庭的女孩，父亲是来自香港的建筑师，母亲是来自上海的化学工程师。钟彬娴说，父母从小就培养她以作为华人而自豪的情怀。直到自己当上雅芳的总裁后，钟爸爸在接受著名记者 Dan Rather 的电视采访时还说："我不知道她能不能做得好美国的 CEO，因为我们一直在培养她成为一个典型的中国女人。"而几年后，事业成功的钟彬娴接到父亲用中文写的一封信，信中说："我相信中国文化中的忍让、慷慨、勤奋等因素造就了你的今天，但你要记住，任何时候都不能骄傲，这也是我们珍贵的文化传承。”

父亲说的话同样得到女儿的赞同。在纽约 Radio City 举行的这次世界顶尖级商业领袖的年度盛会以及世界商务论坛上，钟彬娴如是说：“无论什么时候都不忘记中国文化中谦虚的美德，这点造就了我成为当今美国企业界最引人注目的女性。”在演讲中，钟彬娴还说到，无论美国商业环境和自己的位置如何变化，她都会永远记住自己是华人，记住中华文化中的谦虚美德。她的讲话，引发了身边所有青年才俊与睿智长者经久不息的掌声。

成功者，尤其是获得成功的中国女性，谦虚的习惯往往已经融入她的骨髓。然而，要知道，谦虚也需要一种底气来支撑，这犹如聪慧是智者的底气，善良是仁者的底气，博大是强者的底气。谦虚的人，因为看得透，所以永远不躁；因为想得远，所以不妄自菲薄；因为站得高，所以不做短视之事；因为行得正，所以不惧“影子斜”的事。这样的人，才称得上是有谦虚习惯的人。

然而，我们却常常习惯自负，习惯骄傲，不习惯谦虚，常常把自己想象得太好，将别人想象得太糟，而就算做到谦虚，也往往很难把握到度，或者把自己想象得很糟，将自己置身于委屈的地位，得不偿失；或者自以为谦虚，实则透露出清高。那么，究竟如何养成谦虚的习惯？卡耐基说道：“如果你是对的，就要试着温和地、技巧地让对方同意你；如果你错了，就要迅速而热诚地承认。这要比为自己争辩有效和有趣得多。”女人，请一定时刻警醒自己。

不要懊悔，下一次做得更好

在茫茫人世间，什么可以称得上是一盏明亮的灯，驱走我们与生俱来的懦弱？是前尘往事中的错误。又何必再为此懊悔，因为有了让我们懊悔的

事，我们才会更加坚强而美好。女性，请不要懊悔，下一次会做得更好。

我们常常会为自己的错误懊悔，也常常看到身边的人为此低眉泪垂，其实我们根本没有必要懊悔，人生原本就是这样的，世界上没有人会觉得自己的人生是一帆风顺的。

女人千万别为自己的行为一直懊悔，既然我们先前决定这么做，就可以承受它带给我们诗意的情怀和美丽的结局，当然也包括不愿面对的那些一塌糊涂。

在茫茫人世间，什么可以称得上是一盏明亮的灯，驱走我们与生俱来的懦弱？是前尘往事中的错误。又何必再为此懊悔，因为有了让我们懊悔的事，我们才会更加坚强而美好，女性，请不要懊悔，下一次会做得更好。

不管是因为何种原因产生了懊悔心理，如果这种懊悔的情绪长期存在，人们会无暇用心做其他的事情，长期保持着战战兢兢和悔恨的状态，从而无法展现自己正常的状态。不要总是懊悔昨天发生的事，也不要老是惦念明天的事。遗憾、悔恨、内疚和难过并不能改变过去。

84 岁的兰帕德感到自己不行了，他让家人请来全城最著名的牧师霍华德，他要向上帝作最后的忏悔。兰帕德这一辈子最大的愿望就是当一名作家。兰帕德相信，只要他努力，30 岁前他就可以成为一个全国知名的作家。有很长一段时间，他都梦想写出经世不朽的作品。遗憾的是，后来，他突然迷上买彩票，一天到晚对着一大堆数字研究来研究去，最终把写作给耽误了。

兰帕德也曾深切地懊悔过。那是在他 52 岁那年，他的一个中学时代的同学，一个曾经对兰帕德佩服得五体投地、经常把兰帕德的作文当范文读的同学，有一天把自己写的第 13 本书送给兰帕德。兰帕德忏悔道："那一刻，我懊悔极了，我痛恨自己为什么没有去写作。"

霍华德牧师问道："那你为什么不从那时起开始写作呢？"

兰帕德脸上现出十分痛苦的神情，因为这正是他几十年来最懊悔的事情。接到老同学赠送的书的那一刻，他是想从那时起开始写作的，但他觉得年龄大了，何况身体又不好，没有多少时间了，不会再有什么成就了，于是他最终放弃了这种打算。

兰帕德接着告诉霍华德牧师，他65岁那年，得了重病，生命垂危，他深深叹息自己没有在52岁那年开始写作，否则，有13年时间，他一定可以写出不少东西。他说，他没想到老天会给他那么多时间，否则，他一定会好好利用这些时间有一番作为。

“那你为什么不从那时起开始写作呢？”霍华德问。

兰帕德又一次陷入深深的自责之中。那时，他曾经好多次想过，如果时间再往前倒回去10年，他一定会毫不犹豫地开始写作的。但他觉得自己已经是一个65岁的老人了，生命留给自己的时间真的不多了，他不可能再有任何作为了。于是他虽然常常叹息，但却仍然没有开始写作。73岁那年，他的老同学再次给他送来一本自己刚写的书，并且问他，你有那么多时间，为什么不试着写点东西呢？他长长地叹了一口气，心里说，我已经是快死的人了，还能写出什么东西呢？就这样，在一天一天的懊悔中他活到了现在。如果当时他知道自己能活这么久，他一定会从那时起开始专心致志地写作，他相信，那样他仍然有可能取得不小的成就。而现在，他只能把永远的遗憾留给自己了。

听完兰帕德的忏悔，霍华德说道：“其实你并不是不能当一个作家，而是你在不停的懊悔中放弃了当作家的希望，仅有懊悔是绝对不够的。如果你还想当作家的话，那么，就不要再懊悔，不要再犹豫，从现在开始，拿起你的笔吧。”

“我就要死了，还行吗？”兰帕德不相信地问。

霍华德郑重地点点头说：“我以上帝的名义告诉你，行！”

兰帕德的眼里放出了一股亮光。霍华德刚刚离开，他就提起了笔。以后的三个月里，他不停地写作，一直到他去世，而他的书只完成了一半，因为未完成的半本书，兰帕德成为闻名世界的作家。

兰帕德终身沉浸在懊悔中，这对他的写作事业毫无帮助，最后，当他决定提起笔，虽然生命对他而言仅剩半个月，但是他成功了。

对于明智的女人来说，她们会让这种懊悔情绪在一瞬间消散，对于这些属于过去式的东西，过多的留恋和羁绊，对自己毫无益处。过去无法挽回，再懊悔也无法改变既定的事实，对于女人来说，最重要的是吸取教训。人的一生当中，最浪费时间的莫过于懊悔。千万不要老是惦念已往的过错，已经发生的事情并不会因你的后悔而有丝毫的改变。我们可以做的，是想办法改变之前的错误所带来的影响，而不是改变事情的本身。而唯一可以使过去的错误产生价值的方法，是下一次做得更好。

聪明的女人从不自欺欺人

是什么让女人不快乐？被欺骗。而当欺骗的实施者是自己时，是否会更加痛彻心扉？女性，请养成不自欺欺人的习惯，你会发现原来心灵的天空是可以如此湛蓝纯净。

岁月如歌，斗转星移。每一位女性成长的过程中，都曾被父母兄长教导做一个诚恳诚实的女子。然而，成长引领着岁月的无情，无论是陌路人，共事者，还是父母兄妹甚至夫妻，都不能让我们相信这个世界没有谎言。没有什么山盟海誓能在不断的斗转星移中保持不变，我们看到越来越多的虚伪。然而是否如此，我们就应该放弃从小聆听到的教诲？不，相反，在做到不欺人的同时，我们更应该养成不自欺的心理习惯。

是什么让女人不快乐？被欺骗。而当欺骗的实施者是自己时，是否会更加痛彻心扉？女性，请养成不自欺欺人的习惯，你会发现原来心灵的天空是可以如此湛蓝纯净。

不自欺，首先要养成不欺人的习惯。请关闭一切杂念，回答下面的问题：你是否因为无可奈何说过谎言？之后是否能够心安理得？因为不能够，下一步是否只好用这个无可奈何的谎言来蒙蔽自己？因为善良，说了谎言的你，是否继续安慰自己，这不过是一个无足轻重的善意谎言？你的内心真的赞同这一点吗？你的答案是肯定的还是否定的？欺人之后，往往跟随着自欺，这是欺骗的悲哀。

不如直起身体，回眸儿时曾听到的教诲：不要骗人，做一个诚恳诚实的女子。有时候，回眸儿时得到的教诲，会让我们受益匪浅。

托尔斯泰一生中，写过太多的警句，然而自己最为看重也让读者记忆最为深刻的，不过是那一句："不要自欺欺人，欺骗自己比欺骗他人更糟糕。"也许我们能够时常警醒自己，告诫自己不要做一个欺人的人，养成诚实的习惯，这很好，避免了自欺的可能，那么是否常常忘记提醒自己，一定要养成不要自欺欺人的习惯？有时候，我们做错，是因为我们仅仅想欺骗自己而已。

女人最放不下的是自己的容颜。季节在无声无息中转换，岁月荏苒，时光飞逝，打开记忆的盒子，你会发现以前的东西一点都没有改变，而倒映在盒子上的容颜，已然面目全非。再或者，当呱呱坠地时，已注定不够美丽。可我们往往不愿意相信，怎么办呢？兀自以为自己漂亮，漂亮得倾国倾城。残酷的现实告诉我们，没有自知之明的女人下场都很可悲。就算是真漂亮，人和鬼都敌不过岁月，我们不过是沧海一粟。

在爱情中，自欺欺人的女性很多。找不到男朋友，是因为男人们瞎了眼；一直在甩别人，以为自己价值千金，殊不知自己有几斤几两；以为自己什么都不做，顺其自然就可以让爱情永远；总觉得自己比别人做得好，可以拯救男人于水火之中……最后往往落得幼稚可笑，付出了成长的代价。

婚姻之外的暧昧也是一种自欺欺人的游戏，既不是朋友，也不是情人，既不全身心地投入，又要坚持着一种危险情感。这种暧昧在少年之时看起来真的挺好。要么通过双方的努力发展成为恋人，成就一段美好的情感和婚姻，要么分道扬镳让往事成为回忆也没有太多损失。然而，有了婚姻之后，对方不能再成为自己感情的最后归宿，又何必要去做这种无谓的感情游戏呢？通过暧昧验证魅力，通过暧昧寻找年轻，通过暧昧寻找爱恋，都不过是自欺欺人。

自欺欺人，是我们获得幸福的旅途中，最难看到的障碍。放弃这种习惯，你会离幸福近许多。

我们常常会有烦恼，虽然有些事情是庸人自扰可以不必理会，可更多的时候是女人习惯自欺欺人。改变这种习惯不难，难的是看到自己的坏习惯。

以前有个奴婢，负责给大户人家发放善款粮饷，等到替换她的人来时，剩余了一百钱，这个奴婢置之不理。她走后，接替她的人发现了，按照惯例命人将这些钱给这个奴婢送去，但她坚决不接受，说："我不要剩的钱，这是我的惯例。"

然而时运不济，奴婢离开大户人家之后回到家乡，吃饭有时都难以为继。有一天，儿子弄丢了一条大鱼，她就在那里大为叹息，她的夫君听到后说："一百钱能够不要，一条鱼能值几个钱！"这个女子听后忽然陷入深思。

另一个故事也颇为相似，一个人生前做了很多善事，她在死后到了阴间却发现仍然要受到惩罚，她颇为不服气，于是阎王翻出记录她一生所做善恶的册籍给她看，只见她所做的所谓好事不是被列在"名"的下面，就是被归在"利"的范畴，原来她并无丝毫的善心善念，她行善的真正动机只是在"名利心"驱使下所为之，最后她终于无话可说了。

这个奴婢不失为贤德善良的女子，但从这个故事我们看出一个道理，有时候人被自己欺骗了仍旧不自知。孟子曾说："好名之人，能让千乘之国；苟非其人，箪食豆羹见于色。"这句话说的是，好名的人为了名，他能够放弃千乘之国，但这并不表示他真的如此慷慨，在一小团饭食面前他可能就会面露吝色。试想连一小团饭食都放不下，怎能真的放下那千乘之国呢？

而后者，完全是在沽名钓誉的引诱下做了善事，到最后竟然连自己也忘记了自己卑劣的初衷，到死前仍旧自欺欺人。

有时候，我们习惯把自己的所作所为当做是无可奈何或者自然而然的事情，事实上并不这样，到最后连自己都被自己欺骗。我们看不到自己的自欺欺人，于是更加谈不上改变。

在这个世界中生存，如果连内心真正的想法都忘记表达，那么面目全非的生活有什么意义呢？女人，请不要自欺欺人地生存，请勇敢地面对现实，不要被一些言语和谎言所操控，养成不自欺欺人的习惯，保持自我到永远。

女人没有自尊，只能脆弱地活着

无论任何年龄，培养自尊的心理习惯是女人通向成功和幸福的必经之路。无条件地热爱自己，因为你就是你，是世上独一无二的女人。

作为女人，如果你没有自尊，只能脆弱地活着；如果你拥有自尊，那这种力量是惊人的，它可以改变恶劣的现状，打造出令人难以相信的圆满结局。

自尊心理是成功女性所具备的一种非常重要的和最基本的品德。这种品德会使你深刻地认识自己，感觉到自己的价值和力量。真正的成功女性，不管是在体育运动、商业、艺术等各个生活的领域中，她们都有着自己的独到见解。她们有很强的自我价值感和自信心。她们希望别人了解自己，把这看成是有意义的事。她们非常自然地吸引着朋友和支持她们的人，她们很少是孤独的。

武秀君是辽宁本溪满族自治县一个普普通通的农家妇女，丈夫赵勇生前是当地的一名包工头，2002 年 12 月 14 日遭遇车祸去世。在给丈夫整理遗物时武秀君发现，丈夫生前欠了多达 270 万元的工程款和工资款。在此后的三年里，武秀君凭着质朴的信念和坚韧的毅力，一方面继续照顾着年迈的老人和尚在读大学的儿子，一方面像丈夫生前一样包工挣钱，追讨欠债，用三年多的时间偿还了170多万元的债务，并且坦言将用三年到五年的时间争取将所欠债务偿还清，让老人过一个安心幸福的晚年。

在这个诚信缺失的时代，武秀君的事迹无疑如一汪清泉，浸润了人们诚信久涸的心灵，重新唤起了人们对诚信的渴望。支撑她三年如一日，还债170余万元的动力就是强烈的自尊心理，一个伟大女性的自尊！

在当今浮躁的社会，多少女性用手术刀和硅胶将自己造成了美女，她们在骄傲地吸引着“君子”的眼球的同时，却要忍受着肉体和精神的双重折磨，这样的美，令人担忧。还有些秀外但不慧中的女人们，用身体做筹码，交换着自己所需的物质或虚荣，或甘心做妾，或沽价于声色之所。一旦岁月催老，青春不在，便将自己廉价出售，郁郁终老。十年的浮华，付出的岂止是青春？

有的女性以为穷困潦倒之时，摒弃自尊是自然而然的事。错了，女人穷时，仍要穷得像茶，苦中自有一缕清香；要傲，傲得像兰，高挂一脸秋霜。懂得尊重自己，才能赢得别人的尊重，然后才能更好地去尊重别人，千万不要给自己心理上带来任何负担，只有这样，才能走出尴尬，给自己阳光般的好心情。自尊，既维护了自尊心带来的失衡，摆脱困惑，又能看清人性的自私，以理解和宽容博得别人的尊重。

习惯自尊的女性，自尊会唤起她心灵深处的道德感，会让她变得正直、诚实、宽容、独立，她无时无刻不遵从自己的良心，永远不出卖自己换取利益，与各种各样的卑劣和不体面绝缘。因此，她会换得世人对她的尊重、赞美，以至更崇高的名誉。

法国思想巨匠卢梭在他的一篇著名演讲词中，曾掷地有声地诠释了自尊的力量。他说：“自尊是一件宝贵的工具，是驱动一个人不断向上发展的原动力。它将全然地激励一个人体面地去追求赞美、声誉，创造成就，把他带向他人生的最高点。”自尊作为一个人一生的主导力量，它所扮演的一个重要角色就是充当道德的守护者。它能调动起一个女性的所有能量去塑造自己，能使自己的魅力得到最好的展现，使我们成为一个人赢得他人尊重并热爱的女性。

认识到自己是正确的、不完善的、变化的、成长的、有价值的，和认识到自己是个有特色的女人，并不是自私的表现。除了对自己的成就感到骄傲外，更重要的是对自己这样一个独一无二的人要感兴趣。要懂得，尽管我与别人天生条件不一样，但我生来就有感受兴奋、享受美好生活的权利。

大多数成功的女人都具有自尊心理习惯，在她们没有什么成果的时候，连做一个梦也可以坚定自己的信心。无论任何年龄，自尊的心理习惯是女人通向成功和幸福的必经之路。无条件地热爱自己，因为你就是你，是世上独一无二的女人。

Chapter 9

思维习惯:女人开阔人生的思维壁纸

我们在日常生活中经常会看到，有的女人冰雪聪明、事业顺利、爱情甜蜜,时刻都是众人的焦点;而有的女人做事中规中矩,终其一生默默无闻,不会被人们记住。这并不是因为上天不公,而是源自不同女人在思维能力和思维习惯上的差别。良好的思维习惯让女人拥有无尽的创造力,从而更加主动地掌控自己的命运。

良好的思维习惯成就女人的一生

女人能否掌控自己的命运，有时候并不在于她所处的环境，而在于她的思维习惯。

在女人的人生历程中，事业、爱情、婚姻、家庭等是最重要的生活组成部分，有的女人事业有成，家庭美满，让众多人羡慕；有的女人却无家无业，生活日渐落魄，这一切并非是命运的戏弄。女人能否掌控自己的命运，有时候并不在于她所处的环境，而在于她的思维习惯。思维习惯是无形的力量，它能帮助女人在面对逆境时拥有更多的办法和选择，进而解决问题，走出困境。

很多女人都曾抱怨命运的不公：为什么我没有钱买好看的衣服？为什么我工作了这么久还没有升职？为什么我的爱情这么失败？为什么我的命运这么悲惨？

想改变你自己的命运吗？那么，请先改变你的思维习惯吧！

我们不是没有好的机会去改变命运，而是没有好好地运用思维习惯的力量去抓住机会，思维方式在很大程度上决定着女人的行为，决定着我们学习、工作和处世的态度。成功的因素有很多，思维、学历、智商、文化水准、资金、技术、性格、口才、环境、社会关系、机遇等，甚至连年龄、爱好、外貌都可以成为成功的因素，但在众多成功因素中起决定性作用的是思维。女人不像男人，有坚毅的性格，强壮的身体，在这个注重能力的社会上，女人的成功全靠她有一个聪明的头脑，有一个正确的思维习惯才得以实现。

有一个女企业家在面对抢劫犯时说："你可以拿走我的汽车，抢走我所有的钱财，但是，只要你不杀死我，过不了多久，我又会拥有这些东西。而你呢，当你把从我这里抢来的钱物挥霍掉之后，又变得一无所有，一贫如洗。"

抢劫犯听了这一段话之后，不解地问这位女企业家："为什么会这样？"

这个女人说："因为我还拥有我的思维，只要它还在，我就会不断地想出致富的办法，只要有办法，通过我的努力，我就会再度拥有财富。"

有人认为，在知识经济时代，只有高学历、高智商或身怀某种特殊技能的女人，才能获得成功。其实，这种想法是错误的。诚然，高学历、高智商和特殊技能是促使其成功的重要因素，但起关键作用的还是女人的思维习惯。一些只有小学、初中文化，也没什么特殊技能的女人，不也照样能在复杂的社会中发迹，一步步把事业做大吗？

有人曾经问过一位事业上颇有建树的女老板，成功的秘诀是什么？她回答说："成功说到底是看你如何想，如何来设计人生道路的，也就是说一个做人的思路问题。我没有广泛的社会人脉，也没有雄厚的资金力量，但我想走出一条适合我的创业之路，人活在世界上不是做强者就是做弱者。我想做强者，就会为自己找一万个方法来改变、激励自己，勇往直前；我要是想做弱者，就会为自己找一万个不成功的理由，使自己沉沦下去。除此之外，我不知道还有什么成功秘诀。"

大量的事实证明，古往今来，许多成功者既不是那些最勤奋的人，也不是那些知识最渊博的人，而是一些善于思考的人。女人，如果你不善于开拓思维，不敢于创新，那么不管你学识多么渊博，如何刻苦努力，你也不可能有什么大的成就。唯有那些眼光敏锐、思维活跃、具有独立性和创新精神的女人，才能用最少的资源获得真正的成功。

思维是打开幸福大门的钥匙，女人要让自己养成时刻思考的好习惯。对待知识和经验应防止习惯和教条，在头脑中留一片思考的空间，让给创造。在顺境中多思考，才能保持清醒的头脑；在逆境中多思考，才会找到失败的症结。好的思维习惯能为女人插上成功的翅膀，不经意间，助其一臂之力。无形之中，女人的思维习惯决定了她的命运，女人若想有一个幸福美好的人生，就要培养自己拥有一个良好的思维习惯。

培养逆向思维，出奇才能制胜

有时成败只在于一个思路的转变。用正常模式行不通的时候，不妨采用逆向型思维。灵活掌握随机应变，方能达到“出奇制胜”的效果。

女人的思维方式从大的方面讲有两种，顺向思维和逆向思维。逆向思维又叫反向思维，是指一种与常人思维取向相反的思维形态。大多数人都习惯于顺向思维，这种思维方式能很简单地解决问题，但效果并不十分完美，往往会失去很多新发现的机会。其实，任何事物都具有多面性。很多的时候，如果我们能逆向思考，往往能迸发出全新的创意，给人以耳目一新的感觉，得到出奇制胜的效果。

有两个人一起出差，其中一个人逛街时看到大街上有一老妇在卖一只黑色的铁猫。这只铁猫的眼睛很漂亮，经过仔细观察，他发现铁猫眼睛是宝石做成的。于是，他不动声色地对老妇说：“能不能只卖一双眼珠？”老妇起初不同意，但他愿意花整只铁猫的价格。老妇便把猫眼珠取出来卖给了他。他回到旅馆，欣喜若狂地对同伴们说：“我捡了一个大便宜，用了很少的钱买了两颗宝石。”同伴问了前因后果，问他那个卖铁猫的老妇还在不在，他说那个老妇正等着有人买她那只少了眼珠的铁猫。同伴便取了钱去寻找那个老妇，一会儿，他把铁猫抱了回来。他分析这只铁猫肯定价值不菲。于是用锤子往铁猫身上敲，铁屑掉落后他发现铁猫的内质竟然是用黄金铸成的。那个只买走眼珠的同伴惊讶之极，只能不住地后悔。

买走铁猫玉眼的人是按顺向思维思考的，既然铁猫的玉眼很值钱，那取走便是。但他的同伴却通过逆向思维断定：既然铁猫的眼睛是宝石做的，那么它的身体肯定不会只是铁。正是这种逆向思维使他的同伴摒弃了铁猫的表象，发现了铁猫的黄金内质，进而得到大笔的财富。只买猫眼宝石的人尽管最早发现铁猫，但却与巨额财富擦肩而过，原因就在于他没有善用逆向思维。

通常，女人在思考问题时，会盯住对自己有利的思路，自然而然地从这个角度去想解决问题的方法，不管能不能解决问题，一般是不会再去思考别的思路。实际上事物发展的过程是多种多样的，对待事物，不能只用一种角度去观察和思考，要不断变换思维角度，才能发现问题的新亮点。

有位茶商到南方贩茶叶，可等他到达目的地时，大吃一惊，原来当地的茶叶已被先到的商人订购一空。“绝境”之下，他灵机一动，想出了一条“逢生”之路，即刻将当地用来盛茶叶的箩筐全都买下。不久，当比他早到的茶商得意地欲将购买的茶叶运回时，才惊奇地发觉街上已无箩筐可买。此时，这位茶商抛出了事先购进的箩筐，“弃茶卖箩”使他获得了一笔不菲的收益。

这位茶商能够获利全得益于他敏感的商业直觉和逆向思维，如果他发现没有茶叶可贩便离开的话，这便只能算是一次失败的从商经历。可贵的是他能在绝境中进行逆向思考，打破“茶商只能贩茶”的思维定式，通过贩卖箩筐达到他赢利的目的。

有时成败只在于一个思路的转变。用正常模式行不通的时候，不妨采用逆向型思维。灵活掌握随机应变，方能达到“出奇制胜”的效果。

如今，很多女人懂得变换思维看待和解决问题，逆向思维的方式更是屡试不爽。但对于大多数人能来说，她们还是习惯于常规思维，这也就使很多实际上可以解决的问题，被他们看成无法做到、难以解决的问题。

如婚姻问题，丈夫在外面有了情人，顾家爱夫的妻子知道后，通常是使用或哭、或闹、或打上门去、或以死相逼等激烈或极端的方式来试图挽救濒临死亡的婚姻，然而以此方式却很少有成功的，即便丈夫出于压力没有离婚,但夫妻之间的感情也会名存实亡。

有位聪明的妻子采用了逆向思维的方式解决了婚姻难题。丈夫在外面有了情人,如痴如醉。妻子得知后,便默默地离开了家,为丈夫和他的情人腾出了空间。临走时留下一张字条,写着:“亲爱的:自从嫁给你,我就是在用自己的心深深地爱着你,非常希望你幸福快乐。既然你喜欢和她在一起,对你的爱告诉我,就让你得到自己的幸福快乐吧。我先暂时离开家一段时间,请你认真思考我们的关系后再做出决定。”

这位妻子是这样考虑问题的:

第一,既然丈夫已经心有他属,一哭二闹三上吊或采取其他激烈的方式是无济于事的,而且还会彻底伤害夫妻多年的感情。选择离开,就算不能挽回家庭婚姻,但至少双方都不会受到更深的伤害。

第二,男人喜欢情人往往是出于得不到的就是最好的心理,因为双方的关系处于秘密和地下的状态,这种距离感使情人之间产生了强烈的美感,索性让你们近距离接触,让你们更现实更快地了解对方。

那个丈夫在和情人亲密接触后却陡然发现,情人很多地方都不及贤惠的妻子,没多久就果断地离开情人,回到了妻子的身边。

这位妻子运用逆向思维,不哭不闹,给丈夫留出了空间,给自己留出了空间,同时留给了丈夫回头的空间,最终挽回了家庭。

女人要善于利用自己的逆向思维,有时不按照常理去想问题,往往会取得非同一般的成效。善于变换思维方式的人,会从另外一个方面看待问题、判断问题,从而把不利变为有利。逆向思维能把问题倒过来看,能够拓宽和启发思路,打破原有的思维定式,不但能使女人在做事时找到峰回路转的契机,也能使你找到生活上的幸福与快乐。

用创新思维改变人生的轨迹

妨碍我们学习的最大障碍，并不是未知的东西，而是已知的东西。当你处于“山重水复疑无路”的境况时，建议你不妨打破常规，在创新思维的作用下，也许你会有意外的收获。

我们身边有一种女人，她们不满足于自己的处境，总希望通过自己的努力来改变自己的人生，让自己生活得更好。通常，她们会按照自己的常规思路，进行千万次的努力，但有时结果却不尽如人意。不过，有一种情况例外，就是有时她不一定很努力，也会很轻易取得成功，这是她的创新性思维发挥了作用。

清洁剂公司的老板玛丽经过长期观察，发现使用清洁剂为厨房去污时，顾客所花费的精力不少，但效果却达不到最好。为了抢占市场，每家清洁剂公司都投入大量的人力物力来制造新的清洁配方。玛丽也一直想尝试做一些改进，但各种配方都使用过，却始终达不到“以洗去污”的效果。

一天，玛丽在使用面膜清洁面部时，忽然灵机一动：传统的清洁产品都是从“洗”的角度去污，为什么不能从防污的角度来保持用具的干净呢？根据这条思路，她研制出了一种新的清洁用具：只需将其均匀地喷在厨房用具表面，5 分钟后会自动形成一层透明的薄膜。它可以成功地阻挡灰尘和油污；而当污物积累到一定程度时，只需揭下薄膜，就能轻轻松松达到清洗的效果。这种防污薄膜立刻在“以洗去污”的清洁品市场上一炮打响，大受顾客青睐。玛丽也因申请该项专利而成为一个富人。

玛丽推出的新型清洁剂，跳出了“以洗去污”的思维死角，从“防污”的角度进行创新，并由此大获成功。当其他同行还在认为清洁剂只能“洗”时，她已经冲出了思维定式的泥沼，用崭新的思路和创新的思维打开了致富的大门。

在现今社会中，大多数女人缺少一种冒险的精神，出于安全的考虑，她们情愿做没有主见的人。在工作和生活中，她们大多不会去思考新的方法，只会依照前人的思路去做，不做任何改变。她们认为，模仿别人，走别人走过的路是不会走错的，这是最安全、最有效地做好事情的捷径。

从人类历史来看，创新是推动人类进步和社会发展的根本动力。只有创新，才有出路，才能给人类带来生机。如今，创新思维已经发展成为每个成功人士必不可少的一种思维习惯。创新来源于思维，作用于生活，能帮助我们摆脱困境，实现自我价值。创新思维普遍存在于我们的日常生活中，每一个女人都可以通过它来改变自己人生的轨迹。

其实人与人之间相差并不多，成功人士并不见得比普通人聪明，学识也不一定比一般人多。他们之所以能成功，是因为他们敢于创新，敢想敢做。一味模仿前人的做法固然安全，但却由此丧失了创新的机会，模仿得再像，最多也只是个好的模仿者，永远不可能成为一个走在别人前面的领导者。从玛丽身上，我们不难看出，要成为一个走在前端的成功者，就必须要有所创新，只有创新才能有机会超越常人。

很多人都知道创新的重要性，但对他们来说，最苦恼的莫过于怎样才能提高自己的创新思维，使自己的创造性得以充分发挥。大多数女人的思维方式常常受制于既有的知识和经验，她们在思考问题时很难从既有的知识和经验中跳出来。因此，我们要善于主动摆脱原有的思维模式，创新的思路常常是在突破思维定式后作出的。创造性与知识有着很大的不同，知识可以传授，可以重复和背诵，而创造性只能靠培养。

其实，培养创新思维并不难。从现在起，你不要再对身边的事情视若无睹，用你高速运转的灵活头脑和睿智的眼光去主动地发现机会、寻找机会。拒绝按照别人的想法想问题，不按别人的做法去做事业，只要我们勇于打破常规，再加上自己独特的创新意识，那么我们就很有可能做出不寻常的事来。这一点,相信每个女人都能做到,因为每个女人都具备这方面的潜质。

世界上每天都有很多人在重复经历着前人的失败,这是因为他们在按照前人失败的方法做事。其实发挥一下你自己的创新思维,采用一种新的方式,也许就会给自己带来意想不到的不同结果。

这是一个处处充满竞争的时代,女人要想改变自己的人生,就必须努力培养和展现自己创新的素质。所以,当你处于"山重水复疑无路"的境况时,建议你不妨打破常规,在创新思维的作用下,也许你会有意外的收获。

女人要养成换位思考的习惯

人生中不可能没有挫折,关键看你是否能转换你的视角,换个思维来对待挫折。

在现实中,女人固执的性格往往会使自己无法轻易接受他人的观点,总以为自己的观点是最合理的。当她遇到自己无法解决的困境时,只能困惑地在原地打转。殊不知,囚禁她的不是别人,而是自己的心理。这时女人最需要的就是换位思考。换位思考,是站在他人的角度来分析问题和解决问题的一种思维方式。女人要养成换位思考的习惯,当遇到困境时,完全可以换一种思维方式。有些时候,我们迫切需要改变的不是别人,而是我们自己。如果你无法改变环境,那么唯一的方法就是改变你自己。

大部分女人由于性格使然,在处世时缺少男人大气的风度。在处理问题和与人交往时,往往总是立足于自我的立场,考虑更多的是自己的利益,很少关心他人,这是女人的本性。由此会导致很多问题,如生意谈不成,上司不赏识等。但倘若你能转换一下立场,站在对方的位置,考虑下他需要的是什么,那么很多问题就可以迎刃而解。

李女士是一家办公用品分公司的老板。为了达到总公司下达的业绩标准,她频频去拜访客户,但谈成的生意并不多。有一次,她去拜访一家公司的采购经理,那个经理一看她就说:“李女士,你不要来了。我们公司绝对不可能给你下订单,因为我们公司的老板和另一家公司的老板是8年的深交,我们8年以前就开始一直和他合作。你也不用再来拜访我,因为有个办公用品公司老板拜访了我3年我也没有跟他签单。所以,李女士,我建议你不要再浪费我们双方的时间了。”

但李女士并没有放弃,她认真思考了一下,认为自己要求签单的意愿太明显,只考虑了自己的利益,并没有考虑客户的利益。发现这一点后,李女士改变了自己谈生意的方式。有一次,李女士发现采购经理的儿子很喜欢打篮球,她又知道他儿子崇拜的偶像是国内的一个著名的球星。后来,她得知这个经理的儿子出车祸住进了医院,这时,李女士觉得机会来了。

李女士先去买了一个篮球,费尽周折地让那位球星签名后,来到了医院,送给了经理的儿子。结果,这孩子整个人都变了,本来垂头丧气,十分消极,看到篮球后变得十分兴奋,开始积极配合复健治疗,并很快康复出院。

结果可想而知,这个采购经理和李女士签了100万元的订单,并给她介绍了很多客户。李女士不仅完成了公司要求的任务指标,同时也得到了大量的客户资源,她的整个职业生涯发生一个巨大的改变,事业开始走向成功。

李女士的成功得益于她能放弃只考虑自己得益的心态,时刻关注客户的想法和需求。对采购经理来说,没有什么比孩子尽快康复更重要的了。李女士抓住这次机会,在那个孩子最沮丧时,送给他一份珍贵的礼物。孩子得到自己十分喜爱的礼物,自然会精神百倍,努力恢复健康。采购经理见到孩子恢复活力,十分感激李女士,对李女士的态度也不像之前那样冷冰冰,李女士的生意必然获得成功。

如果李女士执于一己之见,一味在乎自己的利益,那么她是不可能成功的。女人要想成功，就要像李女士这样活用换位思维。不要永远把自己的利益放在第一位，从对方的立场出发，使对方受益，这样对方便会主动地按照你的思路走下去，从而达到你的目的。

女人常常容易固守自己的思维观点，与人僵持不下，导致人际关系不和谐。其实，凡事没有绝对的对错，只是各自站的角度不同而产生了相异的观点。女人要养成换位思考的习惯，将换位思维运用到日常生活的人际交往中，同样一个问题，如果站在不同角度去看，你会发现有不同的人生结果。

世上工作顺利、感情美满的人有千千万，每一个成功的案例都有不同的方法，不同的思维模式。女人要想获得幸福快乐，关键要学会转变思维，要学会站在客户、爱人、朋友的角度来思考问题。经常运用换位思维，从别人的立场看一看，女人会意外地发现，人生其实挺公平，人与人之间的交流充满了关爱，人生也就变得轻松许多，快乐许多。

换位思考人人都可以做到，它不是一种复杂的技巧，而是一种习惯，只要你愿意，每一个女人都可以做到。当你学会灵活运用的时候，也就是幸福频频降临的时候。人生中不可能没有挫折，关键看你是否能转换你的视角，换个思维来对待挫折。

女人的思维不要墨守成规

世上的事情有时就是会简单得让人难以置信：如果你墨守成规，等待你的只有失败的事业和一成不变的生活；相反，如果你稍微动一下脑筋，对传统的思维方式进行一番创新，那么就能获得巨大的成功。

在现今飞速发展的社会中，有些女人很难实现自己人生的突破，其中一个很重要的原因,就是难以摆脱自己思维定式的束缚。女人的思想很容易受成长环境的制约,因而不可避免地被局限在自以为合理的圈子中打转。她们经常用生活中普通的规律去看待事情,这样便画地为牢,自己把自己的创造性囚禁起来。

女人要想不墨守成规,首先要摆脱自己内心中的从众心理。长期以来,许多女人习惯于传统的思维方式,喜欢跟随大多数人的想法去做事,从来不去思考新的方法。当然,我们应当尊重众人的正确看法和做法,但这并不能作为女人故步自封的理由。

女人需要从众,但不能事事从众。由于中国儒家文化的影响,中国人的从众心理已发展成一个社会现象。女孩天性乖巧听话,因此受从众心理的影响更大。她们从小就被教育在家要听家长的话,在学校要听老师的话,在单位要听领导的话,于是,服从听话就成了女人做人的基本准则,她们的创新思维在不知不觉中被这种准则抹杀掉。

一般情况下,按大众的思维办事并不错,但是当常规已经不适应变化了的情况时,就应打破常规,另辟蹊径,否则只会自己困住自己的发展。我们要拥有睿智的眼光和敢于创新的勇气,勇敢地迈出创新的第一步,坚持自己的主见,不要被外界的评论和误解迷惑。相信自己的思维,要知道,更多的时候,知识并不是决定我们是否能破除常规的根本条件。

现实生活中,有很多人的知识相当丰富,在解决实际问题中却很无能;而在另一方面,有不少人虽然缺乏一些知识,却颇有创造性。许多推陈出新的创举,往往是由一些知识相对贫乏却富有创新能力的人做出的。

爱迪生是美国的大发明家,他的一切发明都是和他的活跃思维分不开的。一天,爱迪生在实验室里工作,急需知道一个灯泡容量的数据,因为手头忙不开,他就递给助手一个没有上灯口的玻璃灯泡,吩咐助手把灯泡的容量数据量出来。过了大半天,爱迪生手头的活早已干完,那助手还不把数据送过来,爱迪生只好上门找助手。一进屋,他就看见助手还在忙于计算,桌上的演算纸一大堆。爱迪生很是郁闷,他皱着眉头问助手:“还需要多长时间?”助手回答说:“一半还没完呢。”爱迪生一所,就全都明白了。原来,他那助手,刚才一直忙于用软尺测量灯泡的周长和斜度,用复杂的公式计算呢!

助手把自己那一套计算程序一一地说给爱迪生听,以证明自己的思路没有问题。爱迪生不等他说完,便拍拍他的肩膀说:“别瞎忙了,小伙子,瞧我怎么干!”说着,他往灯泡里注满了水,交给助手:“把这里面的水倒在量杯里,马上告诉我它的容量。”助手一听,立马羞得面红耳赤。

这位助手知道复杂的计算公式,却不知道如何用最快的速度测量出灯泡的容积,这不得不让我们深思。一般说来,一个人所受的教育越多,他的知识也就越丰富。丰富的书本知识是创新的基础。成功需要知识和创新思维的共同作用,两者缺一不可。可如果读死书,不活用知识,只会从书的观点和立场出发去观察问题,那不仅不能给人力量,反而会给我们自己增加束缚,使我们多走很多弯路。

艺术大师毕加索曾指出:“创造之前必须先破坏。”破坏什么?绝大多数人宁愿相信遵守规则是非常重要的概念;否则,如果人人都想打破规矩,岂不是天下大乱?其实这是毕加索告诉后人的一种突破思维定式的方法。换句话说,“要打破的是传统观念和传统规则,而不是法律”。

可见,女人在解决问题时,千万不要墨守成规。要认真分析事物的本质,跳出你由来已久的思维定式,找到问题的根本,在解决时勇于创新,敢于破除常规,这样就会少走很多弯路,实现你人生的突破。

世上的事情有时就是会简单得让人难以置信:如果你墨守成规,等待你的只有失败的事业和一成不变的生活;相反,如果你稍微动一下脑筋,对传统的思维方式进行一番创新,那么就能获得巨大的成功。女人一旦学会了打破常规进行思维,就会迎来一片崭新的天地。面对瞬息万变的社会,只有敢于挑战常规,打破常规,才能有所作为,为自己的人生交上一份满意的答卷。

唯有勤于思考，才能不断提升自己

这个世界不缺会干活的人，往往缺的是会思考的人。女人在工作中也是如此，如果自己不主动进行思考，就很难做好自己的事业。

人活一世，不知你是否曾思考过，人和人之间到底有什么不同？衣服？相貌？其实这些都是外在的东西，人与人之间唯一的不同是两个人所思考的东西，换句话说就是两个人头脑中存在着不同的思维。

人为什么要思考？因为人要活着，要更好地在这个社会生存。可以说，人的一生就是学习与思考的过程，思想、精神才是人的真正财富。女人要想获得财富，唯有勤于思考，养成凡事多问“为什么”的习惯，才能不断提升自己的人生价值。

经常听见女人会抱怨社会的不公平对待。比如，做同一份工作的两个人，为什么一个会升职，一个会被辞退？这是每一个进入职场的人都会面对的问题。通常男人会在自己身上找原因，他们会去反省自己哪里有不足，然后再努力寻找新的机会证明自己。而多数女人不会这么做，她们会反复地找到人事科询问为什么辞退自己，然后竭力证明自己工作很勤奋，不应该被辞退。殊不知，在工作中勤奋是必不可少，但要想获得成功，最大化地体现你的人生价值，思考才是关键。

小旭和小玉都是某科技公司新来的员工。按照公司的规定，每一个新员工都必须在初到公司的6~12个月证明自己的能力，否则就会被辞退。6个月后，小旭和小玉都完成了公司的工作安排。从专业技术角度来说，她们两个的项目完成得都不错，而且小玉所完成的部分还稍显优势。人事经理给了两个人这样的评价：小旭是一个具有主动性的工程师，能够为别人提供帮助，可以承担紧急的任务，协助他人完成工作要求；小玉是一个独立的任务执行者，操作能力很强。最后公司做出决定，小旭留了下来，而小玉被淘汰出局。

遭到淘汰的小玉很不解，她到人事经理那里去申辩。她认为自己也有很强的主动性，她主动收集新的资料，学习最新的技术，以此来帮助自己快速高效地完成工作。可是，人事经理告诉她：所谓能力，并不仅仅是如何出色完成手头的工作，而是在完成时能够积极思考，使业务具有发展前景。不会主动思考的员工，不过是生产过程中的死板器械。但对于一个乐于工作，喜欢思考的人来讲，工作不仅仅意味着如何使自己更出色，而且意味着在同时进行使工作得到最大收益的思考，这才是公司看重的。这一点恰恰是小旭具备而小玉欠缺的。

这个世界不缺会干活的人，往往缺的是会思考的人。任何一个公司在做一件事情之前，如果没有决策层的认真思考，那这件事情就不会干得非常出色。女人在工作中也是如此，如果自己不主动进行思考，就很难做好自己的事业。世界上到处都有像小玉一样有才华的失败者，她们之所以遭到淘汰，并不是因为本身的专业技术问题，而是因为她们只知道按惯常的方式工作，把自己淹没在日常事务中，没有去思考将来的发展，使自己变得和常人无异。

人与人的思维往往只存在一些细微差别，但是由这细微差别得出的人生结果却有着天壤之别。如果你不想像小玉一样，你就要利用一切机会静静地梳理自己的思路。当发现问题时多问几个为什么，把思考变成自己的习惯。洛威尔曾说："真知灼见，首先来自多思善疑。"一个养成思考习惯的人，往往不会满足于现状，他敢于突破传统的束缚，寻求新的思路，可以说，所有的计划、目标和成就，都是思考的产物，思考是人生中一笔难能可贵的财富。

思考是打开成功大门的钥匙，女人要让自己养成勤于思考的好习惯。工作中对待知识和经验要谨慎，在头脑中先冷静地思考一下，留给自己一片创造的空间，不要封杀自己的创造性。

顺境中多思考，我们才能保持清醒的头脑，稳健前进的脚步；逆境中多思考，我们才会找到失败的症结，踏上通往成功的道路。思考是行动的先导，你拥有怎样的思维方式，就会采取怎样的行动，这就体现了你的人生价值。女人，都请记住巴尔扎克的这句话："一个能思考的人，才真正是一个力量无边的人！"要想提升自己，唯有勤于思考。

一味弥补短处不如发现自己的长处

在漫漫人生长路上，懂得思维变通的女人可以随处找到成功的机会。相比之下，那些不善于变通的女人，纵有一身过硬的本领，也会因为只看到自己的短处，无法发扬自己的优势而难以成功。

"我身上没有什么值得别人称赞的地方，我没有魔鬼身材，没有漂亮的脸蛋，没有刷不完的信用卡，我该怎么弥补才好？"——你是不是常常有这种没有价值的感觉？

女人是天生的完美主义者，她们总爱挑自己身上的毛病。其实每个人都会有缺点，关键看你是如何对待它，能否善用变通思维。大多数女人过分在意自己的缺陷，在面对自己的短处时，只会想尽一切办法尽力弥补。

其实我们都知道，在这个世界上，真正完美的人是不存在的。不论你愿不愿意，这些缺点都将会伴随你一段时间，甚至是一辈子，对你产生重要影响。百般掩饰自己的缺点其实一点用处也没有，最终只能毁了自己。更何况，"江山易改，本性难移"，女人在弥补短处上产生的效果，远不如发扬长处的影响大，为什么就不能把眼光放远点，利用变通思维呢？

有一位才华横溢的女孩，很有绘画的天赋，但她却很自卑，总以为自己画得不好。由于家境贫穷，迫于生计，她不得不把她画了三天三夜的作品拿到街上卖。由于自卑，她开出的价格很低，并且还承诺如果买主认为哪里画得不好，请指出，然后回去修改后再卖给这个人。围观的人越来越多，大家你一句我一句评论起这幅画来，并在自己不满意的地方做了个记号。

一天很快就过去了，画已经被弄得乌七八糟，到处都是顾客不满意的地方。看着那些标志，女孩觉得自己处处都是败笔，失望极了。回到家中，无论女孩怎么修改这幅画，她都不满意。但日子还得过，为了不被饿死，女孩不得不再一次出售自己的作品。这次她换了一种方式，她站在路口自信地说："这是我最得意的作品。如果哪位能说出这幅画的妙笔，我会把这幅画便宜两成卖给他。"这一招果然灵验，路人纷纷说出自己最为欣赏的一笔，并要求买下这幅画。短短半天时间，画上到处都是顾客欣赏的地方。最后，女孩的画卖给了一个出价最高的人。

一个人的优点或者说缺点，是一个相对的概念，它包含了太多的主观看法。世界上每个人看事情的角度都不相同，也许在你认为是缺点，在别人眼中就成了闪闪发光的亮点。女孩的经历就是个很好的证明。如果她在受到指责之后，沮丧不已，认为自己不行，她可能就此消沉下去，也许会放弃钟爱的绘画事业，落得一生遗憾。但万幸的是，她能变通自己的想法，没有一味地陷入弥补不足的沼泽中。

在漫漫人生长路上，懂得思维变通的女人可以随处找到成功的机会。相比之下，那些不善于变通的女人，纵有一身过硬的本领，也会因为只看到自己的短处，无法发扬自己的优势而难以成功。在处理事情的过程中，没有绝对解决不了的难题。有的人之所以陷入僵局，只是因为太过死板，没有灵活变通的思维。生活的逻辑就是这样奇妙，从不同的角度看问题便会产生不同的想法和不同的感觉，你眼中的缺陷也许就会成为别人眼中的优点。

女人现在所处的境况，其实正是以往自己所保持的态度造成的。如果想改变未来的生活，使它能按照希望的方向发展，就必须要学会变通，学会扬长避短。如果固执于弥补自己的短处，坚持错误的观念，那么就算付出再多的努力，也只能是枉然。

有人说，上帝是公平的，在给你关上一扇门的时候，他会给你打开一扇窗，只要你抬起头来，你就能看到明媚的阳光。耳聋的贝多芬如此，全身瘫痪的霍金也是如此，正是在抬起头正视自己缺陷的一瞬间，他们发现了自身的价值所在。古往今来，无论多么优秀的人才，无论多么伟大的人物，都不可能是完美无缺、尽善尽美的，他们有他们的长处，同时也有不可避免的弱势的一面，但人们记住的却是他们闪闪发光的优点，那些缺陷在优点的光环下变得根本不值一提。

女人不要再顾影自怜，或许你没有漂亮的容颜，匀称的身材，或许你没有惊人的才华，也没有过多的财富，但是你一定要自信，把自己的眼光放得长远些，不管遇到多大的困难都不要放弃，试着灵活变通你的想法，通过你的努力去抓住机会，丑小鸭终有一天会变成白天鹅，优雅地在天空飞翔。

女人的思维总是爱钻牛角尖

许多情况下，通往成功的路并非只有一条。我们没有找到另一条思路，是因为我们尚未发现它，而并非它不存在。

人的思想是一种无形的东西，由于它的发散、扩展，社会才能一步步向前发展。但正因为思想的无形，人们如果没有找到正确的方向，便很容易迷失自我。大多数女人受思维定式的影响，天性十分固执，她们十分坚信自己的信念，万一迷失了方向便很容易会钻牛角尖，最终逼得自己山穷水尽、无法回头。

受社会传统的影响，女人很容易形成单向的思维定式，通常表现为“先入为主”“以偏概全”的思维模式。思维定式把多种多样、不断发展变化的世界纳入一个固定的思维模式之中，使女人的思想僵化。很多时候，女人遇到一些传统经验无法解决的事时，便会掉入思维定式的陷阱，表现出固执、认定一个想法便一条道走到黑的“钻牛角尖”现象。

女人爱钻牛角尖，只是因为她们习惯于用某种思路去解决困难，所以便固执地认为除了这种思路，就没有别的解决办法。但事实并非如此，许多情况下，通往成功的路并非只有一条。我们没有找到另一条思路，是因为我们尚未发现它，而并非它不存在。

女人若陷入思维定式的框框里，就会向着最狭窄的路越走越远。越是钻到牛角的尖上，空间就越小，就越是难以找到出路。如此反复，女人只会越陷越深，最终无力自拔，以致精神崩溃做出一些傻事，这是很可怕的。但是女人若懂得运用发散思维，“牛角尖”问题就能迎刃而解了。

有家面料公司在生产中遇到一个难题，即合成每档纱的 5 根线粗细总是纺不均匀，技术人员想尽办法也解决不了难题，大量次品直接影响了公司的效益。这时，有个生产班长建议，既然 5 根纺线不均匀，何不索性生产一种表面粗糙的面料，给一贯追求光滑闪亮衣服的顾客来个惊奇呢？公司采纳了他的建议，结果这种表面粗糙、柔软的新型面料一投放市场，就大受顾客欢迎。

任何事物都有着许多不同的方面，不同事物间也总是存在着一定的联系，面料公司在思路上的转变，不仅解决了单向思维难以解决的问题，而且使次品摇身一变成为畅销市场的抢手货，真可谓“化腐朽为神奇”。若他们一直致力于研究让 5 根纱线均匀，那恐怕投入再多的人力物力也无法解决。牛角尖若越钻越深，终有一天会把整个企业拖垮。

在一段长达 1000 公里的电话线上，积满了雪，这严重影响了电话通信的正常进行。为了清除积雪，有关部门向社会各界紧急征求方案。许多专家和其他相关人员纷纷提出了不少建议。这些建议大同小异，都要运用大量的人力爬上高高的电话线缆除雪，由于做法太过复杂烦琐、耗时过长都没有被采用。迫不得已，有关部门进行了公开报道，希望能引出更多更好的建议。结果一位飞行员提出一个方案：驾驶直升机沿电话线上空飞行，飞机强大的气流可以清除电话线上的积雪。最后这一方案被采纳实施，投入的人力物力最少，效果也又快又好。

面对积雪，当大多数人钻进"怎样用人力去除"的牛角尖中苦恼不已时，那名飞行员却能跳出思维定式的怪圈，想到与别人不同的好主意，用直升机的气流吹掉积雪，这就是发散思维的独特魅力。

在瞬息万变的社会，女人如果一味地恪守固有的经验，把思维引入歧途，只会给自己带来消极影响。单一的思维模式是不足以应对复杂多变的社会的。若能以前所未有的新角度、新观点去认识事物，不断学习新知识，并不断改变自己的行动，从中寻求新方法，就能轻易解决单向思维无法解决的问题，并避免陷入"牛角尖"中去。只有积极思考，勇于变通，不钻牛角尖，女人才可能实现自己的人生目标。抛开思维的固有模式，女人可以获得更多。

女人做事要深谋远虑

只有看到别人看不见的事物的人，才能做到别人做不到的事情。

在这个复杂多变的社会，女人要想同时拥有幸福的爱情、无尽的金钱、圆满的人生，需要付出比常人更多的努力。面对不解的事情，女人要学会多思考，做事要深谋远虑。

一个聪明的女人比一个普通女人的高明之处在于，利用自己的超前思维，比别人多想几步。超前思维是人类特有的思维形式之一，它是人们根据客观事物的发展规律，在多方面信息的基础上，对事物的预测、推断和构想。善于利用超前思维的人，会培养自己养成深谋远虑的习惯，在别人说一的时候，她们想到的是二，甚至是三。在她们的思维世界里，她们看到的已经不只是眼前的这点小利益，而是更加长远的利益。

世界光怪陆离，社会纷纭复杂，一个女人要想在社会上做成事业，取得成功，就要发挥超前思维的作用，养成深谋远虑的习惯。只有看到别人看不见的事物的人，才能做到别人做不到的事情。

1945 年，第二次世界大战结束，大量剩余物资被当做废品处理掉，也没有人愿意问津。而郭芳枫却敏锐地意识到，战后这种状况只是暂时的。同时，新加坡是东南亚地区最重要的转口贸易港，战后恢复通航，各国轮船途经此地，一定会大量购置各种用品或进行船务维修等。经过分析判断，郭芳枫做出超前决策：筹集资金，大批购买被当作废品处理的物资。正如郭芳枫所料，各国航船来到新加坡大量购买物品，再加上本地购买力的提高，因此被人们视为废品的物资就身价百倍了。几年下来，郭芳枫创办的丰隆公司获得了巨额利润。到 1948 年，丰隆公司注册为有限公司，下属六家分公司，摇身一变成了资金雄厚的商业大公司。

郭芳枫初战告捷，下一步如何行动？他又认真思考着时代的新需要。他认真分析了当时的国际形势，认为搞房地产和建筑材料会发大财。他当机立断，又雷厉风行地干了起来。他先是迅速地把大批资金投向房地产业，接着又投资建材工业。1948 年丰隆公司改组为有限公司后的第一件大事，就是挑选有发展前途的地皮廉价买进。这一招，郭芳枫又成功了。没几年，新加坡的地皮价格像肥皂泡一样膨胀起来，他廉价买进的地皮价格滚滚地向上翻，而他投资的水泥厂等建材行业也赚大钱。郭芳枫的丰隆公司再一次发了一笔大财。因此，丰隆公司很快成为新加坡的“超级大国”。

远见卓识给郭芳枫带来了巨大的利益，给他打开了机会之门。郭芳枫通过认真的思考，采取正确的商业手段，及时抓住了机会，因此取得了成功。超前思维给了他一双睿智的眼睛，通过这双眼睛，他看到了常人看不到的商机。

远见会增强人生发展的潜力，一个女人越有远见，她就越有潜能。当你认为我们的工作是实现自己远见的一部分时，每一项任务都具有了价值。哪怕是最单调的任务也会给你满足感，因为你看到更大的目标正在实现，你就不会分心于眼前的一点小挫折。

幸运的女人总是走在别人前面。有时，只是比别人多想一点，多走一些，她就能看到别人没有看到的机会，成就别人梦想不到的事业。所以，女人千万别放过任何一个机会，应该灵活运用超前思维，勤于思考，养成深谋远虑的习惯，发现机会立即付诸行动，这样你就会觉得到处都有无穷无尽的趣味和新领域在等你。

“不登高山，不知山之雄伟；不临沧海，不知海之博大。”无数事实表明，一个女人只有学会深谋远虑、从整体上分析和进行判断，顾全大局，舍小取大，才能作出正确的决策。如果只是被眼前的小利所蒙蔽，就容易招致灾祸。有些女人喜欢占小便宜，只见树木而不见森林，眼光看到眼前，却不能放的长远。殊不知，短视只能带来短暂的温饱，却不能把你带到永远的幸福生活中去。很多时候，舍不得局部的或眼前的一些小利益，很可能就会使自己损失更大的幸福。有一些事情，表面上看来是获得，是胜利，但是从整体、长远看来却是损失，聪明的女人不会被此迷惑。常言说的“因小失大”正是这个道理。

女人这一生中，超前思维能帮你看到未来的变化，深谋远虑的习惯能帮你认真思考你的行为，你看得越远，想得越深，就越能决定你的成就可能到达什么程度。每一个女人都该记住，面对生活，我们要让自己拥有最开阔的心胸、最长远的眼光、最超前的行动力。立足于此，心怀广阔，回顾过去、把握现在、前瞻未来，让自己的人生不断迈向更高的阶梯。

下篇：历练自己成为出色的习惯园丁

{Chapter 10}

说话习惯：女人人见人爱的口才秘籍

自古人们都会对那些能言善辩的人刮目相待，很多女人也因自己的伶牙俐齿、口吐莲花而受人欢迎。善于说话的女人即使是严厉的批评，都可令人欣然接受；笨嘴拙舌的女人即使是由衷的称赞，都可能让人极其反感。这就是说话的艺术，也是智慧女人应该注意养成的说话技巧和说话习惯。

说话的态度比内容更重要

说话时的态度，可以直接影响别人对你的看法。例如，你究竟是一个冷漠无情或乐观快活的人，还是一个自暴自弃或诚实向上的人，或是一个漫不经心或小心谨慎的人，等等，这些都能从你的言谈态度中得到判断。

如果一个女人说话像开枪一样，那么她的声音一定能把对方的脑壳打碎，无论内容是好是坏。的确，女性日常生活中的大部分摩擦都是由于说话的态度不正确而引起的。说话时的态度，可以直接影响别人对你的看法。例如，你究竟是一个冷漠无情或乐观快活的女人，还是一个自暴自弃或诚实向上的女人，或是一个漫不经心或小心谨慎的女人，等等，都能从你的言谈态度中得到判断。

盛气凌人的态度容易激起别人的愤怒，过分的低声下气又会被人讥笑为懦弱，没有骨气。轻松、快乐、幽默、真诚、温暖的态度，是打开别人心灵的钥匙。女人总是对温度有强烈的敏感，遇见抑郁的、冰冷的表情就凝结了起来，但遇见了欢乐的、温暖的笑容就柔软了，融化了，活泼了。因此，说话时不论内容如何不妨都用上舒畅、悦耳的声调，就像明媚的阳光一样，使一切欣欣向荣，使交谈进行得生动活泼，使大家谈笑风生，心旷神怡。

如果我们无意伤害他人或者被他人伤害，拥有使用好态度说话的习惯是十分必要的。要相信，柔和的语气会改变自己的情绪和周围的气氛。

武汉广场已经连续10年获得全国商场的年销售额中排名第一，因此全国的各大商场都纷纷来到武汉广场取经学习，不惜花费高额的培训费用。

当慕名者问及武汉广场内部培训的重点，一位武汉广场的十佳员工（一位不到高中文化水平的40多岁的妇女）回答很简单："态度，对待客户说话的态度。"当问及她做了多年的销售最大的心得是什么，她还是提到说话的态度。她说："对于销售人员，每个走进店面的人都是你的客户，要一视同仁地对待每位客户；耐心地向他们介绍你的公司、产品和解答客户关心的问题，千万不要怕说话，说话的态度远比内容重要得多。态度热情，百问不厌，比爱搭理不理好得多。每个客户背后可能有20个人是你的准客户，所以你要坚持你说话的态度，这个是最难的。"

什么叫坚持说话的态度呢？她说："来了个大人和来了个孩子，说话的内容变一下，不过你的态度没有变；来了个衣着体面的或者是灰头土脸型的，你的态度还是没有变；当客户表现出来不想买的意思的时候，你的态度还是没有变；当客户决定买多或者买少的时候，你的态度还是没有变；当客户交了钱和没有交钱之前，你的态度还是没有变；当给客户做服务的时候和客户购买的时候，你的态度还是没有变；当客户给你找麻烦的时候，你的态度还是没有变；早上9点上班下午6点下班之间的时间，你的态度还是没有变；在销售岗位工作了很多年，你的态度还是没有变。"

不难理解，武汉广场之所以获得成功，与其员工说话的态度不无关系。当客户走进商场时，最讨厌和最难受的就是受到销售人员的冷漠对待或者是被人另眼相待，任何人遇到这样的冷遇都不会再有在这里购物的欲望。商家对待客户说话的态度决定了客户对待商家的态度以及销售的成功性。现实中的女性不太关注他人的内心感情世界，想说就说，常常在无意之中伤了他人。说话的态度同样比内容更重要，这是一种良好的说话习惯。

一个冷冰冰的总是拒人于千里之外的美人是不受欢迎的，说话的态度胜过一切的说话内容！具有亲和力的女人在与人谈话时总是用友善的口吻，脸上也总是保持着微笑，这样能有效消除彼此之间的隔膜，拉近彼此间的距离。

在人际交往中，女人说话不俗不媚、宽容随和、通情达理，无论何时何地都是广受欢迎的。即便是批评，有了友善亲和，也会更容易让人接受。在与人的交谈中，没有什么比态度更重要了，如果把我们要说的话比做佳肴，那么盛佳肴的餐具就是好的态度。可以想象，如果这器具脏兮兮的令人生厌，那么谁还会在乎其中的佳肴味道如何呢？

给语言标上代表你特色的标签

富含个性的语言是指有亲和力、带着你独特幽默的感性语言，这样的发言才会让听众被你吸引。受人瞩目的时候，你的自豪感也会油然而生。

一心过安分日子的女人说话时，所含的天性成分更多，说话习惯不经雕琢，亲切自然。在她们看来，只要过的不是一种无声的日子，能够找到相互倾诉、倾听的伴，那么，说话就是有味道、有活力、有意义的。追逐仕途功名的女人，说话习惯于谨慎，少了生活的情趣，更多是想在人群里显现出来或占据可进可退的位置，能充分显示其聪明才智。

不同的女人有不同的语言特色，有代表自己的语言特色是智慧女人说话的良好习惯。无论内容如何，表达方式如何，富含个性特色的语言、带着你独特幽默的感性语言，才会让听众被你吸引，受人瞩目。此时，女人的自豪感也会油然而生。

譬如在讲话的中间或结尾之前，设置一两次高潮，刻意筑起突兀的奇峰，用非同寻常的语言来出奇制胜；譬如用巧妙的修辞、精辟的论述、强有力的逻辑推理、充满激情的声音、幅度大而又不显夸张之嫌的动作；譬如用幽默诙谐的态度，偶尔正话反说等，把最精彩、最感人的要点说出来。给语言标上代表自己特色的标签，这个习惯有助于女性升华自己和听众的感情。

如此一来，你的说话必定能使听众产生强烈的反响，给听众留下深刻的印象。

李素丽能够在十米车厢中创造了举国瞩目的业绩，成为飘扬在全国公交行业的一面旗帜，除了她对本职工作的无比热爱，把一腔热情全部倾注到工作岗位上之外，还与她习惯于用自己的语言特色，用艺术化的话语开展工作密不可分。

每次发车出站，她都会脸挂亲切的笑容，用甜美、悦耳的声音与乘客们“打招呼”。大年初一的早班车上，面对节日期间不能休息无法与家人团聚的乘客，她送上了真挚的祝福：“乘客同志们，今天是大年初一，首先，我代表车组全体成员给大家拜年，祝大家春节好！祝您在新的一年里工作进步，万事如意……”虽然车厢内寒气逼人，但李素丽的一番话使乘客们活跃起来，大家的心里顿时热乎起来。

除了自己的努力，李素丽还非常注意在车上营造一个文明礼貌、互相尊敬友善的“公众场”，以唤起众乘客对爱心和善心的共鸣、对文明礼貌的呼应。当小伙子应李素丽的询问为刚上车的母女二人让座，落座的小女孩忘记答谢让座的小伙子时，李素丽便柔声提醒：“小朋友，叔叔给你让座了，你该说什么呀？”女孩的一句“谢谢叔叔！”不也包含了李素丽的一番良苦用心吗？正因为有了这一幕，女孩随妈妈下车后的两三分钟时间里才没有人去抢坐这个座位。座位最终让给了一位年龄稍长身体单薄的女同志，这不正是“场”的效应和力量吗？以“场”促动大家的爱心、善心、文明行为、礼貌行为，就是李素丽的“场”所具有的春风化雨般的“李素丽效应”。

李素丽的声音甜，微笑也甜。为了把这个“甜”字送给乘客，她把自己的声音优势充分利用起来，在十米车厢这个特殊舞台上，尽情发挥着声音的魅力，努力追求说话时声音表达得优美动听。如何吐字用气，怎样把握声调和语气，怎样控制时间，是她在车下反复练习的项目，其家庭成员则成为她忠实的听众和严格的教练。正是有了车下的刻苦练习，才有了车上的信手拈来，柔美、悦耳的嗓音和语言。

有人说，李素丽是一个有着出众口才的优秀售票员。的确，良好的说话习惯和代表自身特色标签的艺术口语为李素丽的服务工作插上了翅膀。无论哪个阶层的女人，倘若能够和对方谈上10分钟而又让对方很感兴趣，那实在是一件非常不容易的事情。很多人因为不了解彼此的情况而相对无言，这无疑是尴尬的。其实，只要肯下工夫，这种尴尬的局面就会避免，甚至还可以做个不错的交际家。

“工欲善其事，必先利其器”，在日常生活和工作中，女人一定不要错过任何可以充实自己、提高自己的途径。但要注意的是，说话的时候，应善意逗乐，促进彼此的感情交流，而不是恶意取笑，占对方便宜。说话的时候必须分清善恶，把握尺度。个性语言特色的重大原则是不能马虎，不同问题要不同对待，在处理问题时要具有灵活性，做到不俗套，改掉女性常犯的喋喋不休等“万人烦”的方式和习惯。

说出个性的话语本身很轻松，要想拥有这个习惯却需要付出长时间的积累；富含个性的话语本身很愉快，要想具备它却需要进行艰苦的努力。喜欢与众不同的朋友，想提高自己的语言特色水平的女人，先不要急着到他人那里找特色，从那里找来的幽默，只会是简单的重复，甚至可能弄巧成拙。

生活是丰富语言的源泉，只有以对现实生活的热爱，对未知领域的向往，去学习，去探索，女人才能发现生活本身的不同之处，才能培养自身的语言特色，以此为我们的工作和生活带来更多的喜悦和收获。想修炼成为令人难忘的智慧女人，就从现在开始培养自己的语言特色吧。

说话要抓住要领，要有条理

智慧女人的话语有分寸感，说话做事是分场合地点的，不想说的话，一个字都不多余，简明扼要；想说的话语，一句话也不重复，条理清晰。

在生活中，每个女人都听说过这样的话，比如说，当你走进房间去做什么，到了房间后你愣在那里——干什么来了？或者你绘声绘色地给朋友描述着什么，突然你被“卡”住了，你记不得这之前你说了什么，也忘了你想接着说什么。或者你重复又重复说了你最好朋友的名字，今天是哪月哪日。在这个时刻，语言好像在跟你捉迷藏，你的思维混乱了，自己也记不清说话的主题与方向。

当堂吉珂德指责桑丘·潘沙讲的故事重复太多、条理混杂时，桑丘为自己辩解道：“这就是我给同胞讲故事的方式，大人要我改变旧习惯是不公平的。”也许大多数女人会对此有些同感。无论是和一位朋友交谈，还是在数千人的场合演讲，如果说有什么应该用红色标出来的要点的话，那就是“说话扼要、清晰明了”。那些担任要职的女性几乎都认为：在商业场合中，最让人头痛的就是说话不讲究条理。

如果一个职场女性不能习惯完整地表达自己的思想，说话快而没有条理，应该不会得到任何人的喜欢。女人在社会上凡事要冷静，尤其是遇到危机或困境时，更需要先泼自己一盆冷水，让自己镇静下来，脑袋才能作出正确的决策。现在的社会，尤其是对女性越来越以貌取人，有时候一瞬间慌乱的表达你就会失去一个饭碗，或者失去一次晋职的机会，女人一生中机会并不多，关键是你自己怎样把握，能不能被上司赏识，能不能被大公司录用也许就决定于你的一点思考，一些编排，一个习惯。

对于一个成就事业的女人来说，优美的声音固然重要，但表达的时候清晰的语言其实更重要。因为口头表达是别人无法代替的“金字招牌”，养成说话有条理的习惯能让你更多地了解别人，也可以更多地为人所了解。一个逻辑混乱的人，就好像鸟儿没有了羽翼，在学习、生活、社交、工作上会受到极大的障碍。一个女人，不管你生性多么聪颖，接受过多么高深的教育，穿着多么漂亮的衣服，拥有多么雄厚的资产，如果你无法流畅、恰当地表达自己的思想，你仍然无法真正实现自己的价值。要想成为广受欢迎的魅力女性，除了外在美之外，说话的习惯也是一门学问。

要想做到抓住要领，有条理地思考，有条理地说话，就得坚持长期锻炼。每看到或听到一件事，就要认真地想一想这件事的顺序；在说之前，按这样的顺序思索一下，默读一遍，再说出来；在说话中，经常自我恰到好处地提问：“后来呢?”“结果呢?”这有助于说话有条有理，久而久之，自能养成习惯。

北京师范大学的于丹老师是一位拥有良好的语言智慧和童真烂漫性格的女性，她的同行说：“她讲话真的是很有感染力，一般我们开研讨会策划会请她去，很多人都说求求你了，千万不要让我讲话排在于丹后边。她的语言一旦介入，别人几乎就压不倒她了。我们一般都是要把她放在最后一个去发言。我觉得可能这是天分，她可以迅速地把一件事情高度凝练，并且高度概括、高度提升。”

于丹说话非常有条理，这是大家公认的，但她从小却很自闭，基本上不说话。她是独生女，文革后期父母都下放了，姥姥带着她在一个三进的大院子里边，她从来没有上过幼儿园，但她说话抓要领有条理的习惯，却是从此时养成的。她在6岁半上小学之前基本上看着像一个得自闭症的孩子，一两岁认字，四五岁就接触《论语》，五岁半接触《红楼梦》，虽然当时看不懂，没有人跟她说话，她就自己跟自己说话，六七岁开始写日记，从十三四岁以后就写成习惯了，一直写到现在。她在日记里记录日常琐事，一开始也会前言不搭后语，但随着长期的锻炼，逐渐学会把自己的信息编排一下次序，再告诉读者,这样可以体现很强的目的性和逻辑性。如今,无论是在“百家讲坛”,还是在生活中,说话有条理的,简明扼要的作风已经成为她的日常习惯。

女人的嘴巴如同女人的大脑,一样迅速简单,口无遮拦,常常“不经思考”的习惯给女人带来的是一些麻烦。不知道有多少女人的时光都因此被销蚀一空——浪费在那些信口开河、多余无聊的话题中去了。一个字就可以说明白的话,偏偏要用上整整一行字。特别是那些儿女已经长大成人、空闲时间开始越来越多的女人,她们说话不惜在种种细枝末节上花费大量的口舌,投入无数的光阴。譬如,史密斯太太说:“我记得你上次打电话是在礼拜二的中午11点,因为就在接你的电话前,乔治太太来向我借过面粉。我记得清楚极了,因为她当时穿了一件粉红色的、缀着金色纽扣的衣服,脚上穿着一双平跟咖啡色皮鞋……”

希望以上的言谈,不会让你联想到自己。如果你说话的目的是要告诉别人一件事,那就直截了当地说出来,不必扯得太远。漫无边际的谈话,可能是思路混乱的表现,也可能是委婉曲折地达到目的的手段。不过,对更多的女人来说,那只不过是一种习惯,纠正这种习惯其实比控制住自己的欲望更容易。

那些说话漫无边际、重复累赘、东拉西扯、废话连篇的人很快就能发现,他们其实只是在自言自语。智慧女人的话语会有分寸感,说话做事是分场合地点的,不想说的话,一个字都不多余,简明扼要;想说的话语,一句话也不重复,条理清晰。

说话要饱含真情实感

智慧的女人只会用真情实感与人交往，换来彼此的心灵相通，驱除人为的隔膜，坦诚以待。

在日常生活中，有些女人长篇大论甚至慷慨陈词，可就是难以提起听者的精神；而有些女人仅仅寥寥数语，却掷地有声。这是为什么呢？很简单，后者能了解人们的内心需要，习惯于饱含真情实感，因此也更容易打动人心。

真实、真情和真诚的态度，是说话时打动人心的最佳习惯。如果说话只习惯外表漂亮，缺乏真挚的感情，那么开出的也只能是无果之花，虽然能欺骗别人的耳朵，却永远不能欺骗别人的心灵。说话的魅力，不在于说得多么流畅，多么滔滔不绝，而在于是否善于表达真情实感。饱含真情实感的话语虽然是朴实无华的，但却是最感人的。

很多年以前，一个暴风雨的晚上，有一对老年夫妇走进一家旅馆的大厅要求住宿。柜台里一位年轻的服务员很抱歉地对他俩说："非常遗憾，我们这里已经没有多余的客房了。"看到夫妇俩一脸的无奈，年轻的服务员赶紧说："先生、太太，在这样的夜晚，我实在不敢想象你们这样的老人离开这里却又无处住宿的困境。如果你们不嫌弃的话，可以到我的房间里住一晚，那里虽然不是豪华套间，但还是十分干净整洁的。因为今天晚上我要在这里值班。"

第二天一早，当老先生要付住宿费的时候，那位年轻的服务员婉言拒绝了。他说："我的房间是免费借给你们住的，那不是公家的客房，所以不能收你们的住宿费。”老先生很感动地说：“你这样的员工是每一个旅店老板都梦寐以求的，也许有一天我会为你盖一所旅店。”

几年后的一天，那位年轻的服务员忽然收到了老先生的来信，老先生邀请他到曼哈顿去见面，并附上往返机票。几天之后，年轻的服务员来到了曼哈顿，在一幢豪华的建筑物面前，老先生对他说：“这就是我专门为你盖的旅店，我以前曾经说过的，你还记得吗？”这家旅店就是美国著名的渥道夫·爱斯特莉亚饭店的前身，这位年轻的服务员就是该饭店的第一任总经理乔治·伯特。乔治·伯特怎么也没有想到，真诚竟换来了一生辉煌的回报。

不仅在人际交往中讲话如此，就是日常说话也是同样道理。背得很熟，讲得最顺畅的腹稿也算不上好的交谈。滔滔不绝、一泻千里的话语虽然流畅优美，但是如果少情感，那就失去了吸引力，如同一束没有生命力的绢花，很美丽但不鲜活动人，缺少魅力。因此，女人首先应想到的是如何把你的真诚注入话语之中，如何把自己的心意传递给对方。只有当听者感受到你的诚意时，他才会打开心门，接收你讲的内容，彼此之间才能实现沟通和共鸣。

女人与他人相处时要有一个和谐、快乐的氛围，就应该避免那些私人、细琐、刺探性的问题，不要让朋友们感到有一种无形的压力，要畅所欲言，想说就说，有话多说，没话少说。真诚地交谈，可以趣味娱乐，增进友谊，也可以互通信息，增长见识。说话交谈不分年纪大小，不分学问高低，自信与谦虚并存。话语中人人平等，取长补短，学为我用。良好的说话习惯，真诚的情感是心灵的感知，人世间最美好的品质，无须刻意奉承，无须太多表白，更无须无聊争论。一个善于表达真情的人是可爱的、有魅力的，也是有品味的人。他不会随声附和，不会盲目崇拜，不会奸诈圆滑，不会黑白颠倒，不会只求一团和气而丧失原则。

沧州市著名企业憨神美食大饭店的总经理李桂香就是这样一个女人。她身上并没有餐饮行业的八面玲珑，她脸上惯常的笑容是一种邻家大姐的亲切和随和，她坦言自己的性格局限使她很不擅长和别人交流，但是说话真诚的习惯成就了她。十多年餐饮行业的经历，习惯了和各种各样的客人打交道，但是丰富的经历并没有使她变得圆滑，话语中始终饱含的真情实感让她的微笑轻易地进入对方的心里。这个行业所看重的人脉，就这样在她的笑容里跟随着憨神发展的脚步舒展着，积聚着，盛开着。

真心说出的一句话远比用华丽辞藻修饰的词句更能让人感动，而且你不会因为觉得自己言不由衷而感到不安。最能赢得人心的女人，不见得一定是口若悬河的女人，而是善于表达自己真诚情感的女人。用得体的语言表达自身的真诚，更容易赢得对方的信任，与对方建立起信赖关系，对方也可能因此喜欢你说的话，并因此答应你提出的要求。能够打动人心的话语，才可称得上是“金口玉言”“一字千金”。

著名演说家李燕杰说：“在演说和一切艺术活动中，唯有真诚，才能使人怒；唯有真诚，才能使人怜；唯有真诚，才能使人信服。”若要使人动心，就必须要先使自己动情。智慧的女人只会用真情实感与人交往，换来彼此的心灵相通，驱除人为的隔膜，坦诚以待。真诚是一笔宝贵的财富，拥有这笔财富的女人将是这个世界上活得最自在的人。

把话说到对方心里去

所有渴望美好的女性都希望自己的言语能够拥有感动且温暖人心的力量。然而，交流不仅是人们语言的交流，更是人们内心的交流。如果能在对话时，养成站在对方角度看问题的习惯，时刻体会言语背后那颗心，把话说到对方的心里，那么你一定能够拥有这种力量。

无论在工作或是生活中，“沟通”都是一件很重要的事。成熟的女性，如果想要在日常交际中获得所有人的信任与喜爱，那么不管是和朋友、亲人、夫妻之间，还是与上司、属下、同仁、客户之间，或是与接洽商谈的单位之间，都需要养成良好的说话习惯与技巧。

相信我们都有这样的经验，在对话时，对方温润体贴的语言常常让我们如沐春风，感动万分。仔细思考，为何有的言语让我们沮丧不已，有的言语却能让我们身心温暖？而我们在对话中，自己的言语，带给对方又是怎样的感觉呢？

所有渴望美好的女性都希望自己的言语能够拥有感动且温暖人心的力量。然而，交流不仅是人们语言的交流，更是人们内心的交流。如果能在对话时，养成站在对方角度看问题的习惯，时刻体会言语背后那颗心，把话说到对方的心里，那么你一定能够拥有这种力量。

把话说到对方心里去之所以能感动人心，就是因为在无形之中，你自觉并悄悄地将谈话人角色互换，将自己立足点由自己固执的立场转移到对方的立场，把对方的所作所为，所言所语，当作是自己来对待。这样一来，你言我语，你倾我诉，对方能够从你的言语之中，得到被尊重与肯定的感受，而你说出来的每一句话就会很容易产生句句入耳、词词入心的效果。尤其，当与对话之人之间有着深刻矛盾和巨大分歧时，就更有力地化解了。

在对话中，无论你处于弱势的一方还是强势的一方，无论你在对话中是说服者还是被说服者，无论你在对话中更多扮演倾听者还是说话者的角色，若想要你的言语能够深入对方的内心，让对方接受你的观点，首先应该把自己与对方摆在平等的位置上。要做一个能够沟通的人，就首先需要是个平等自信的人，这是平等交谈的开始，也是你走进对方心门的开始。

有时，常常在对话中不知所措，无言以对，或是令对话无以为继。那么，从下一次谈话开始，我们不妨这样尝试：在平等对话的基础上，摸准对方的心理，再尝试设身处地地让自己处在对方的位置。“如果我站在她的立场我将会怎么做，怎么说？”不妨在开口之前问自己这样的问题。当你担任对方扮演的角色，就更容易从对方的谈话中，得到你所需要的东西。这种方法就相当于把自己暂交给对方处置，让自己站在对方的立场说话，再在谈话中，发掘对自己有益的话,以便以后采用。要赢得对方的信任和喜爱,就要让自己参与到对方的事情中去,并投入强烈的关注之心,这是把话说到对方心里去的第一条件。继而,再从对方关心的程度,探究对方的意见,从答话中发现对方站在自己的立场发言,同时找到对自己有帮助的资料。

有时候,一句深入人心的话语,会影响一个人的一生,甚至会让他一生都会记得你的一句话。被人深刻记忆的美好,不要因自己不善言辞而错失。

苏伊如今是一位重点中学的骨干教师,本科毕业之时,苏伊有太多机会可以留在大城市大型企业工作,然而,苏伊却选择回到故乡的一所重点中学教书。谈起她的选择,苏伊讲起了埋在心里许多年的话:"也许很多人觉得我傻,放弃留在大城市,回到这里当一名教师,但是我从来没有后悔过,并且其实,从我 7 岁那年开始,我就已经决定要做一个能够帮助许多孩子的好教师,所以对待工作,我从来没有懈怠过。记得小时候,因为自己出生的月份小,学校通知我要留级,作为一个小孩子,我不能理解,就以为是自己水平太差,跟不上学习,被老师遗弃了,假期在心里默默痛苦了好一阵子。妈妈看到我的样子,急忙带着我跑去学校请求让我跟上去,当时我的班主任杨老师也在场,杨老师说了一句让我这辈子都难忘的话,她说:'这孩子行的,让她跟上去吧。'这句话对于当时对自己持否定态度的我来说,无疑是一个极大的肯定,她给了我莫大的信心。于是,我带着老师的期望真正地进入了小学阶段的学习。什么事我都努力做到比别人好,不能因为年龄小而落下队伍,其中很大的一个原因是因为不想让杨老师失望。可能十年以后老师会记不起那个不起眼的小女孩,但就是因为她的一句话,给了她一个灿烂的人生。"苏伊还说:"我也想像杨老师一样,做一个这样的女性,有时候我们轻描淡写的一句,确实能够给别人带来巨大的震撼。我只想尽力做好。"

对于一个自卑的孩子来说,有什么比老师的肯定来得更重要呢?当年的杨老师看到一个唯唯诺诺伤心害怕的孩子,她能够立刻觉察到这个孩子心中的卑微,说一句"你行的",消除孩子心中的所有阴霾,并直接影响了这个孩子一生的选择。如今,苏伊也成了一名平凡的女教师,因为亲身经历的关系，在平凡的生活中，苏伊渴望完成她的不平凡，尽自己的全部力量，带给孩子们尽量美好的人生。

我们都是平凡生活中的普通一员，我们曾为美好的语言温暖过，也曾被某些言语伤害过。说话人人都会，然而怎样说、说什么才能解决周围的矛盾和问题，让自己和自己周围的人感到幸福，是一门很深的学问。

说话时不可忽视神态举止

在交谈中，拥有优雅的举止与从容的神态的女性，会让周遭的人们感到身心愉悦，对方能够从你自若的神态与优雅的举止中感觉到你的诚意，你内在的涵养气质以及良好的精神状态。反之，倘若你行为举止粗俗鲁莽，神态轻佻浮躁，则会让对方感觉同你谈话是件很辛苦愚蠢的事情，甚至是在浪费时间。

真正优雅美好的女性不仅应该是外表精致，内涵丰富，聪明大度，优雅成熟的，还应该是时尚而不时髦，风韵而不风情，古典而不死板的，更应该在交际之时做到随和而不随便，内敛而不内向，从容并且淡定。在交谈之时，尤应该慎言谨言，不卑不亢，落落大方。当一位女性能够将微不足道的事做到完美无瑕，将举足轻重的事做到无懈可击，赢得周遭所有朋友的喜爱之时，还有什么能阻碍其通向幸福之路？

女人可以不美丽，可以不聪慧，但是一定要会说话，因为漂亮和聪慧并不是女人通过后天努力可以轻易获得的，但说话却可以。女性通过长期的自我修炼，掌握了说话的艺术与技巧，纵使原本不会说话的女性，也会因此变得聪慧与美好，会说话是女性达到幸福的秘密武器之一，也是现代社会中女性取得成功的必备因素。

然而，说话要说得对方如沐春风，交谈要谈得彼此“情投意合”，并不是件轻而易举的事。在日常交际应酬中，要使对话圆满成功，在说话中得到对方的青睐与信任，女性需要注意的细节很多。

尤其是面对面的交谈，你毫无保留地面对着对方，没有太多时间思考你该说些什么，你的身体、面孔、声调、语气都无法遮掩地在对方面前展现出来，一切都源自你自然的习惯。所以，在日常的交际中，我们在细心打磨自己习惯性的言语的同时，千万不要忽略了对同样毫无保留展示在对方面前的神态和举止的注意，因为这同样影响着对话的质量。

在交谈中，拥有优雅的举止与从容的神态的女性，会让周遭的人们感到身心愉悦，对方能够从你自若的神态与优雅的举止中感觉到你的诚意，你内在的涵养气质以及良好的精神状态。反之，倘若你行为举止粗俗鲁莽，神态轻佻浮躁，则会让对方感觉同你谈话是件很辛苦愚蠢的事情，甚至是在浪费时间。所以，在专注谈话技巧之时，女性千万不要忽略对举止神态的要求。

一个女人，当你的举手投足、一颦一笑都是优雅与风情之时，你会是谈话中最值得交谈者关注的对象。当你坐下来，保持自然端正，当你站起时，保持直立挺拔，改变不雅的站姿与坐姿，是引人重视的第一步。知道某些特定姿势的含义，譬如两腿分开显示着稳定、自信，并有接受对方的倾向；两腿并拢则代表着正经、严肃，两腿交叉则是一个人害羞、忸怩、胆怯，或者随便散漫的表现，这是第二步。这些举止的含义，你是否在日常生活中注意到了呢？要知道，当你把自然、从容的姿态展现在众人眼前，不仅本人显得情绪饱满，而且还会感染到其他人。

面部表情是除语言和行为之外，最能够替你传情达意的，脸部各部位对情感体验的反应动作常常是不自觉的，然而你需要知道得更多：就像咬唇、撇嘴不应该轻易出现在你的面孔上一样，凝望和微笑是你应当长期留在脸上的。这是因为你的眼睛和嘴角都会说话，交谈时，自信的女性应当敢于并善于同别人进行目光接触，这不仅是一种礼貌，更是一个桥梁，它能帮助你们维持一种联系。谈话时，频频的目光交流可以持续不断，当然这并不意味着总用眼睛盯着对方。而在交谈中常常微笑的女人们，总是散发出亲和的力量，春风拂面，感染着周围的人们。

要了解，能够真正打动人心的语言，不仅仅是单纯的有声语言，举止与神态也同样起着举足轻重的作用。一个成熟成功的女性，在拥有端庄雅观的外表之外，如果能多加修炼语言功力，言谈举止与表情，就会使你的谈吐大方合宜，也会使你更具魅力。

不让尖刻的话语出口

诚然，生命中有太多值得苛责的东西，爱恨情仇，恩怨得失，一切的一切都无法令人轻易忘记，愚钝的女人习惯性地选择喋喋不休地诉说着一切委屈和怨恨，越说越多，终究堕落成一个刻薄庸俗的女人。而聪慧的女人则早已明白自己的领地，不奢望那些本不属于自己的一切，成为一个淡然平和的女性。

女人可以不漂亮，却不能说话尖刻。即使漂亮，尖刻的言语也会令女人变得不可爱。滚滚红尘之中，世事牵累，我们已经很难偷出余闲宽慰自己，何必再用言语苛责他人？女人，请拒绝练就江湖的油滑与尖酸的语言习惯，它会让你的灵魂变得不堪与粗粝，甚至丧失生命中最美好的快乐。

言语平和的女性就像一杯清茶，沁人心脾。做一个简单的女人，拥有简单的生活，淡淡地来，淡淡地去，对人生、对社会宽容而不苛求，保持着自己内心的宁静和有条不紊，也是一件美好的事情。

诚然，生命中有太多值得苛责的东西，爱恨情仇，恩怨得失，一切的一切都无法令人轻易忘记，愚钝的女人习惯性地选择喋喋不休地诉说着一切委屈和怨恨，越说越多，终究堕落成一个刻薄庸俗的女人。而聪慧的女人则早已明白自己的领地，不奢望那些本不属于自己的一切，成为一个淡然平和的女性。

平心而论，在职场或生活中，你更愿意与哪一种女人为伴呢？很明显，我们常常怨恨前者，喜欢后者。

然而，现实生活中，刻薄的女性常常将性情直爽、为人正直作为借口，纵容自己的尖酸刻薄。请记住，尖刻的语言习惯绝不是正直，真正正直的女人是“出淤泥而不染，濯清涟而不妖”的，绝不是出口伤人，任何正直的言行都是以尊重为基准的。短暂的人生需要执著，但随和也很重要。简单地活着，才有时间和心情去品评人生的自然，享受生命的乐趣。所以，作为女性，也请时刻提醒自己，不要让尖刻的语言出口。

因为，女人们的内心是如此的脆弱，我们需要温暖来建立信心，而不是让尖刻的语言互相攻击伤害彼此；因为，尖刻会减低说话者在人们心目中的分量，几乎没有人会喜欢自以为是、尖酸刻薄的女子；因为，人们即使表面上对刻薄的言语不当回事，但是内心并不是真正喜欢，尖刻的语言就像一把锋利的刀子，出口了便无可挽回，而人际关系一旦出现了裂痕，就算日后缝合后，也会有疤痕的出现，如果还不知收敛，伤害越来越深，最后只能形同陌路或互相埋怨。

在职场上，有太多因为一言尖刻引发办公室危机的例子。请记住，过分苛责他人，你也将很难得到赞赏，因为你不会合群；过分强调自己的尊严，那么除了孤独和离群，也不会得到尊严，因为你过于尖刻锋芒和缺少包容。

尖刻的语言会让更多的女人在婚姻中成为受伤的人。习惯在不满的时候肆无忌惮地宣泄，习惯在对方遭受失败的时候刻薄地指责对方，可是没有一个男人能够忍受动不动就对别人甚至对自己冷嘲热讽的女人。与之相反，幸福的女人往往不会尖酸刻薄，因为大凡幸福的女人都有一颗大度且宽容的心，对于他人的幸福她会开心，而对于别人的不幸她会给予更多的同情。在她们的语言词汇中，没有尖刻与刁钻。

秦问和芝芝一样大，两人在17岁的时候认识了，秦问对温柔的芝芝一见钟情，开始偷偷给她写信，渐渐地芝芝也对秦问有了感情，两人偷偷谈起恋爱。秦问是个很浪漫的人，对待芝芝就更加用心地设置情境，讨她欢心。七年爱情长跑之后，两人登记结婚了。第二年，生下了宝贝儿子，秦问很开心，芝芝却慢慢褪掉了迷恋浪漫的心，喜欢上了打麻将，人也变得有些刻薄，唠叨。

秦问知道是生活辛苦让老婆变成这样，并没有过多指责，相反日日想着怎样能让老婆变回原来的那个人。恰好，两个人结婚结婚十周年纪念日到了，秦问花了很多的心思希望能给老婆惊喜。于是，纪念日那天，秦问悄悄请了假回家，买来了红酒和一束玫瑰，做了一桌子的菜，等老婆回家。可是过了下班时间，老婆却迟迟没回来，晚上10点之后老婆终于回家了。可是，看到一桌的菜和红酒玫瑰，芝芝却变了脸色，大发雷霆："你知道我今天输钱特意做菜讽刺我啊，一桌子菜浪费多少钱啊，还不如给我再去来一把呢！""你知道今天是什么日子啊，今天是我们的结婚纪念日。"秦问看着老婆嗜赌，连纪念日都忘记，心头满是怒火，两人大吵了一架。

秦问忽然觉得自己再也不能忍受下去了，于是他走进区法院，要求和芝芝离婚。

年少的芝芝是个浪漫多情的女人，然而，生活让她愈渐尖刻，原本一顿幸福的晚餐因为一句刻薄的言语而烟消云散，婚姻也摇摇欲坠。其实，无论是《中国式离婚》里的林晓枫还是《过把瘾》里的杜梅，尖刻且有些神经质的女人的婚姻都以失败告终。当理性战胜感性的时候，女人表现出来的是温柔贤惠、落落大方、体贴细致，又或是如小鸟依人般偎在男人的怀里尽情地享受男人的殷勤和关怀；一旦情感突破了理智的防线进入到神经本性阶段，敏感多疑、尖酸刻薄，甚至歇斯底里就成了女人的符号，尖酸的语言也常常无缘无故、随时随刻地爆发。

揪住他人某些鸡毛蒜皮的小小过错，噘起薄薄的嘴唇，用四溅的唾沫，吐出一串串尖酸、阴毒的词儿，这是多么丑陋的形象。温柔而不尖刻，内心柔软但又充满自信，芳香诱人，明亮妩媚，又是何等清新优雅的模样。

女人们，要想拥有快乐幸福的生活，请不要让尖刻的语言出口。

女人话多不如话巧

乌鸦呱呱叫了一天，不如黄莺唱一首歌更惹人宠爱；从早到晚讲个不停，不如精挑细选少说一些更引人注目；而有时候，少讲话又不如一语惊人，只要话说得巧妙，深具哲理，使人醍醐灌顶，同样能掌握对话的主动权。

女性相对男性，感性在心灵中占据更大的份额，心中有困惑，我们需要表达；看到不满时，我们必然倾吐；喜出望外时，我们渴望表达；黯然神伤时，我们更渴望倾诉。相比男性，女性更容易毫无节制地畅所欲言。虽然中国古代早有“祸从口出，言多必失”的俗语，但也无法阻止我们的说话欲望，只是有时，说到唾沫横飞、天花乱坠、自鸣得意之时，反倒惹人反感。更有甚者，“言者无心，听者有意”，给酷爱表达的女性，带来无尽的麻烦。其实，想要倾吐感情，想要在对话中占据主动，想要说服对方，往往不需要长篇大论，俗话说“话多不如话巧”就是这个道理。

乌鸦呱呱叫了一天，不如黄莺唱一首歌更惹人宠爱；从早到晚讲个不停，不如精挑细选少说一些更引人注目；而有时候，少讲话又不如一语惊人，只要话说得巧妙，深具哲理，使人醍醐灌顶，同样能掌握对话的主动权。

话多不如话巧，懂得说话艺术的人，无论如何都比别人多一份竞争力。因此，如何提升自我表达的能力与优势，如何说巧话，直抵对方的心灵，就显得非常重要了。

首先，我们在说话方面一定要注意谨慎少言。一个冷静倾听的女人，不但到处受人欢迎，且会逐渐知道许多事情；而一个喋喋不休的女人，像一只漏水的船，每个乘客都会纷纷逃离。

话说得太多，很容易被人看到你的虚实，然而在现代社会，一旦你被对方了如指掌，就会被轻易打败和征服，所以第一步，我们要养成慎言的习惯。

慎言固然有好处，但要与人交流，就必然要说话。这就回到了我们刚刚所说的，“说得多不如说得巧”，若要说话，就应当掌握说话的技巧，研究说话的艺术。

与你对话的那个人很重要，当渴望与对话人交流，拉近关系和距离时，首先要设置好自己的开场白，在谈话的过程中，始终要追寻着对方说话的蛛丝马迹，从而顺着对方的脾气和禀性，说中对方的心事，这比自己洋洋洒洒说一大篇来得有效得多。当与对话人关系剑拔弩张时，要懂得春风化雨，不要绵里藏针。当处于对话窘迫之时，不如圆滑一些，必要时，懂得暗示的作用。

不管在任何场合，说话都要言之有物，否则便应少说。要说，则说自己体验过的感慨之话，说心灵深处的衷心之话，说自己有把握的话，说能够启迪人的话，说能警戒人的话，说能教育人的话，说能温暖人的话，说能为人排解忧愁的话。自己无把握的话不要说，言不由衷的话不要说，无中生有的话不要说，恶言恶语不要说，伤感情的话不要说，造谣中伤的话不要说，粗言秽语更不要说。

美国总统艾森豪威尔在哥伦比亚大学任校长时，经常参加宴会，并发表演说。一次宴会上，他的演说被排到最后一个，前面的人都长篇大论，轮到他发言时，时间已所剩不多了。于是，他站起来首先提醒听众，每个演讲不管什么形式都应有标点符号。然后，他正式开讲：“今天晚上，我就是标点符号中的句号。”随即便坐了下去。

艾森豪威尔的做法显得非常明智，既替听众打算，又一鸣惊人，使听众产生了下次还想与之交流的欲望，若我们遇到类似情况，不妨多学学。

在服务行业，每天接触各种各样不同的顾客，既要顾及到客人的感受，又要顾及到商家的信誉，在对话的过程中，技巧就显得更加重要了，我们不妨来看一位聪明的理发师，了解他是如何做到“话巧”的。

一位理发师傅带了个徒弟，徒弟学艺三个月后正式上岗了，他给第一位顾客理完发,顾客照照镜子说:“头发留得太长。”徒弟一时不知如何回应。师傅在一旁笑着解释:“头发长,使您显得含蓄,这叫藏而不露,很符合您的身份。”顾客听罢,高兴而去。徒弟给第二位顾客理完发,顾客照照镜子说:“头发剪得太短。”徒弟仍旧不知如何反应。师傅笑着解释:“头发短,使您显得精神、朴实、厚道,让人感到亲切。”顾客听了,欣喜而去。徒弟给第三位顾客理完发,顾客一边交钱一边笑道:“花的时间挺长的。”徒弟无言。师傅笑着解释:“为‘首脑’多花点时间很有必要,您没听说:进门苍头秀士,出门白面书生?”顾客听罢,大笑而去。徒弟给第四位顾客理完发,顾客一边付款一边笑道:“动作挺利索,20分钟就解决问题。”徒弟不知所措,沉默不语。师傅笑着抢答:“如今,时间就是金钱,‘顶上功夫’速战速决,为您赢得了时间和金钱,您何乐而不为?”顾客听了,欢笑告辞。

晚上打烊。徒弟怯怯地问师傅:“您为什么处处替我说话?反过来,我没一次做对过。”师傅宽厚地笑道:“其实,每一件事都包含着两重性,有对有错,有利有弊。我之所以在顾客面前鼓励你,作用有二:对顾客来说,是讨人家喜欢,因为谁都爱听吉言;对你而言,既是鼓励又是鞭策,因为万事开头难,我希望你以后把活做得更加漂亮。”

理发师傅的言语不多,但是句句都有高深的说话技巧:从客人的言谈之中,理发师傅能够迅速地体察到客人的情感倾向,深谙说话之道的理发师傅顺应客人的想法,说出的话如细雨润物般使客人听起来感到很舒服很受用,犹如置身于温暖的冬日阳光之中,自然满意而归。

而对待徒弟,理发师傅并没有一味地指责他面对客人时的呆若木鸡,反倒以鼓励为主,暗含鞭策,使心惊胆战的徒弟不仅心安,更对师傅对自己的解难感激万分。这个故事的结局,便是这个徒弟,终究也成为一名受顾客欢迎的理发师傅。

“话”在人们的生活中必不可少,对于女性来说,话有着巨大的功用。只要使用得宜,一定会成为女性增加魅力的最佳筹码。改掉喋喋不休的毛病,用心体会“话巧”的功用吧。

{Chapter 11}

婚恋习惯：女人游走围城的幸福智慧

钱钟书把婚姻比作围城。女人从恋爱到婚姻，进入围城绝非是一路坦途，而良好的习惯是女人在婚恋道路上的护身符。幸福的女人总结说，婚姻是一件瓷器，做好它很费事，打破它很简单，而收拾起那些碎片又很麻烦。良好的习惯就如包装箱上常有的“轻拿轻放，切勿倒置”提示标语一样，会让婚恋的这艘小船行驶得更稳妥。

对男人的尊重实时放在心上

当今社会节节攀升的离婚率和越来越短的恋爱周期告诉我们，仅仅有爱是完全不够的，尊重对于爱情和婚姻也同样重要。女人们应该知道，只有尊重你的男人，才能获得他对你的爱。

很多女人时至今日都依然记得，当年风光无限的甲壳虫乐队唱的那句歌词："你需要的只是爱。"然而，当今社会节节攀升的离婚率和越来越短的恋爱周期告诉我们，仅仅有爱是完全不够的，尊重对于爱情和婚姻也同样重要。女人们应该知道，只有尊重你的男人，才能获得他对你的爱。

很多离异的男子在总结自己失败婚姻的时候，说："我情愿娶一位尊重我但不爱我的妻子，也不愿意娶一位爱我但不尊重我的女人。"女人应该学会如何在爱情中理解和运用"尊重"这个词，因为尊重实在是一个男人最深层价值的体现。

很多女人常常抱怨自己的丈夫或男友不重视自己，理由是丈夫和朋友待在一起的时间比和自己单独相处的时间还长，这其实是女人们的嫉妒心在作祟。生活中很多男人都像是《水浒传》里的"及时雨"宋江一样，十分讲究哥们义气，爱交朋友，也热心帮助别人解困。因此，他们的交际圈也特别广，需要应酬的朋友也特别多。女人们应该尝试接受自己爱人的交际圈，尊重他的朋友，而不是试图通过自己对他的影响来改变他的交际圈。这会让男人们觉得左右为难，进退不得，心力交瘁。而女人不尊重自己男人的交际圈，也常常成为夫妻和恋人感情破裂的一个重要导火索。

于天的性格十分豪爽，爱结交朋友。不管朋友是出生高贵还是三教九流，只要谈得来，他都坦诚相待，热情相助。他的女朋友叶灵对此十分反感，总是抱怨于天过于轻信别人，滥交朋友，忽略自己。对于这样的抱怨于天时常感到苦恼，但是每次也只能是一笑了之，说几句讨好的话平息叶灵的怒火。

有个周末，于天还未回家，叶灵在他家里准备晚餐，恰巧于天的朋友小林找上门来。于天的朋友中叶灵最看不惯的就是小林，觉得他夸夸其谈，不务正业，属于“带坏于天”的那一类坏朋友。

于是叶灵冷冰冰地说：“于天不在。你以后也别来了，每次来这里只知道蹭吃蹭喝，浪费别人的时间，于天和我都烦透你了！”小林听后大为光火，碍于于天的面子他什么都没说憋着一肚子气回去了。于天知道这件事后，怒气冲冲地质问叶灵，叶灵却毫不在意地说：“我这是为你好，这种烂朋友只会拖累你的，你怎么还怪我！”于天气得要跟叶灵分手，叶灵却觉得自己委屈不已。

有时候男人们需要尊重的感觉比爱更多，叶灵爱于天，但是却没有给予他足够的尊重，这样的爱情破灭是唯一的结局，只是时间长短而已。就如很多妻子喜欢窥探丈夫的隐私，调查他的通话记录、MSN 的聊天记录，甚至如侦探一般通过一些蛛丝马迹来调查丈夫的朋友。不可否认，这些女人的出发点都是出于关心，然而，一旦这种关心超过了尊重的底线，事情就变得很荒谬了。女人们往往没有深刻地理解一个成语：爱屋及乌。爱他就应该爱他所爱的，尊重他所重视的。

有的男人有自己的爱好，喜欢生活在自己的时间中。比如，很多男人都是球迷、棋迷，但他们沉迷于某种爱好时，往往会表现出对妻子和女友的漫不经心。女人们为此常常不满地发牢骚，或者用冷嘲热讽的语气企图改变男人的爱好。这种想法说到底是一种本能的嫉妒，嫉妒他的爱好占有了他的心，嫉妒男人有时会把心全部放在爱好上而忽略了自己。

夏晓从小就特别喜欢摄影，只要是关于摄影的书籍或者是新的摄影设备他都要收集回来。有时在国内买不到，他就会托人从国外用高价买回。

他的家里摆满了两大摄影柜，柜子里装的都是摄影书籍和他的摄影作品，房间的各个角落也摆满了各种各样的摄影器材。每次家里有客，夏晓就会让他们翻阅自己的作品，这时他总感觉特别有成就感。

然而，夏晓的妻子却对他的爱好不以为然，认为这是小孩子玩的东西，是夏晓缺乏成熟的体现。家里的经济本来就一般，还花大量的钱在摄影上，夏晓的妻子为此对他“横眉冷对”。终于在一次争吵中，他的妻子把怒气全部发泄在他的摄影柜上，当妻子把摄影柜推倒，夏晓的心血全部都哗啦啦地散落在地并被愤怒的妻子撕成碎片时，夏晓再也忍不住甩了妻子一个重重的耳光。妻子觉得很委屈，这么多年的感情居然输给了一堆破影集。

很多女人能够接受丈夫却不能接受他们的爱好，她们忘了爱一个人是需要爱他的全部的。一般来说，很多女人最讨厌男人的时候，是在男人沉醉于足球、游戏中或与朋友聚会中大谈政治时，这时女人觉得在男人心里最没有分量，自己完全处于被忽视的地位。她们希望丈夫按照自己的意愿生活，重视的应该是事业、妻儿、家庭，而不是那些不务正业的收藏、足球、垂钓等。有些女人，如夏晓的妻子，她不但不懂得尊重自己丈夫的爱好，还对此表示厌恶，强加干涉丈夫的爱好。于是矛盾就这样产生了，不幸与悲剧也接踵而来。

其实每对恋人或夫妻，都是在不同的家庭背景、不同的文化熏陶下成长的，关注的东西也各不相同。如同女人不能理解男人为什么会如此热衷于足球一样，很多男人也不能理解为什么女人喜欢频繁地上街购物而且一定要丈夫或者男友陪同。然而，很多男人在这种时候都聪明地选择沉默，以此表示对妻子或女友的尊重，这让很多女人都觉得温馨。而女人在男人们的喜好上，往往回报的是决不妥协的咄咄逼人。

两个共同生活的人可以没有共同的爱好，可以没有共同的话题，可以没有共同的价值观，但绝对不能没有互相尊重。所谓“千金难得，知音难求”，如果有人对你的爱好表示关心，那么你一定像得到知音般快慰。如果夫妻或恋人之间能彼此分享对方的爱好，就能增进彼此的感情，减少摩擦。很多男人出轨的原因不是因为情人“貌若天仙”，而是因为情人能够理解他、尊重他，也就是男人们常挂在嘴边的“知己”。

其实“知己”要做的事很简单，就是“爱他所爱的，想他所想的”。婚姻和爱情都应该“求同存异”，可以有各自不同的交际圈，各自不同的爱好，但是应该用尊重的眼光彼此欣赏。只有如此，你的爱情才能如同那涓涓细流源远流长。

做个经济独立的女人

一个女人只有获得了经济上的独立，才能获得思想和人格上的独立。女人只有当能够坚持做一个独立的思想者时，才能够保持男人的兴趣和心理较量。

近些年，社会上一直流传着一句话：“婚姻是女人的第二次投胎。”很多女人在选择配偶的时候看重的不是爱情而是物质条件，如家庭背景、房子、车子等，“女大学生傍大款”的现象也屡见不鲜。而出现这种社会价值取向的主要原因还是，女人在经济上的不独立。

在很多人心中，女人比男人更爱钱，女人在婚姻中往往也扮演着见钱眼开的角色。婚后，很多女人要求丈夫把钱完全地交付到自己的手中。因为金钱往往能给女人们带来安全感，一旦自己失去丈夫的爱或者有第三者插足，至少手上还有点钱。得不到真爱，得到钱也好嘛！

但事实上并不是女人们真的天生就热衷于金钱，而是婚姻将女人变现实了。爱钱不是女人的错，在现实和家庭的重压下，不会有女人把金钱视为粪土。也许金钱离爱情很远，但是它离婚姻很近。妈妈常常会告诫陷在爱情旋涡中的女儿，必须把柴米油盐列入婚姻考虑的重点，因为妈妈们知道在婚姻中金钱方面的纠葛实在太多了：孩子的抚养费，年迈父母的赡养费，生活费，房贷……普通家庭的经济收入是很有限的，因此有的女人婚后常常觉得悲伤，现实教会她锱铢必较，教会她勤俭持家，她离洒脱快乐的少女时代越来越远，却离"黄脸婆"越来越近。

家庭如同一个小社会一样，"经济基础决定上层建筑"，在家庭中往往谁的收入越多，谁就拥有这个家庭的"主权"。也许你会说："我可以让我的丈夫把钱交给我管理啊，这样我不是也能掌握家里的财政大权吗?"请记住，丈夫把钱交给你管理是建立在他"愿意"的基础上，而世上除了自己拥有，没有什么是永恒不变的，倘若有一天他不愿意了呢? 到时候你该如何去面对生活呢?

如果女人自己有一份收入，不管是成家还是单身，有了独立的经济来源，都会使自己轻松快活、扬眉吐气。女人经济独立以后，不仅赢得了各种权利，更是在经济上和家庭生活中不再受制于男人。男人并不是女人的全部，女人没有必要再去为了经济上的益处而委曲求全。撕去披着金钱面纱的爱情和婚姻，才能让女人们没有任何羁绊地更纯粹地去爱。

维尼曾经是位全职太太。为了家庭和婚姻，她曾竭尽全力地为丈夫管理家庭的一切。尽管丈夫在生意上能够赚不少钱，然而在家庭各种支出的分解下，家庭的储蓄并不多。维尼必须花钱花得很小心，为了节省开支，在结婚的三年中她没有为自己买过一件像样的外套，更不必提什么珠宝首饰了。她总是觉得既然自己不能为家庭带来一点收入，就要尽可能地省钱。但是当她的丈夫委婉地提示她电话账单和信用卡上的金额多了点时，维尼彻底气馁了。她觉得做全职太太令她颓废，令她丧失了生活的斗志，甚至在丈夫面前失去了尊严。

于是维尼重新回归社会，找了份业余撰稿人的工作。收入并不多，但是维尼却显得很满足，自我感觉良好。当她要出去购物时再也不必向丈夫要钱了，在拿到第一笔稿费时她为自己添置了结婚后的第一件衣服——一件

100 美元的外套，拿到大衣的一刹那，她突然领悟到在婚姻中她差点失去了自我。

一个女人只有获得了经济上的独立，才能获得思想和人格上的独立。女人只有当能够坚持做一个独立的思想者时，才能够保持男人的兴趣和心理较量。支付所有账单的男人不但会告诉你应该拥有什么，而且最终他会开始告诉你应该喜欢什么和不喜欢什么。他不会征求你的意见，他会想要完全控制你包括你的思想。渐渐地，他可能用上司对下属的口气和你说话，进而剥夺你所有的选择权。因为他掌握着你生计的那把钥匙，所以他对你有“生杀大权”。

贺拉斯曾经说过：“只有能控制情感的人，才会幸福。”女人能不能在家庭中自由地嬉笑怒骂取决于经济上能否独立，如果经济上受制于人，又怎么会有足够的空间和能力去主动地思考和追求呢？只有钱财掌握在自己的手中，不再是男人的附庸，不再盲目地听从男人的指挥，女人才会有展示自我的空间，才会拥有追寻梦想的资本。

如果女人们在经济上不作出一点贡献，始终靠丈夫来养活，即使她把家料理得再好，把丈夫服侍得再舒服，她所争取的什么家庭地位、平等待遇等，永远都是空谈。有了经济作为支撑，女人才能从家庭的琐碎中脱离出来，走到社会上，同男人一样竞争，取得经济和政治地位。即使没有爱情的滋润，她们也不会如断线的风筝般飘荡在无垠的空旷里。有了经济上的支持，自然就满足了物质上的需要，物质富足，女人自然会考虑精神上的财富。她们能够随心所欲地交友、读书、娱乐，充实自己的生活。聪明的女人应该相信自己，而不是依赖男人，只有拥有了坚实的经济基础，才能维护自我的尊严。

事实上，一个完全没有经济收入的妻子，随着时间的流逝，往往会成为丈夫的负担。特别是喜欢奢侈的女人，会让丈夫感到生活的压力，给丈夫太多的不安全因素。很多全职太太由于生活的无聊和空虚，养成了喜欢和周围女人攀比的习惯。她们渴望超越别人，但是由于缺乏超越的能力和方向，往往把这份渴望寄托在丈夫身上，于是就产生了很多“望夫成龙”的女人。

给丈夫的精神造成了莫大的压力，家庭矛盾和婚外恋就会慢慢地产生。

很多事实证明，经济地位的不平等是家庭暴力、婚外情等家庭悲剧的主要原因。尽管婚姻带给女人用不完的财富，但一个贤惠的妻子没有自己的收入，是她在婚姻中最大的缺憾，也是她犯的最大的错误。

女人们，为了能拥有一个幸福的家庭和与丈夫平等的家庭地位，勇敢地走向社会，做个独立的女性，让自己的生活过得更有意义些吧！

学会“糊涂”地爱

“糊涂”是一种聪明的升华，是一种不动声色的涵养，是一种运筹帷幄的气度，是一种大智若愚的智慧。

妈妈教导女儿何谓婚姻真谛时，常常提到“睁一只眼，闭一只眼”这句话，就是说对一些事情不要过分追究。在婚姻生活中，女人们应养成“大事清楚，小事糊涂”的习惯，因为这种“糊涂”是你婚姻幸福的保证。

作为一个女人，何谓糊涂？何谓聪明？糊涂到极致是聪明，而聪明的极致呢？“机关算尽，太聪明，反误了卿卿卿卿性命！”——这是红楼梦中王熙凤的判词，如此精明的一个女人最终也不过落个丈夫背叛、自己惨死的下场。那么，做个糊涂的女人又何妨呢？

清代书画家郑板桥曾写过一句话：“难得糊涂。”生活中，大部分女人都喜欢当智者，然而世事复杂，命途多舛，女人们不可能要求什么事都知道得清清楚楚。实际上，“糊涂”是一种聪明的升华，是一种不动声色的涵养，是一种运筹帷幄的气度，是一种大智若愚的智慧。

聪明的女人心思缜密，第六感灵敏，富有极强的洞察力，因此她们会常常为了丈夫或恋人一些细小而不同寻常的表现烦恼，总觉得丈夫有些事瞒着她。而这样做不仅使男人们烦躁不已，也使自己疲惫不堪。糊涂的女人会自动忽略令自己烦恼的小细节，她们相信自己的男人，给予他充分的自由，不会为了那些可笑的联想累了两个人的心。

还要提醒女人们一点，这里的“糊涂”不是真糊涂，而是“睁一只眼，闭一只眼”的假糊涂。

林语堂的《京华烟云》中有这样一个场景：木兰嫁到曾家后，曾夫人退居二线，木兰接手管家，头一件事当然是看账本。账房先生毕恭毕敬地站在身边，木兰看着看着，看出了其中的很多奥妙，于是就微微笑了笑，账房先生紧张得连额头的汗都渗出来了，但是木兰却一句话也没说。之后，账房先生就规矩多了。在婚姻中，有时候佯装糊涂，给足对方面子，给予事情一点回转的余地也是至关重要的。

反观《中国式离婚》中的林小枫，她就太过于“聪明”。她对丈夫的一切都要了解，任何一点小疑问她都非要弄个水落石出，但是真的水落石出了又怎样？非但于事无补，反而让丈夫感到无限的疲惫，于是他们的婚姻也走到了尽头。林小枫就是犯了该糊涂时不糊涂的错误。

爱情和婚姻，就像手里的沙子，你握得越紧，流出的越多，最后所剩无几。所以，女人们应该学会适当地放手，“难得糊涂”。在恋爱和婚姻生活中，女人们不可避免地会出现一些意想不到的小插曲，如爱人精神出轨，发现丈夫仍然保留着前女友的照片，发现丈夫偷偷地存私房钱等，这时女人不妨糊涂点。你要相信即使他是只能够海阔天空的风筝，而你依然始终拽着那根控制风筝的线。

信任能够增进彼此之间的感情，让你们能携手做最浪漫的事——相濡以沫，相依为命地慢慢变老。婚姻像一张白纸，夫妻是两个画家，重要的是看你在自己的白纸上涂抹什么颜色。是画龙点睛，还是画蛇添足，全看两个人的兴趣和修养。糊涂的女人会让丈夫和自己始终站在同一阵线，用最和谐的色彩涂抹自己的未来。

“婚”字拆开来看，就是“女”和“昏”，这是很耐人寻味的。婚姻里有苦有甜，但是只要女人们睁开你的一只眼欣赏他的优点，闭上你的另一只眼包容他的缺点，你会发现幸福会伴随着你的婚姻。过日子，要糊涂些，厚道些，宽容些。既然有爱，那就包容吧，包容他的缺点和不足，包容他的幼稚和可笑，包容他许下的一些无法实现的承诺。

晓玲是一个名牌大学毕业的高材生，现在担任一家公司的部门经理，领着不菲的薪水，家庭背景也相当的不错。可奇怪的是，条件如此优秀的她，居然到了32岁还是孑然一身，成为一名不折不扣的“剩女”。认识她的朋友都说晓玲太清醒了，不适合婚姻。

晓玲以前仅有的两次恋爱，她都是因为犯了太清醒的错误才导致分手的。她初恋的对象是一名出生在普通家庭的男人，男人许诺她单位会分配一套房子给他作为他们的新房，晓玲马上就跑到他的单位调查是否有此事。男人知道后大发雷霆，认为这是不尊重他的表现，于是跟晓玲吹了。

晓玲的第二次恋爱，是和一位小有名气的企业家，这个男人年轻英俊而且很疼晓玲。唯一不足的是他太忙了，经常应酬，没时间陪晓玲。两人只交往了不到两个月就分手了，原因是晓玲经常翻阅企业家的手机查询通话记录，甚至还经常通过他公司的员工和朋友调查他的行踪。一旦发现一点可疑迹象就毫不留情地当面“审问”，有一次甚至是当着他朋友的面。企业家受不了她的“敏锐”和“聪慧”，毫不犹豫地选择了分手。

婚姻和爱情都是一种选择，它需要女人们付出忍耐、包容和谦让。太过于精明和敏锐的女人，注定要在这一场选择中惨败。

“聪明难，糊涂难，由聪明变糊涂更难。”人生难得糊涂，婚姻也难得糊涂。女人们，我们不能改变别人，但我们可以改变自己；我们不能改变生活，但我们可以改变对待生活的态度。从现在开始，学会在“糊涂”二字中选择幸福婚姻的真谛吧！

女人的温柔是一种力量

作为女人，不管你属于哪种类型，清新淡雅也罢，聪明美丽也罢，真诚善良也罢，独立坚强也罢，如果你缺乏女性特有的温柔，就很难被公认为好女人。

《红楼梦》中贾宝玉说："女人是水，男人是泥。"一句话道出了女人在大部分男人心中的最佳形象：温柔如水。水无形而化有形，那力量是温柔，以柔克刚，古往今来皆如此。

女人，可以美丽如花，可以清新如茶，可以丰富如歌……作为女人，不管你属于哪种类型，清新淡雅也罢，聪明美丽也罢，真诚善良也罢，独立坚强也罢，如果你缺乏女性特有的温柔，就很难被公认为好女人。因为只有温柔的女人，才是最让人心动、最美丽的女人，暗香长留，清美幽远！温柔是女人最具杀伤力的武器，然而很多女人在与男友交往多年或者婚后往往忘记了这一点。

洁儿和丈夫结婚后，总是在潜意识里想去管教他。每次看到丈夫吸烟，总是要唠唠叨叨地数落他一番。刚开始，洁儿还会稍微注意下语气，见丈夫依然我行我素，把她的话当成耳边风后，洁儿就彻底把以往的温柔抛在脑后，以后再看到丈夫抽烟就开始破口大骂，直接数落他。"男人啊，要是你不跟他凶，不指着他的鼻子骂，他就不知道改！"洁儿总是把这句婚姻"心得"挂在嘴边，变本加厉地教训丈夫。最终，她的丈夫恼了，跟洁儿大吵了一架，两人开始陷入冷战。洁儿觉得很委屈，心想：我这是帮你改掉坏习惯呀，你怎么还怪我呢？于是两人的战争继续升级，接连冷战的结果是丈夫抽烟抽得更凶，两人的感情也最终走到了尽头。

其实，很多时候，女人只要把说话的音量下调几个音位，把说话的语气放温柔些，结果可能会完全不同。尽管初衷都是为了丈夫好，但是使用的方法不同，效果可能会南辕北辙。

据科学研究得出结论，即使男人和女人在同样环境下生活，男人的平均寿命也会低于女人三至五岁，这是因为男人肩上承受着比女人更多的社会压力，家里压力，生活压力，因此他们身上的细胞和组织的老化速度远远快于女人。男人远远没有女人们想象中的坚强，他们比女人更容易受伤，更需要温柔的呵护。很多女人总以为结婚的目的就是让自己对男人撒娇变得更加天经地义，男人应该宽厚包容，我嫁给你，就是为了让你疼，让你宠，让你被我欺负的。很多时候，女人往往忽略了，男人是如此需要安慰，需要鼓励，需要女人温柔的爱。

温柔的女人会在男人风尘仆仆回来时，奉上一杯热茶，用手指轻轻拂去他脸上的风霜，让他疲劳顿消；温柔的女人会在男人失落苦闷时，把他搂在怀里，软语轻声地抚慰，让他获得心灵上的慰藉；温柔的女人会适时地撒娇耍赖，会让他感到自己肩膀的力量；温柔的女人会用爱怜和信赖的眼神提醒他你对他的需要和他对你的责任。温柔不是听之任之的绵软，也不是苍白的撒娇发嗲，那都会令男人觉得久而无味，若食鸡肋。温柔应是有灵性的柔媚，是心灵的契合，是你手中无形而最柔韧的风筝的线。有了它，你可以任他驰骋而终会保持原来的航线。

雯雯的老公有了外遇，姐妹们都替她愤愤不平。雯雯有一张漂亮的脸蛋，苗条的身材，一份体面的工作，在众人眼中是一位非常出色的女人。姐妹们纷纷骂道："这个男人真是瞎了狗眼，他到底图外面的女人什么啊？"

雯雯很沮丧地告诉她们，刚开始她也不相信，还以为是丈夫"审美疲劳"了，特地去美容院好好修整了下，本来就很精致的脸蛋，买了几套更时髦得体的衣服，但是根本没用。她的丈夫依然坚持和她离婚，对于她的改变根本毫不在意。雯雯大受打击，不知道自己输在什么地方，她跟踪、吵闹、威胁，但都没能使她老公回心转意。

在这期间，雯雯也见到了那个第三者，一个很平凡的女人，胆怯得不敢抬头正视雯雯，就像是大千世界的一粒沙尘，很容易令人忽略。只是在见面的过程中，那个女人的嘴角始终抿着一个浅浅的微笑。雯雯不敢相信自己居然输给了一个比自己差那么多的女人，简直是不可思议！而雯雯的丈夫在解释原因时，只说了一句话："她比你温柔。"温柔？雯雯一点儿都不愿相信，原来自己败在了这看似不起眼却致命的武器上！

男人们口中所说的"红颜知己"往往都是温柔、贴心的女子。也许，她们身上有很多不足，很多缺憾，但是她们身上的那种如水的温柔气质足以掩盖一切。而最重要的是，男人们就吃这一套。

看过一则寓言，讲的是太阳和风的故事。一天，太阳和风争论谁比谁强壮，风说："当然是我。你看下面那位穿着外套的老人，我打赌可以比你更快要他把外套脱下来。"

说着，风便用力对老人吹，希望把老人的外套吹下来。但是它愈吹，老人愈把外套裹得紧。后来风吹累了，太阳便从云后走出来，暖洋洋地照在老人身上。没多久，老人便开始擦汗，并且把外套脱下。于是，太阳对风说："温柔的阳光更胜激烈的狂暴。"

时间可以磨掉女人精美的容貌，张扬的个性，但是绝对磨不掉女人的温柔。温柔的女人会用她的柔情悄悄地关爱着身边的男人，在细细碎碎的呢喃中越发娇艳欲滴。她们的温柔比鲜花还要触动人心，她们的细心比鲜花还要清新，她们的善良比鲜花还要圣洁。

作为女人，你可以不够聪颖，不够美丽，不够坚强，但你不能不够温柔！因为温柔可以让你得到男人更多的爱，是你幸福婚姻的保障！

坚持爱情半糖主义

大部分女人，特别是已婚女人都富有极强的牺牲精神，愿意为丈夫和家庭付出自己所有的一切，乐于为他献上“整块的糖”。殊不知，糖吃多了不但感觉不到甜，甚至还会使人觉得隐隐作酸。

红遍全亚洲的台湾偶像组合 S. H. E 有一首歌叫《半糖主义》，歌中唱到：“我要对爱坚持半糖主义，永远让你觉得意犹未尽，若有似无的甜才不会觉得腻；我要对爱坚持半糖主义，真心不用天天黏在一起，爱得不容易，要留一点空间彼此才能呼吸。”其实这是在告诉女人们，无论是爱情还是婚姻，都需要给彼此多一点空间，若即若离才能保持爱情的神秘感，为爱情保鲜。

大部分女人，特别是已婚女人都富有极强的牺牲精神，愿意为丈夫和家庭付出自己所有的一切，乐于为他献上“整块的糖”。殊不知，糖吃多了不但感觉不到甜，甚至还会使人觉得隐隐作酸。给男人半颗糖，不仅可以令他觉得甜蜜，还会使他觉得意犹未尽，这是女人们对爱情恰如其分的把握，能够掌握爱情的“度”。

结婚后，随着时间的推移，彼此的缺点逐渐暴露，爱情也在柴米酱醋油盐中消磨殆尽。当激情和热情逐渐冷却，当你的底牌全部亮在丈夫的面前，当丈夫开始把你的付出当作理所应当，你该怎么办？女人们，坚持半糖主义吧！它是一种健康的婚恋态度，给丈夫的不够多，容易使感情变淡，让第三者乘虚而入，非我们所愿；要是粘丈夫粘得太紧，“俯首甘为孺子牛”，丈夫又可能会在过分逍遥中忽略你的付出，不懂珍惜。最佳的婚恋状态就是付出一半留一半，学会为自己的爱情随时加半勺糖，在若有若无中体味婚恋的香甜，领悟甘苦参半的婚恋生活。

陈娟自从开始和临风恋爱后，就有了一个“牛皮糖”的新外号，黏着临风不放。每天以手机、MSN、E－mail等全方位通讯手段与临风保持立体联系，头疼脑热马上讲给临风听，大事小事都要拖着临风办，甚至连宿舍里发现一只老鼠也要马上打电话告诉临风。两人一有空就待在一起甜甜蜜蜜，其他亲朋好友的活动一律不参加，就连周末两人也是待在宿舍“互诉衷肠”。

刚开始还好，但是过了一段时间后，陈娟就发现临风渐渐地在见面时表现得没以前热情，话也越来越少，有时见了面也是没精打采地耷着脑袋一声不吭。陈娟以为临风变心，看上了其他女人，气得痛哭流涕，大吵大闹也无济于事。但是临风指天发誓说自己没有其他的女人，只是不晓得为什么一见面就越觉得疲惫，失去了原来相见时那份心动的感觉。陈娟愣住了，怎么会这样呢？自己处处惦记着他，时时想和他在一起，感情怎么会越来越淡呢？陈娟心灰意冷地告诉临风暂时先分开，各自冷静下，同时申请了去美国读研，继续深造。

陈娟原本的生活被完全打破了，新的环境，新的朋友，新的食物，让陈娟忙碌起来。身边少了那个人，凡事都要自己亲自做，很累，但是自己却变得更加坚强，更加独立。每当夜深人静或者生活遇到挫折的时候，陈娟还是会疯狂地想念临风，但是不会再为他流泪，给临风的E－mail从一天几封变成了几天一封。

本来以为如此遥远的距离，毫无任何生活交集的两人感情会变得更淡，但是出乎意料的是，自从陈娟出国后，临风反而变得更加积极主动地和陈娟联系。陈娟寒假回国，她的变化令临风眼前一亮，临风连连夸她越来越懂事，越来越有女人味，两人的感情也逐渐升温。放完寒假，陈娟又回美国去了。没想到临风不堪相思之苦，在陈娟去后两个星期向公司请了假也飞到美国去了，这次临风带去的还有一颗钻戒……

中国有句老话叫“君子之交淡如水”，其实和我们今天所说的“半糖主义”是一个道理。所谓“糖多不甜，肉多不香”，女人太过于浓腻的爱会让男人感到压抑，会揭掉所有敷在爱情中的面纱，使彼此之间的感情索然无味。

张爱玲的小说《倾城之恋》中的白流苏就是一个“半糖主义者”。男主角范柳原是个被众多女人宠坏了的公子哥，许多女人一心想嫁入豪门，围着他转，给他太多太多的“糖”吃。可惜，唾手可得的爱反而令范柳原不屑一顾，迟迟结不了婚。

而女主角白流苏是一个离了婚寄人篱下的女人，条件比围绕在范柳原身边的女人不知道差了多少。但是当范柳原与她半开玩笑地开始调情时，白流苏采取了“半糖主义”的方法不拒绝也不入彀——只给他一点点甜头，但是保持一定距离。于是，居于主动的范柳原慢慢地变成了被动，因为他想得到她更多的“糖”吃。这当然要仰仗于白流苏是否乐意。几番波折后，白流苏的“半糖主义”政策最终使心高气傲的范柳原拜倒在她的石榴裙下。

事实上，世上很多事情就是这么奇怪。在婚恋中，有的女人付出了整个春天，却只收获了一篇绿叶；有的女人只付出了一朵浪花，却收获了广袤无垠的大海。

恋人们间耳鬓厮磨，夫妻间的朝夕相对，时间一长免不了出现男人们“审美疲劳”的现象。如果不为爱情加上一些“若即若离”的保鲜剂，爱情很容易腐烂变质。“若即若离”的功效在于给彼此适当的自由空间，即使结了婚也保持恋爱时双方的相对独立性和自由度，反而会激发相互间的吸引力。

女人们千万别忘记了，想要永远成为心爱男人的唯一，就一定得每次只给男人吃“半颗糖”！

做贤妻更要做“美妻”

女人追求美丽是永无止境的。因为美是变化和流动的，学着打扮自己，才能明白美的无穷奥秘。爱打扮的女人总是设法让自己每天都看起来不同，这样，对她来说，每天都是崭新的一天，每天都能拥有一份好心情。

如果把女人比喻成一朵娇嫩的花，那么恋爱使她风情万种地绽放，而婚姻则使她凄清无奈地凋零。定居中国的老外早起去市场买菜，常常惊诧于一个奇怪的现象：很多中国妇女居然顶着"鸡窝头"，穿着拖鞋，披着邋里邋遢的睡衣穿梭于市场，如鱼得水！这让他们觉得很不可思议，为什么中国的女人特别不喜欢打扮？又或者是中国的女人根本不擅长打扮？其实，如果老外能够再仔细地观察一会儿，就会发现其中的奥妙：那些不太注重形象的中国女人大多数都是已婚妇女。

很多女人在婚后无情的岁月摧残和繁琐家务的压迫下，在不知不觉中青春不再。结婚后女人们往往会变得节约、不修边幅，不再购买漂亮衣裳，舍不得买任何化妆品，总是把自己弄得蓬头垢面。她们说话大大咧咧，甚至脏话比男人还多。可怕的是，当女人们的这些行为成为习惯的时候，美丽和优雅也永远抛弃了她们。

毓敏今年刚刚30岁，和丈夫结婚5年了。一天，毓敏到超市去购物，因为刚刚做了妈妈的缘故，她的身材有点微微的走样，走起路来显得有些臃肿。加上婚后，毓敏很少打理自己，因此看上去显得比实际年龄大了点。当她走到冰柜面前时，一个二十多岁的促销小姐，一把抓住了她，笑眯眯地，热情地向她推销酸奶："阿姨，今天原味酸奶搞促销，非常划算！阿姨，像你这种年龄喝原味酸奶最适合了，可以降血压血脂，今天您买一盒打八折，买两盒就可以打七折，您捎上点绝对合算……"

这促销小姐一口一个阿姨叫得正欢，毓敏的心里已经发生了好几次汶川大地震了。毓敏那个气啊："我有这么老吗？你自己也有二十几了，居然叫我阿姨！还跟我说要降血脂血压?!"

毓敏原来还在读大学的时候，曾是系花，她那一双顾盼生辉、流光溢彩的双眸不知道使多少痴男拜倒在她的石榴裙下。她的先生也是费尽千辛万苦才把她娶进门的，这才过了几年，自己就成了阿姨了？想到这里，毓敏气得脸由红转紫，由紫转绿，最后定格在黑！吓得促销小姐连忙转移目标不敢再多说一句。

经过这次打击，毓敏决定以后不管工作、家务多忙，都要好好善待自己的脸蛋和身材，彻底地改头换面，让“阿姨”这个称呼过20年再出现在她的生命中。

有一句话说得好：“世上没有丑女人，只有懒女人。”一语道破了已婚女人常常在几年之内就美丽不再的原因——懒惰。女人们不要再拿“我好忙，没有时间”“都结婚了，就不要花那个钱了”等借口掩盖自己懒惰的事实。美丽不需要花费女人太多的时间和精力，它是一种态度。当你树立了“我一定变美丽”的观念时，一切借口都会化为乌有。

女人追求美丽是永无止境的。因为美是变化和流动的，学着打扮自己，才能明白美的无穷奥秘。爱打扮的女人总是设法让自己每天都看起来不同，这样，对她来说，每天都是崭新的一天，每天都能拥有一份好心情。

另外，优雅的举止也是保持女人气质和美丽的法宝之一。法国时尚界泰斗热纳维耶芙·安东丽·德阿里奥曾说：“优雅是一种和谐，非常类似于美丽，只不过美丽是上天的恩赐，而优雅是艺术的产物。一个真正优雅的女人就算只是静坐不语，那种超然与随意已足以让众人的视线停驻。”没有男人愿意拒绝一个优雅的女子，但是很少有女人在婚后能在繁重的家务中保持原先的优雅。

张洁和丈夫结婚十年了，十年来张洁遵循着中国妇女的美德“相夫教子，任劳任怨”。她从来没有为自己买过一件像样的衣服，也没有去过一次美容院，她的理由是：“都是小妇人了，还有啥好打扮的？不如把钱省下来补贴家用。”在生活中，她也“不拘小节”：早上起来先煮饭而不是先洗漱，上厕所不关门，在跟小商贩讨价还价中学会说话大声嚷嚷、骂骂咧咧。她的丈夫曾说过她很多次，但是收效甚微。

终于有一天，张洁的丈夫再也受不了她了，向她提出了离婚，理由是：不愿再看到妻子早上带着眼屎为全家准备早饭，也不想再在家中看到一个穿着邋里邋遢，像一个十足的拾荒者的人在家里飘过来又飘过去。这个理由使张洁震惊不已，她没想到为家中无怨无悔地付出女人最好的十年青春后，换来的居然是一纸离婚协议书。她歇斯底里地大骂丈夫没良心，但是一切都挽不回丈夫的心了。

张洁在责怪丈夫的时候，其实也应该反思一下自己为什么在丈夫无数次的劝告中“屡教不改”自己的恶习。优雅的妻子是丈夫的“面子”，丈夫愿意带着她们出席各种宴会，拜访亲朋好友，因为妻子的优雅能够成为众人注视的焦点，极大地满足丈夫的虚荣心。而举止粗俗、不修边幅的妻子，是每个丈夫的噩梦。尽管男人常常说“家有丑妻是个宝”，但是男人们只会把这个“宝”永远留在家里，一点都不愿意和她结伴出游。

聪慧的女人要懂得爱，懂得付出，但也要懂得如何使自己看起来美丽优雅，牢牢地抓住丈夫的心。她们一边辛苦地工作，一边享受快乐的生活，一边用美丽优雅去爱丈夫，一边享受甜蜜的婚姻。女人们，请时刻记住：你不仅要做个“下得了厨房”的贤妻，也要做一个“上得了厅堂”的美妻！

聪明女人爱屋及乌

所谓“家和万事兴”，没有女人愿意看到因为处理不好家庭关系，而使婚姻陷入危机的局面。在这里，提醒女人们必须认清一个事实：“爱老公，就必须爱他的家人。”

有一句话堪称婚姻哲学中的至理名言：“结婚前是两个人的事，结婚后是两家人的事。”这句话看似简单，实际操作起来却很困难。不然，也不会有那么多由于婆媳关系不和或者妯娌间的勾心斗角产生等诸多家庭矛盾的离异。

在步入婚姻殿堂之前，男人对女人所说的话仅代表他个人的想法，他对你所做的一切仅代表他个人的举动。然而，随着你们关系的日趋稳定，当你去他家中“会晤”你未来的公婆、家人时，你会发现融入一个家庭其实远没有你想象中的那么简单。

当你还是他的女友时，他的家人把你当成“客人”对待，客气有礼，所有不满都隐藏在笑脸后。但是当你力图成为他们家庭一员时，想让他们把你当成“自己人”时，他的家人会用一套他们自己的人生观和价值观来评价你、观察你，你得通过他们家“三姑六婆”一步步的审核。如果幸运的话，你们会携手步入婚姻的殿堂；如果不幸，你们的爱情就会中途夭折。

即使很多女人通过了婚前的考核，顺利成为他们家族的一员时，也不要窃喜得太早，因为这仅仅是考核的开始。接下来，如何处理“家人”间的各种复杂的矛盾和关系才是你能否和丈夫白头偕老的关键。很多女人在经历爱情的时候，和男人的家庭关系和睦，打成一片。可是一旦走进婚姻，就开始变得茫然。矛盾会不断地涌现，各种始料不及的问题也随之而来，难免会让婚前对婚姻千般幻想的女人手忙脚乱，不知所措。

所谓“家和万事兴”，没有女人愿意看到因为处理不好家庭关系，而使婚姻陷入危机的局面。在这里，提醒女人们必须认清一个事实：“爱老公，就必须爱他的家人。”

作家六六有一本小说叫《双面胶》，说的就是因为婆媳关系不和而导致的家庭悲剧。上海媳妇和东北婆婆由于生活理念和价值观的不同，而导致了家庭矛盾的不断激化。男主角亚平夹在两个女人之间如同双面胶一样，左右为难。在亚平的心中，老婆和自己是平等的，可以偶尔发发脾气，说些隐隐威胁的话。但是对母亲而言，只能是谦卑的感恩的依顺，因为她是生他养他的母亲，就这么简单。因此在两个女人吵架时，亚平永远只能站在母亲那边，即使母亲有诸多的不对。而对老婆能做到的只有事后的安慰，和背地里的“负荆请罪”。结果到最后，媳妇觉得委屈，母亲觉得不满，而亚平只能无奈地高呼:“世界上最苦的差事,莫过于身兼数职,我可以是个好丈夫,也可以是个好儿子,但我不可以是好丈夫和好儿子。”

其实,家庭关系不和睦时,最痛苦的永远是你深爱的丈夫。因为他两边都不想得罪,却往往落了个“猪八戒照镜子——里外不是人”的下场。然而,女人们还必须知道,家庭结构是你永远改变不了的事实;而更残酷的一点是,婚姻关系也不可与血缘关系同日而语。血缘关系是无条件的、一辈子都无法切断的,而婚姻关系却是脆弱无比、变幻莫测的。

因此,聪明的女人要做的是如何俘获丈夫家人的心,而不是在丈夫耳边不断地打小报告,说他家人的不是。那样,只会使你的丈夫把你当成“长舌妇”,而对你的人际关系一点好处都没有。

聪明的女人在遇到矛盾时,会尽力地忍让,给丈夫的家人们懂事、识大体的好印象;聪明的女人会把公婆当成自己的父母来孝顺,逢年过节,给父母买礼物时决不会忘记给公婆也捎上一份;聪明的女人会用真诚的心,去关爱他的家人;聪明的女人会以宽容客观的心态,去面对家庭中的无可奈何;聪明的女人绝对不会让自己的丈夫比较自己和他家人到底哪边更重要,因为她们舍不得让丈夫陷入两难的境地。

如果你真的学会了“爱屋及乌”,你会发现你收获的原比你想象中的要多。

灵心在婚前一直对她的婚姻充满了信心,包括丈夫的家庭关系。进入新的家庭后,灵心才发现事情没有预先想得那么简单。她总是觉得婆婆故意刁难她,小叔子任性自私地把所有的家务都推给他,而小姑子则有强烈的恋兄情结,每当她和丈夫准备享受二人世界的甜蜜时,小姑子准会准时出现当“电灯泡”。

灵心渐渐觉得力不从心,开始疲惫。她也曾向丈夫抱怨过几次,但是最后的结果是使得夹在中间的丈夫更加为难。看着丈夫的样子,灵心心疼极了,于是自我开导起来:“也许他的家人还不够了解我,不放心把他们的至亲至爱交给我,这才对我产生了抵触心理。只要我用真心去对待他们,他们一定会感到我的诚意的！”于是从此以后，当丈夫的家人和自己发生冲突时，灵心总是选择忍让，并且尽量不让丈夫知道。

经过灵心长期的努力，她和丈夫家人的关系终于得到改善。现在看到灵心做家务，婆婆会主动和她分担，小叔子会记得送给她生日礼物，而小姑子则完完全全把她当成“恋爱顾问”，经常和她促膝长谈，研究婚恋问题。而和家人关系改善的同时，灵心和丈夫的感情更近了一步，丈夫总是对灵心说：“你真的是天下间最好的妻子，你带来了每个男人梦寐以求的无价之宝——一个和谐的家庭。”

是的，对于大多数男人来说，家庭的和睦要比任何事业和金钱都重要。而这种和睦，是需要妻子去经营的。女人们，在与丈夫的家人“过招”时请放下你的“尖牙利爪”，展开你动人的笑颜，用你的智慧和真诚为你的丈夫和所有人创造出一个和睦的家庭环境吧。相信你自己，你一定做得到！

理智面对“小三”

如果说结婚是一项投资，那爱情就是本钱，“小三”属于营业外支出。当营业外的支出超过了婚姻中的爱情本钱，就要破产清算了——离婚。

20年前，“第三者”、“二奶”、“小三”都还是新鲜词，要是哪个男人出轨，都要承受巨大的社会舆论压力，被“三姑六婆”戳着脊梁骨骂。然而，在当今物欲横流的社会，被小三“阴到”的小妇人比比皆是，大家对外遇都见怪不怪，顶多同情你一下。因此，20年前对付小三那“一哭、二闹、三上吊”的方法，如今已经不顶用了。不幸被“三”的小妇人，一定要学会运用理智对付这些“外来侵略者”。

无论时代如何发展，老公有了外遇，对女人来讲都是巨大的打击。如果说结婚是一项投资，那爱情就是本钱，“小三”属于营业外支出。当营业外的支出超过了婚姻中的爱情本钱，就要破产清算了——离婚。女人们在发现丈夫有外遇时，一定要保持冷静。要不要原谅那个男人倒是其次，重要的是原来自己的“私有财产”被居心不良的小三连招呼都没打就盗取了，这口气女人们怎么可能咽得下？女人们岂能轻易地善罢甘休？

女人们要切记，打败小三的黄金法则之一就是“攘外必先安内”。

“安内”说白了就是要搞定老公，重新唤起老公对自己的爱。被第三者插足，老公必定是要负很大一部分责任，正是他的意志不坚定才让第三者有了可乘之机。但是在还没有“攘外”成功之前，你不能和老公闹翻，因为他是你和小三的战争到底谁能笑到最后的总裁判。老公的心最终“鹿死谁手”，谁才是真正的赢家。

外遇一旦败露，男人心中其实是很矛盾的。一边是约定携手共走人生路的妻子，一边是带给自己美妙刺激的情人，两边都不想辜负，但是鱼和熊掌又岂可兼得？当男人的天平还在左右摇摆时，女人们千万不要大吵大闹，更不要闹得满城风雨，人人皆知。因为那会使男人的面子尽失，最后抱着“破罐子破摔”的心态，将离婚进行到底。这时候妻子应该尽可能地了解他内心的想法，并作出宽容大度的姿态，充分引出丈夫心中对你的愧疚。他对你的愧疚越多，他就越不可能轻易地离开你。女人们还要尽量站在他的立场上为他着想，使他相信这个世界上对他最好的女人只有你。

当老公有意地透露出自己有外遇时，小宁惊得脑子一片空白。她和丈夫婚后因为工作的关系，时常分居两地。但是小宁对自己的老公充满了信心，她相信两人缠绵悱恻时的海誓山盟，所以从未想到老公会出轨。现在老公已经把这件事告诉了自己，那是不是表示他已经决定和自己离婚？想到这里，虽然小宁内心已经掀起了惊涛骇浪，但表面上还是维持着平静。她淡淡地说：“我知道我们经常分居两地，你工作又忙，身心都需要慰藉，出轨也是可以理解的。我这个做妻子的，并没有把你照顾好，经常忽略你，这是我的不对……"小宁的丈夫很惊讶，其实今天他来就是找小宁摊牌的，律师都事先联系好了，以防小宁大吵大闹。但是小宁居然如此识大体地自责，还这么体贴自己，毕竟也是真心真意地爱过一场，"离婚"这两个字他实在是说不出口了。

虽然内心深受煎熬，但小宁还是很快理清自己的思路。她不急着找第三者，而是反思自己该如何重新俘虏老公的心。她开始常常上健身房、美容院，还报了插花班、瑜伽班，全面提升自己的气质和形象。把婚后那些不修边幅的习惯通通丢到一边。没过多久，小宁就发现自己已经成功地重新吸引了丈夫的目光。

除此之外，生活上小宁也一改以往对老公听之任之的状态，变得对他细心呵护。他在工作时，会细心为他冲上一杯咖啡；在公司通宵熬夜时，会准备好"爱心便当"给老公送去，还不忘给他的同事和下属也捎上一份，令老公的朋友同事直夸他有个贤惠的妻子；家里有客时，她会打扮得光鲜靓丽，为丈夫赚足了面子。

渐渐地，小宁发现丈夫待在家里的时间越来越长，对她也越来越体贴。原来的那个"小三"则完全没了消息，小宁彻底打败了她，而且做到了"不战而屈人之兵"。

其实，喜新厌旧是人的本性。张爱玲在《红玫瑰与白玫瑰》里写道："娶了红玫瑰，久而久之，红的变成了墙上的一抹蚊子血，白的还是'床前明月光'；娶了白玫瑰，白的便是衣服上粘的一粒饭粒子，红的却是心口上的一颗朱砂痣。"大多数男人都是花心的，你不能要求他们一辈子就只爱你一个，因为据科学家研究，爱情的保鲜期只有18个月。但是女人们不要灰心，因为共度一生的夫妻也是很常见的。这需要女人们的悉心经营和呵护，女人们要学会不断为自己的婚姻保鲜。

这里还提醒女人们要学会"防患于未然"。女人们要保持适度的警觉，千万不要抱着"老公是我的，谁也抢不走的""天要下雨，娘要嫁人，老公要出轨我也没法子"等想法。女人们既不要像警犬一样时时刻刻嗅觉灵敏，把老公当成嫌疑犯，也不要混混沌沌，等到全天下人都知道你被“三”了，自己却还浑然不觉。要争取及早发现老公不轨的苗头，掐灭一支烟头肯定比灭一场大火容易得多。

所谓“浪子回头金不换”，要是丈夫已经从小三的温柔陷阱中抽身出来了，女人们就要有足够的胸襟来容纳他，把这件事从自己的记忆中抹去。时时记着，有空还要把它翻出来打击丈夫一下的做法，不仅使自己痛苦，还会再次把丈夫推向下一个小三。

女人们，婚姻和人生一样，会遭遇暴风雪的打击，不会永远都是艳阳天。要是小三真的出现在你的婚姻中，千万要保持一颗冷静的心，运用你的智慧从容不迫地与她过招。相信聪慧的你一定会取得最后的胜利。

女人在热恋中也要保持清醒

女人们在一场爱情中越是意乱情迷、甜蜜快乐，分手时就越伤感迷茫、哀怨悲惨。有时，这样的伤痕可能会贯穿你脆弱的灵魂，令你终其一生都无法释怀。

有一句话是这样说的：“每一个成功的男人背后都有一个支持他的女人，而每一个成功的女人背后总有一个伤害她的男人。”这句话虽然说的过于尖刻、片面，但细细品味还是有几分道理的。

从本质上来说，女人往往摆脱不了为爱迷惑、为情痴狂的底子。女人们面对爱情就像面对一个潘多拉宝盒一样，一旦拥有，就认定一定会天长地久。热恋中的女子都是一个十足的幻想家，无论何时身后都插着翅膀，所有的思想都围绕着爱人。女人整夜不睡守在电话机前等待他的电话，不厌其烦地为他买这买那，追着他嘘寒问暖，就像一个衷心的女仆一样被他招之则来，挥之即去。爱到情浓处，女人们往往最先忘记的就是自己。那种毫无保留的付出，全心全意地投入，简直就是自虐。而结果呢？那个被你宠坏的男人，可能“挥一挥衣袖，不带走一片云彩”，潇洒从容地从你们的爱情中抽身而退。空留女人茫然地在爱情的旋涡中“顾影自怜”，号啕大哭，不肯相信那个曾经让自己掏心掏肺付出的男人会如此的绝情。

女人们请记住一句话：是你的，就是你的；不是你的，终始是留不住的。所有美丽的邂逅，相知相恋的激情碰撞，在岁月风雨的涤荡下，最后都会变成彼此记忆中的风景。女人们在一场爱情中越是意乱情迷、甜蜜快乐，分手时就越伤感迷茫、哀怨悲惨。有时，这样的伤痕可能会贯穿你脆弱的灵魂，令你终其一生都无法释怀。那种“感时花溅泪，恨别鸟惊心”的伤痛，一个女人一生经历过一次就足够了。对女人来说，没有什么比清醒地活着，活在一份安稳的情感里更重要了。

张爱玲的小说《色戒》2008 年被李安搬上银幕，一时风靡全球。很多评论家都说色戒中的女主角是张爱玲自己的缩影，因为才气逼人的张爱玲也曾经深深迷恋过一个汉奸——胡兰成。

作为汪精卫伪政府的重要官员，胡兰成洒脱成熟，睿智硬朗，使得内心孤独寂寞的张爱玲深陷情网，不能自拔，犹如久旱逢甘霖，他乡遇故知。不用太多的言语，一个会心的笑容就已将心事呈上，又怎能使两人不心心相惜？张爱玲自己说：“在你面前我变得很低很低，低到尘埃里，但我的心里是喜欢的，从尘埃里开出花来。”

爱情让张爱玲沉迷，让她忘却自己。即使到了胡兰成重新“流连花丛中”，甚至于伪政府倒台胡兰成逃难之际，张爱玲依然对他痴心一片，给予他一切能给的物质和精神上的帮助。然而，张爱玲忘记了站在她面前的毕竟是一个 38 岁久经风月场的男子，汪伪政权的重要官员。他的话半真半假，怎可将一片痴心全然托付？最后，张爱玲也只能是落了个“我本将心照明月，奈何明月照沟渠”的无奈凄惨的下场！

不是所有遇到的男人都值得你付出所有，很多男人根本不适合自己。很多女人在热恋中总是把自己摆在最低微的位子，似乎只要爱人接受自己的关心就是莫大的恩赐，来不及去考虑什么值得不值得。等到走出情爱的漩涡后，才发觉为了不值得的男人赔上了自己宝贵的青春，感情，甚至身体的健康。

面对爱情时，小女生们总是显得异常勇敢。薛晶晶在15岁时认识了同岁的胡哲，年少的青涩和无知，以及对爱情的过分乐观，使得两人轻易地跨越了道德的最后一道底线。胡哲承诺晶晶再过3年，两人年满18岁时就娶晶晶过门，深陷爱情带来的甜蜜和刺激中的晶晶，当然毫无怀疑地相信了这套说辞，几乎毫无保留地为胡哲付出了一切。然而，好景不长，缺乏自我保护意识的晶晶，发现自己竟然怀孕了。这个晴天霹雳令两人都呆住了，两个年仅15岁，连自己都需要依靠父母养活的少年，当然无法承担一个小生命的来临。于是，两人做了个令晶晶悔恨终生的决定——堕胎。

害怕父母责罚的两人，偷偷去医院做了人流。然而，世上没有不透风的墙，这个秘密不经意间被晶晶的一个好友知道了，于是很快就闹得满城风雨。晶晶无法承受流言蜚语的中伤和他人异样的目光，终于辍学。而胡哲在这过程中始终保持沉默，更是在晶晶辍学后，立刻提出分手。晶晶伤心欲绝，被接二连三的打击弄得一蹶不振。命运似乎还没有停止对晶晶的折磨，由于人流的原因，晶晶原来娇嫩洁白的脸上长了许多斑，令她美貌不再。

5年后，在中学同学的聚会上，晶晶又一次见到了胡哲。此时的胡哲已经是名牌大学的学生，晶晶从别人的口中得知他已经有了一个美貌乖巧的女朋友。而此次的晶晶只是一家小超市的收银员，生活的压力使得她看上去比同龄人沧桑了许多。巨大的落差和悲伤向晶晶袭来，晶晶控制不住自己，一边流泪，一边歇斯底里地向胡哲大吼："要不是你，我现在和你们一样念大学，是你改变了我的一生……"可事已至此，大吼大叫又能改变什么呢？

被爱情冲昏头脑的女人，勇敢而迷糊的女人，常常会因为感情付出太多而承受太沉重的代价。然而，时间不会倒退，世界也没有后悔药卖。因此，女人在恋爱时一定要保持清醒，提高对男人的认识，提升自己的情商，丰富自己的内心，乃至雕琢自己的外在，这对女人真的很重要。在期待一份美好的永恒的情感之前，也许我们要问一问自己，我们真的做好准备了吗？

女人想要把握自己的幸福，就要积极快乐地生活，勤于照看自己的内心，知道自己究竟是个什么样的人，什么样的男人才是自己真正需要的。他不一定要很优秀、帅气、有权、多金，重要的是他必须适合自己而且真心地爱自己。女人们，在任何时候都保持绝对地清醒，认真地去挑选值得托付终身的另一半吧！

下篇：历练自己成为出色的习惯园丁

{Chapter 12}

工作习惯：女人闯荡职场的默默心机

培根说："人的思考取决于动机，语言取决于学问和知识，而行动，则多半取决于习惯。"习惯可以决定一个女人的命运，而工作习惯可以决定她日后成就的高低。良好的工作习惯可以提高工作效率，让女人早日敲开成功的大门；不好的工作习惯则常常拖女人的后腿，阻碍女人前进的步伐。那些高喊独立、赚钱和幸福的女人们，要早早地从自己的工作习惯入手，脚踏实地方能博取美满的人生。

爱岗敬业的女人最优秀

朱熹说："敬业者，专心致志以事其业也。"女人们只有在工作上专心、守职、尽责、全身心地投入，养成敬业的好习惯，才能在平凡的岗位做出不平凡的成就。

电影《疯狂的赛车》中有一句经典的台词："干一行，爱一行。"撇开这句话在电影里搞笑的成分，它背后实际上蕴涵着一个简单的道理："敬业是一种习惯，一种人生态度。"

朱熹说："敬业者，专心致志以事其业也。"女人们只有在工作上专心、守职、尽责、全身心地投入，养成敬业的好习惯，才能在平凡的岗位做出不平凡的成就。

很多女人在刚开始工作的时候，总认为自己做的一切都是在为老板挣钱，对自己没有什么好处，因此，何必那么拼命，马马虎虎过得去就好！实际上，这种想法是错误的。女人们在工作中需要重视的不是为谁打工，而是你能在你的岗位上学到或得到什么。任何平凡的岗位和低微的职位，都有着巨大的机遇。只有女人们勤勤恳恳地把平凡的工作做到比别人更优秀、更完美，才能及时地发现机遇、抓住机遇。机遇从来不会垂青一个懒惰的女人，因此，女人们应该把敬业当成是一种良好的工作习惯。

在手工业时代，一个专打铜锣的铺子里的工匠师傅已近70岁了，还每天坚持掌锤。每到打锣心的时候，老工匠就会使足力气打下最后的一锤。原来，锣心的一锤与周边的锤法都不一样，锣心以外的每一锤都只是准备，最后的一锤才是定音的，或清脆悠扬，或雄浑洪亮，都因这一锤而定。这一锤打好了，就是好锣，要打得不轻不重，恰到好处。否则，这只锣就报废了。不论多么优质的铜材，不论剪裁的尺寸多么合理，也不论一开始打了多少锤，这都不是最重要的，重要的是最后关头的恰到好处的最后一锤，这才是一只锣制造成功的关键。

老工匠正是由于有着良好的敬业习惯，长期不懈的积累，才能最终达到“一锤定音”的最佳效果。正所谓：“不积跬步，无以至千里。”一个女人要做到一时敬业是很容易的，但是要把敬业当成一种习惯，并且始终如、一直到退休的那一刻为止，是非常困难的。当女人们把敬业当成一种习惯时，能够学到更多的经验和领悟到全身心投入工作的那种快乐。只有当女人们保持着对工作的兴趣和热情，把工作上遇到的困难当成是对自己人生的挑战和考验，在工作中寻到自己的价值，才能在对事业的执著追求中，享受到工作带来的快乐。

养成敬业的习惯，也许不能为女人们带来“立竿见影”的现实好处，但是如果女人们缺少敬业精神，让散漫、马虎、不负责任的工作态度成为工作的“主旋律”，那么女人在工作上的成就也一定有限。因为缺少敬业精神的女人做任何事情都抱着敷衍了事的心态，这样的心态会导致女人在工作上频频出错。任何同事都不会喜欢和这样的女人共事，任何老板都不会信任这样的下属。因此，这样的女人得到晋升提拔的机会少得可怜，极有可能碌碌无为地度过平庸的一生。

日本内阁邮政大臣野田圣子在步入政坛之前，曾在东京帝国饭店工作。在她刚刚到这个五星级饭店打工的时候，她被分配到的工作是洗厕所。野田圣子对此失望不已，却又无可奈何。

当野田圣子上班的第一天把手伸进马桶洗涮时，在心理作用下，她差点恶心得呕吐出来。没撑过几天，她就打算辞职。然而就在她准备辞职的这天，她看见一个老清洁员工，居然在清洗工作完成后，从马桶里舀一杯水喝了下去。野田圣子看得目瞪口呆、惊诧不已，当她问老员工怎么敢喝马桶里的水时，老员工自豪地回答她说：“经过我清理的马桶，里面的水都是干净得可以喝的。”

这件事对野田圣子的影响很大，只有敬业的人才会对自己的工作如此细心自豪。反观自己却因为清洗马桶的工作而差点呕吐，野田圣子对此惭愧不已。从此那天开始，她改变了工作态度，再进入厕所清洗时，她不再愁眉苦脸，而是认真负责地完成自己的工作。每次清洗完马桶，野田圣子总是扪心自问：“我可以从这里面舀一杯水喝下去吗？”

实习期结束后，当经理考查她的工作情况时，野田圣子在所有人面前，从她清洗过的马桶里舀了一杯水喝了下去！这个举动同样震惊了在场所有的人，尤其让总经理认为这名实习生是难得敬业的人才。于是，野田圣子顺利进入帝国饭店工作，并成为日本帝国饭店晋升最快的出色员工。

拥有敬业习惯的女人，不管从事多么微小或低贱的工作，都能把重点放在如何把工作做得更加地精益求精和完美上。不管工作的性质如何，前景如何，她们都能抱有更高的理想和境界去追求。

IBM公司的创始人沃森曾对员工说：“如果你是忠诚敬业的，你就会成功。只要热爱工作，就会提高工作水平，忠诚敬业和努力是融合在一起的，敬业是生命的润滑剂。对工作敬业的人没有苦恼，也不会因困惑而动摇，他坚守着航船，如果船要沉没，他就会像一个英雄那样，在乐队的演奏声中，随着桅杆顶上的旗帜一起沉没。”

所谓：“一分耕耘，一分收获。”女人们应该认识到，在工作中只有舍得付出愿意付出的人，才能让老板真正看到你的能力并且获得相应的提拔。当然，良好的敬业的习惯并不是与生俱来的，而是需要培养和锻炼的。

女人们，应该从现在开始养成爱岗敬业的习惯。从小事做起，一步一个脚印，在工作中不断总结经验，用积极的态度应对工作上的困难和挫折。只有这样，女人们才能始终如一地完成工作，并在自己的岗位上做到名利双收。

养成合理安排时间的习惯

时间是公正无私的，它不以任何人的意志为转移，也不会因为任何事而停留一秒，所谓“时不待人”正是这个道理。因此，一个女人如果想要很好地完成工作，就必须善于安排并利用自己的时间。

意大利有一句谚语：“已去之浪不回流，已去之时不再来。”我国晋代的陶渊明也说过：“盛年不重来，一日难再晨。及时当勉励，岁月不待人。”这些说的都是时间的宝贵和“一去不复返”。时间是一笔无形的资产，如果没有时间，不管你的计划多好，能力多强，都不可能将之付诸于实践。

时间是公正无私的，它不以任何人的意志为转移，也不会因为任何事而停留一秒，所谓“时不待人”正是这个道理。工作是做不完的，时间却是有限的。因此，一个女人如果想要很好地完成工作，就必须善于安排并利用自己的时间。

两个商人乘坐飞机去大洋彼岸出差，需要一天一夜的时间。刚上飞机，商人甲就开始抱怨：“这么长的时间该如何打发？烦死了！”飞机起飞后，他就显得烦躁不安，一会儿发牢骚，一会儿睡觉，一会儿吃零食，一会儿上厕所，一会儿闲聊，做了这么多事情，就是没有一件事情能让他安下心来的。因此，这一天的时间对他来说度日如年。商人乙在上飞机前就已经安排好了时间：先花半天的时间阅读，然后吃午餐，稍作休息。接下来花两个小时听音乐，然后花一个小时看窗外的风景，顺便思考一些问题。吃了晚餐和同事聊天，探讨一下这次出差的相关问题。最后开始闭上眼睛休息，一觉醒来飞机已经安然落地。

走出飞机时，商人甲吁了一口气，感叹道：“终于到了。”而商人乙却说：“想不到这么快就到了。”

故事中的商人乙懂得如何安排自己的时间,珍惜时间并合理利用,而商人甲则在不停的抱怨中浪费时间。时间管理学者杰克·弗纳对时间管理的定义是:有效地应用时间这种资源,以便我们有效地达成个人的重要目标。一旦一个女人形成合理安排时间的习惯,工作效率就好大大提高。

鲁迅说过:“时间就像海绵里的水,只要你愿意挤,总还是有的。”很多女人抱怨:“我总是有干不完的活儿,加不完的班,每天工作得像一个旋转的陀螺。”这固然有很多外因,像从事的工作、遇到的老板等,但是女人们是不是要反思这其中也有一些内因?自己有好好地珍惜并利用时间吗?自己有没有对时间进行合理的管理?自己有没有把今天的事情拖到明天,然后在截止日期的前一天疯狂赶进度?

时间是有伸缩性的,它既可以让你感觉捉襟见肘,也能使你在最短时间内发挥最大的效益。一个女人会不会利用时间,不是看她做了多少工作,而是看她的工作量和时间的比率。一个会合理安排时间的女人,会在做事之前制订出一份完整、合理的工作计划,并且尽可能地利用工作时间完成它,而不是把工作带回家或者拖到加班时间。

王林是一家公司的部门总管。她工作得很勤奋也很努力,部门大小事宜,大至工作策划,小至查看客户的投诉信,她都要一一过问,力求做到事必躬亲。王林几乎每天都加班,有时甚至不得不把工作带回家去看。她的丈夫常常笑话她,说她每天晚上在家里还要像学生一样做家庭作业。然而,在她忙得焦头烂额的时候,她的手下每天都处在无所事事的等待中,大量的时间被消耗掉了。整个部门,乌烟瘴气,大家都在抱怨、指责,充斥着不良的工作情绪。

后来,另外一个部门的主管在偶然间知道这个情况后,找了个机会开诚布公地谈了一谈。王林这才意识到自己的问题。王林是一个能够接受别人的意见并且改善自己的人,当她知道了自己的问题后,立刻改变了工作方式。她把手上大部分工作都分配给手下,但是让他们把事情浓缩成摘要送上来给自己过目,整个部门懒散的工作风气因此而改变。而王林因为合理分配自己的工作时间,在工作效率上也得到提高,她除了工作还有大把的时间来做其他事，生活因此五彩缤纷起来。

在竞争激烈的今天中，作为一名职业女性，时间不够用是一种很正常、很普遍的现象。特别是对于那些已婚的、有家有孩子的职业女性，如何在工作和家庭之间获得平衡，是困扰大部分女人的问题。如果一个女人养成了合理分配时间的习惯，就会有计划地利用工作时间，根据工作的重要程度，合理地安排出工作的主次顺序。只要安排适当，那你的工作就会像自动运转的机器一样，一件一件地按时自动完成。

印度有句谚语："只要紧紧地地跟着时间的步伐，幸运之神就会永远跟着你。"富兰克林也说过："时间就是金钱。"在生活中，很多女人都有无意识地浪费时间的习惯。例如在工作前总是喜欢做一些私事，在认真写稿前总喜欢上一会儿网，这些不良的习惯都在浪费你宝贵的时间，尽管有时候你是无意识的。成功的女人则会分析浪费时间的原因，并逐渐减少浪费时间的几率；失败的女人却不管它，浪费了就浪费吧，结果下一次仍然会浪费。

女人们要想从时间中获得最大的回报，就必须有计划地安排你的时间。时间管理的关键技巧是习惯，如果把时间管理变成了你的习惯，你就会有意识地去安排你的时间。有计划，才会有效率，才会成功。

培养脚踏实地的工作习惯

俗话说："罗马不是一天建成的。"缺乏脚踏实地工作习惯的女人只会一事无成。成功没有捷径，也不能速成，从切实可行的基础做起，脚踏实地地工作，长久地坚持，你才能达到自己的目标；而好高骛远只能使你浮躁狂妄、投机取巧，在美梦破灭时，折桅返航、怨天尤人，终至一蹶不振。

曾有人这样说道，真正的道路在一条绳索上，它不是绷紧在高处，而是贴近地面的，与其说它是供人行走的，不如说它是用来绊人的，只有被绊后，人们才能发现道路的价值。这句话是对人生道路的诠释，也是对那些有着脚踏实地工作习惯女人的肯定。

莉香毕业于国内的一所名牌大学的国贸专业。在学校的时候，莉香是一个品学兼优的好学生，是老师信任的好助手，是学生会叱咤风雨的优秀干部，是同学羡慕的对象。集“三千宠爱于一身”的莉香，也相当的傲气。在学生时代就已经立下目标要做个自主创业的女强人，因此莉香一毕业就和同学合资开了一家餐厅，投身商海，真正地做了老板。

一开始，莉香就把餐厅定位在高档，餐厅所有的装潢都是用最贵的，请的厨师也是特意从大饭店挖来的顶级厨师，甚至连广告都是投巨资在电视台的黄金档播放。这样的大手笔让她的合资伙伴有点受不了，他们不断地规劝她，每一笔钱都是来之不易的，在花钱之前都要做详细的市场调查，而且餐厅的位置也不是太好，定位可能要调整。然而，好高骛远的莉香怎么也听不进批评，她觉得合伙人没有做生意的胆识和远见，非常不高兴地和合伙人大吵了几架，甚至还放话：“不满意可以滚啊！我自己一个人也可以！”

终于，在三个月餐厅的盈利都是负以后，莉香的合伙人撒手离她而去。莉香不肯承认自己的失败，四处借债来缓解资金的周转不灵，又苦苦撑了三个月后，她终于宣布破产。

生活中有很多想要创业的女人和莉香一样，对小本生意不屑一顾，对一分一分的赚钱不以为然。她们总是希望潇洒自如地做大生意，建跨国公司，尽兴地做她们的创业梦、经营梦、成功梦。然而，在变幻莫测、危机四伏的商海，每一分钱都来之不易，谈成一笔生意、签成一纸合同更是需要经历无数波折。想要像比尔盖茨那样日进斗金需要付出无数的心血和代价，一夜暴富在当今社会几乎是不可能的。

有些女人总是有很远大的梦想，但她们却无法脚踏实地地实现梦想。交往初期，人们会被她们的空想理论和勃勃的雄心吸引，领导也会认为她们是“良将韩信”，是公司的栋梁之才，但是时间一久，大家都会明白她们只是“纸上谈兵”，她们只会沉浸在自己的梦想中，不会也不可能做出什么成就。

成功不但要有理想，还要能脚踏实地地去工作。一个没有脚踏实地工作习惯的女人，只能永远沉浸在自己宏伟的梦想中，是不会有未来可言的。缺乏脚踏实地的工作习惯，女人们会眼光空茫、不切实际，从而原地踏步，功败垂成；缺乏脚踏实地的工作习惯，女人们会错失许多现成的成功机会，不愿也不屑作艰难而漫长的原始积累，然而没有量的积累又哪来质的飞跃？

古语有云：“冰冻三尺，非一日之寒。”可见，想要成功的女人们需要在工作上踏踏实实地做事，从一点一滴做起，坚持不懈。

摩天大楼是由一砖一沙累积而成，亿万资产也是由一分一厘积攒起来的，女人要坚持自己的梦想和希望，更要坚持一步一个脚印的跋涉。只要你愿意脚踏实地、毫不松懈地坚持下去，终有一天你的梦想会变成活生生的现实。

职场之上，不容女人频繁跳槽

女人们想要登上事业的顶峰，就一定要改掉这种见异思迁的频繁“跳槽”习惯，一旦选定自己的工作目标后，就要脚踏实地，一步一个脚印地走下去。

“跳槽”这个词近几年特别得宠，许多年轻女人都把“跳槽”挂在嘴边。一旦她们发现了一份待遇看似比现有好点的工作，就立刻想要跳槽。随着社会的发展，女人的择业观也发生了巨大的变化。现代女性频繁跳槽的普遍心态都与变换方式生活、调整工作空间、实现自我价值分不开。每个职业女性估计都想过跳槽这个问题，但是在真正采取行动之前，还请女人们三思而后行。

美国作家爱默生说："生活的乐趣取决于生活的本身，而不是取决于工作或地点。"如果一个女人习惯于频繁跳槽，总将精力分散在下一个更好的工作上，那么她永远也不可能获得工作的乐趣和成就。女人们想要登上事业的顶峰，就一定要改掉这种见异思迁的频繁"跳槽"习惯，一旦选定自己的工作目标后，就要脚踏实地，一步一个脚印地走下去。

以前女人们在挑选工作的时候，往往喜欢把稳定性摆着第一位。然而，随着独立意识的增强，如今越来越多的女性开始追求实现自我价值的最大空间，表现在职业上便是频繁跳槽，热衷打短工。但是事实上"跳槽"的风险其实很大，女人们如果不是已经对新工作有十足的把握，没有绝对的决心去挑战一个新的岗位，就不要轻率地为之。

琰琰毕业于一所著名的大学，学的是中文专业，在校时就有才女之称。两年前，琰琰毕业时，学校本着爱才的出发点，把琰琰留在了本校图书馆工作。这份工作干了不到一个月，琰琰就向上级提交了辞呈。理由是：没有办法把泡茶、看报纸、悠闲地帮助领导接电话、打材料当成是工作。这份工作对于老年人来说，也许是份不折不扣的美差，而对于琰琰这样充满活力与朝气的年轻人来说，这是一种折磨。

随后琰琰转到一家贸易公司当秘书，开始她工作得还比较顺利，但是后来琰琰发现总经理对她似乎有不轨的意图。在一次两人单独的约会上，总经理明确提出了只要琰琰愿意当"二奶"，马上就可以提拔成为总经理助理。心高气傲的琰琰哪里受过这样的委屈，二话不说，立刻向公司递了辞呈。接着，她辗转了好几个公司，那些公司没一个能够让她满意。琰琰不是认为公司没有发展前景，就是觉得老板或同事素质太差等。两年之内，她换了不下十家工作单位。最终，当她回头巡视这些曾经义无反顾地抛弃过的工作时，琰琰才发现有些工作并不是她认为的那么不堪，但是现在已经是追悔莫及了。

对于刚刚步入社会的年轻女性来说，要寻觅一份理想的工作并非易事。更何况在市场的需求远远小于供给之时，女人们在择业时都预存了一些心眼。于是，先就业后择业的观念在年轻女性中更为突出，她们求职择业，不再像过去一样追求一步到位，而是寄希望于积累工作经验以后，等自我价值得到较大的提升后，再找一份理想的工作。

绝大部分的女人跳槽的目的都是抱着美好的希望的，如加薪、良好的发展前景、有挑战性的工作、良好的工作氛围等，可在几番折腾尘埃落定后，有些女人才发现原来的工作不是那么糟糕，而新的工作也不是那么完美。

为什么很多女人在跳槽前总是显得雄心勃勃，而结局总是不尽如人意呢？问题的关键是女人们在跳槽前没有做到科学地合理规划和清晰明确的目标，还有良好的心态和承受的底线。很多女人总是认为下一个工作一定会更好，对未来给予了太高的期许和憧憬，以至于在新工作中碰到不如意时，往往因为强烈的心理落差而造成沮丧、悲哀等负面情绪。女人们对自己工作能力错误地估计，对收入期望过高，才造成不切实际的“海市蜃楼”。

俗话说：“三百六十行，行行出状元。”世上没有不好的工作，只有不适合的工作。任何工作都是相对满意的，绝对令人满意的工作只是暂时的，甚至是不存在的。因此女人们在工作时一定要摆正心态，一定要“三思而后行”，不要为了不存在的“十全十美”的工作而“见异思迁”。

芳芳毕业后在一家广告公司做过服装形象策划，她很努力，由她设计的衣服在市场上很受欢迎，但是她所在的公司的管理和运作很不规范，芳芳的努力得不到肯定和承认。在确认自己已经无法从这份工作中再学到什么的时候，芳芳选择了辞职。

辞职前，芳芳事实上已经做了大量的市场调查，并且对自己感兴趣的公司都递了简历。最终，一家时尚杂志录取芳芳作为他们的编辑。因此芳芳辞职后，并没有陷入“空白期”，而是马不停蹄地开始新工作。新工作与她所学专业关联不大，但喜欢文字的她却觉得很有意思。新的工作，新的领域，芳芳觉得她的生活又多了一扇窗户。

事实上，女人们在年轻没有太大经济压力的时候，可以根据目前工作的前途和乐趣适当调整自己的工作岗位。当发觉一份工作再做下去不会有太大提高的时候，也许换一个自己感兴趣的领域会有意想不到的收获。女人们，在年轻的时候，多一些尝试，也许有助于你找到自己真正想要的东西。但前提是，“跳槽”前必须经过深思熟虑和做好“抗挫”的心理准备。

对于初入职场的女人，无论现在的工作你喜不喜欢或者多么不适合你，建议最好坚持做两年以上。因为在你真正全力以赴之前，原来的判断可能是不正确的。而对于有四五年工作经验的职场女人，在跳槽时必须明确自己的职业目标。无论是盲目地“跳槽”，还是随心所欲地“见异思迁”的工作习惯，都是女人成功事业上的大忌，女人们一定要三思而后行。

做事有秩序，工作才顺利

凌乱无序的工作习惯，会使女人们浪费时间和精力，甚至直接影响到工作业绩。因此，女人们必须学会合理地组织安排工作，这样才能轻松地工作，快乐地赚钱。

波普曾说：“秩序是天国的第一要律。”而这几个字现在就挂在华盛顿国会的图书馆里。秩序是提高做事效率的一个重要的法宝，也是女人们应该养成的工作习惯。凌乱无序的工作习惯，会使女人们浪费时间和精力，甚至直接影响到工作业绩。因此，女人们必须学会合理地组织安排工作，这样才能轻松地工作，快乐地赚钱。

听到很多女人都在抱怨：“总觉得还有一大堆事情没有做！”“为什么等到我要用材料的时候那些资料就找不着了？”事实上，这些都是由于她们工作凌乱无序，做事没有条理造成的。我们常常发现一些女人办公桌上堆满了乱七八糟的东西，文件、书稿、过期报纸、吃剩的零食袋、喝了一半的咖啡，缺了一角的杂志，等等。这样的凌乱无序，意味着女人们要花费大量的时间去寻找需要使用的东西，宝贵的时间就在女人们像无头苍蝇一样的“寻寻觅觅”中流失了，而这往往会导致女人们慌乱、紧张、忧虑、烦恼。一个常担忧万事待办却无暇办理的女人，虽然整日疲惫辛苦却往往在工作上做不出什么大成就。

丁玲大学毕业后被一家大公司招去当实习生，岗位是文员。工作稳定，待遇福利好，丁玲对这份工作很满意。为了能顺利通过试用期，丁玲努力地工作着，她似乎每天都很忙，她的办公桌上堆满了文件和杂物，同事们经常可以看见她忙着在桌上乱翻自己的文件，忙着狂敲键盘，乱点文件夹的身影。尽管如此努力，但是丁玲的工作效率似乎并不高。她常常花费大量的时间在寻找东西，时常一边皱着眉，一边自言自语：“在哪儿呢？我记得明明放在这儿的，怎么不见了呢？”

一次，公司老板和一个客户发生了矛盾。客户不顾合同上的条款和承诺，使得公司蒙受了巨大的损失。老板决定起诉客户，需要找出原合同呈交给律师，这份合同刚好是放在丁玲那里的。结果，丁玲在办公室找了一整天也没找到，无奈之下只好向老板解释。老板大怒，没想到这样重要的合同竟然丢了，立刻解雇了丁玲。丁玲觉得无比委屈，不知道合同究竟去了哪。一个月后，丁玲在家翻阅杂志时，居然在一堆旧杂志中找到了合同！原来，做事杂乱无序的丁玲居然把合同混在杂志里抱回了家。

建立一个良好的工作秩序，增加单位时间的使用效率，合理组织工作，这既是最容易的事，也是最困难的事。办公桌成了垃圾桶似乎是职场女人司空见惯的事情，成堆的有用无用的纸、杂乱无章的书籍和办公用品散落在各处。女人们总是用各种理由来搪塞：“我那么忙，哪里有时间整理桌面？”“这些工作我才做了一半，那么急着收拾干什么，明天不是还得接着来？”事实上，这些忙都是假象。如果女人们在工作的时候办公桌乱点也许可以代表她在认真工作，但是下班了也不整理一下，第二天一大早桌子上还是混乱不堪，那就是她的态度问题了。

美国管理学者蓝斯登说：“我赞美彻底和有条理的工作方式。”有很多女人都在烦恼，“为什么一天下来我只做了这么点事情？”她们为自己的工作效率感到苦恼，甚至怀疑自己的工作能力。其实，女人们认真观察下就会发现，问题的关键还是在于自己没有养成有条有理的工作习惯。

蓝翎年仅30岁就已经是一家进出口公司的经理，是一名名副其实的白领丽人。她不仅工作效率高，办事牢靠，深得老板的器重和同事的喜爱，在异性眼中她还是个不折不扣的时尚美女。她经常出入美容院，到商场购物，甚至还在周末上瑜伽班。很多女人对她羡慕不已，蓝翎究竟怎么能够在繁忙的工作之余还能引领时尚潮流，成为真正的白领丽人呢？蓝翎的回答只有一句话：“我喜欢有条理地做事。”

是的，有条理地做事是蓝翎成功的最大秘诀。她办公桌上的公文总是减到最低程度，因为她知道一次只能处理一件公文。当上司问她目前某件事时，她立刻可从公文柜中找出。当客户问起某件已完成的事时，她一眨眼就能想到放在何处。当交给她一份备忘录或计划方案时，她会插入适当的卷宗内，或放入某一档案柜。再看看她的背包，所有的东西都是归类分明、随时要用的公文。其中也许有小说和杂志，但是绝对不会和公文混在一起。蓝翎也许不是工作能力最强的，也不是工作经验最丰富的，但是她是公司工作效率最高的。做事高效的蓝翎以有条理和彻底而给上司留下深刻印象。上司对她十分信任，认为她言而有信，而这种信任也为蓝翎的事业上的成功奠定了坚实的基础。

对于一个想成为公司优秀员工的女人来讲，改变凌乱无序的工作习惯，整理好自己的文件，是一项基本能力。有条不紊地做事对工作能起到事半功倍的效果，反之，工作效率便会大大减低，而工作成本却大大增加，这是任何一个员工都不想看到的。

那些桌上总是堆满东西的女人会发现：若你将桌上清理干净，只留些与手头工作有关的东西，你的工作会进行得更加顺利，不会出错。这也是迈向高效率的第一步。

女人们,从现在开始培养你有条理的良好工作习惯吧,你会发现,成功的事业正是缘于良好的工作习惯。

爱上你的工作,感受其中的快乐

相信很多女人都曾经暗暗发誓:“有朝一日,一定要找一份我自己喜爱的工作!”有的女人虽然到处找了,但是永远都处在困惑和失落中,因为世界上并不存在你喜爱的工作,你能做的只是去喜爱你做的工作。

作家威廉·菲勒斯说:“成为成功者的主要条件是,每天都对自己的工作感到新奇。”当女人们能够爱上自己的工作,并且把工作当成一种乐趣的时候,她们才能每时每刻都能感受到工作的喜悦。

实现中,很多女人都做着怎样逃离现在工作环境中的“困兽之斗”。在面试时,大部分女人都眉飞色舞、义正词严地说:“我爱这份工作,所以我选择这里。”但是一旦工作几年或者几个月后,女人们就对开始对周而复始的工作感到厌烦,然后渐渐失去工作中的快乐,最终失去工作的热情,而这最终将导致你在工作上的平庸或一事无成。

相信很多女人都曾经暗暗发誓:“有朝一日,一定要找一份我自己喜爱的工作!”有的女人这样做了,并且永远都在困惑和感觉失落,因为世界上并不存在你喜爱的工作,你能做的只是去喜爱你做的工作。

当我们在做自己喜欢的事情时,很少感到疲倦,很多女人都有这种感觉。比如,一个假日你在阅读一本小说,你可以整整在椅子上坐五六个小时,可是你一点也不觉得累。因为阅读是你的兴趣所在,从阅读中你享受到了快乐。女人们之所以常常在工作时感到疲倦的主要原因，是对工作的厌烦。这种心理上的疲倦感往往比肉体上的体力消耗更让人难以支撑。如果不能爱上工作，感受其中的快乐，你只会越做越累，让工作渐渐磨光了你的雄心勃勃，你的热情，所以女人们要学会爱上自己的工作。

华凌是一家大酒店的老板，而她刚刚从商时不过是个快餐店的小老板。开始时，她同一般人一样，埋怨自己的职业，对工作感到无趣。虽然对工作做得不是很起劲，但她曾问自己："我能舍弃这种职业生涯吗?""我能在我的职业中施展我的才能吗?"她想了又想，不停地反复思考这个问题的华凌，终于想到了一个方法——这个方法就是把工作当做有趣的游戏。

如果有人打电话来订餐，华凌一面接电话，一面举手招呼她的伙计，立刻把快餐送去。有一天，电话来了，她大声地回答说："王太太啊，你好！你今天想吃什么？两份鸡腿套餐，一份排骨汤。你还要点其他的吗？我们今天的鸡排套餐有特价哦！啊，今天天气真好，还有……"她一边和王太太唠嗑一边指挥伙计把客人点的快餐取齐马上送去，而伙计经过她的训练，很快就能处理妥当，在接电话的一分钟内，快餐已经送到客人家的门口，但她们仍然继续谈话，直到她说："门铃响了，王太太，再见。"于是，她放下电话听筒，面露喜色，因为知道快餐已经送到。事后，王太太常对别人说起这件事，当她订餐的电话尚未打完，快餐就已经送来了。"

由于良好的口碑，来订餐的客人也渐渐多起来，很多人都成为她快餐店的忠实客人。从此以后，她从一间小小的快餐店，慢慢扩充为酒店，现在华凌正准备在其他城市开设连锁酒店。

华凌的竞争对手，都很奇怪她为什么有这么多的顾客，营运状况又这么稳固？其实，华凌的成功，不在于工作的本身，而是她面对工作的态度，正因为她懂得转换工作的心情，把原本枯燥乏味的工作当成有趣的游戏进行，爱上自己的工作，充分感受工作中的乐趣，她自然可以做得轻松愉快。

爱尔兰作家巴克莱说："幸福有三个不可或缺的因素：一是有希望，二是有事做，三是有人爱。"许多女人都把工作看做是苦差事，尤其是干自己不喜欢的工作,更近乎是一种折磨。然而,不妨换一个角度来思考,一旦没有任何事情可做的时候,你不仅不能感受到愉悦,反而会感到更加痛苦。爱上你的工作,感受其中的快乐,才能使你在漫漫的工作路上越走越坚实。

“做一行,怨一行”是很多女人的通病,难怪她们工作做不好,难怪她们觉得没有成就感。就像一般人都会羡慕别人的幸运,嫉妒别人的成功,不去想振作的方法,会自怨自艾。女人们应该学会把自己工作当成一种习惯去享受。

马登说过:“上帝总会保佑那些习惯于每天早上7点起床的人。”在奋斗的历程中,只要女人们能做到爱上自己的工作并且乐在其中,快乐就是一个长长的过程,而成功仅仅是跨越的一刻。快乐地工作倡导的是,哪怕身处艰难与困苦之中,也要苦中作乐,激励前行,不忘享受过程。

工作的最高境界就是爱上它,让自己快乐工作。不管你从事的是哪种工作,不管未来你还需要奋斗多久,女人们都可以选择保持一颗快乐的心,心怀梦想,朝着目标奋斗下去。现代上班族女性最流行的生存方式就是把爱好与工作合二为一。

人生是一个漫长的旅程,工作是旅程中必不可少的内容,女人们应该把工作当成充满热情的体验,工作并快乐着,生活随心所欲而不逾矩。工作不应该是不得不做的事情,而是在创造优质生活的过程中,不可缺少的一个重要因素。从工作中获得快乐、成功以及满足感的秘诀,并不在于专挑自己喜欢的事情做,而是喜欢自己所从事的工作。秉持本色,爱上自己的工作并且感受工作的快乐吧!善待自己,礼待他人,你会发现工作着的每一天都可以如此快乐。

女人们,养成爱上工作,并感受其中快乐的习惯吧,这会让你的生活更加丰富和有意义!

养成适度放松的习惯

所谓："一张一弛，文武之道也。"女人们要会工作，也要学会放松。只会工作的女人其人生是单调乏味的，而一味放松享乐的人生是空虚堕落的，只有平衡了工作与放松之间的关系，生活才更有意义，你的生活也将更加地轻松。

一个高僧带领他的弟子们研究禅宗。其中一个弟子非常的刻苦，经常挑灯夜读，几乎到了废寝忘食的地步。然而，当学习进行到了一个重要的阶段，他突然病倒了，不得不暂时离开团队开始休息。他对此非常沮丧，觉得生命苦短，为了智慧，必须马不停蹄地全速向前奔驰，即使已经筋疲力尽，也要咬牙坚持下去，绝对不能浪费任何时间。高僧知道他的想法后，笑着对他说："其实，我们所追求的智慧不一定在我们前面啊，也许它就在我们的身后呢？只要放松身心，随着自然的节拍，你就会体会到其中的智慧。"

现代生活中的女人为了追求成功，常常舍不得停下脚步，一味地往前冲。也许在人前你办事利落，气质高雅，穿着时尚，你被周围的人认为是最美丽和认真的女人。但是背后呢？你为了证明自己的优秀，把心思放在工作上，用加倍的努力去获取别人的认可。可是有一天，你终会精疲力竭地发现工作永远没有结束，而亮丽的外表下永远刻着疲惫的影子。

吴林刚刚跳槽到一家大型外企。外企的工作相比她之前的工作待遇高，福利好，但是相应的压力也大。工作不过三个月，吴林就怀疑自己得了健忘症：和客户约好了见面时间，可放下电话就忘记了；说好上班后立刻给客户发传真，可一进办公室忙别的事就忘了，直到对方打电话来催……她觉得进入公司的三个月，像陀螺一样团团转的忙碌让她越来越难以招架，快撑不住了。

吴林常常向自己的好友诉苦："每天一口水都喝不上，早上上班时间倒的水到下班时还一滴未动。那种繁忙和压力是以前想不到的，每个人都有自己的工作，没有谁可以帮助你，我现在已经没什么上班下班的界线，经常加班到晚上 10 点，把自己搞得很累，有时想休假，可假期结束还有的是工作，而且因为休假，手上的工作会更多。"

前段时间由于压力大而神思恍惚，吴林连连出错，被主管狠狠训斥了一番，越怕犯错就越犯错，后来吴林一见主管就哆嗦，对上班也产生了一种恐惧心理。

许多女人对爱迪生旺盛的精力佩服不已。爱迪生常常可以长时间地工作而不用任何的休息，但是他之所以能够这样做，完全是因为他能充分利用短时间来进行完全的休息。他常常晚上在实验室里工作到凌晨三四点，困了就趴在实验室的桌上，用两本书做枕头睡觉。一刻钟或半小时之后醒来，然后异常清醒地继续投入工作。经过短期间的休息后，他又能继续长时间的工作，直到他做完，然后才长时间休养一下。有一次他连续不断地做了 60 个钟头，接着足足睡了 36 个钟头。爱迪生知道怎样工作，也知道如何放松。于是，他在人生的道路上不断地勇攀高峰，取得了一个又一个的辉煌。

听过这样一个小故事：一个圆，被切去了好大一块，想自己恢复完整，没有任何残缺，因此四处寻找失去的部分。因为它残缺不全，只能慢慢滚动，所以能在路上欣赏花草树木，还和毛毛虫聊天，享受阳光。它找到各种不同的碎片，但都不合适，所以都留在路边，继续往前寻找。有一天，这个残缺不全的圆找到一个非常合适的碎片，它很开心地把那碎片拼上了，开始滚动。

现在它是完整的圆了，能滚得很快，却很难注意到路边的花草树木，也不能和毛毛虫聊天。它终于发现滚动太快使它看到的世界好像完全不同，便停止滚动，把补上的碎片丢在路旁，慢慢滚走了。

女人，也是如此。懂得停止的人才能加快速度，才能欣赏到真正的风景。而有着放松习惯的女人才能体会到生命的真谛，才能做到工作放松两不误。

现代社会的激烈竞争，常常让女人们在忙碌中忘记了自我，忘了给自己留出休闲放松的时间。女人们常常神经紧绷，精神高度集中，每天为了升职和加薪而努力，看老板的脸色行事，常常为了工作忽略个人生活乃至个人的健康。拿出自己未来的生活安排，全部被一张张紧排的工作表所填满。这哪里是在工作？分明是女人们在拿自己的生命去换取薪水和成功。

也许在某种意义上来说，工作的确是人生价值的体现工具，但女人们千万不要把自己变成了工作的奴隶，金钱和地位不是我们追逐的唯一目的。享受生活中的美好，感受工作的快乐，多善待自己一点，才是真正懂得生活的女人。

女人们，选择一种最适合于你的放松方法吧！当你感觉神经太紧张、事情很烦人或是疲倦的时候，找个途径发泄下，你一定会惊奇于它的魔力。通过友善地对待自己，你会逐渐觉得自己的状态开始好转，而且你还会对自己的身体和思想产生感激之情。

如果能够养成适当的放松习惯，你很自然地就会觉得生活是美好的，进而对前途充满了憧憬。你的工作效率会更高，而你的成功也离你越来越近。

改掉为薪水而工作的习惯

工作是人生的一种需要，生命的价值寓于工作之中。我们不光要从工作中获得金钱，同时还需要获取乐趣和成就感。生活中，女人们避谈金钱是一种虚伪，而只谈金钱是一种浅薄。

美国钢铁大王安德鲁·卡内基，曾在他的备忘录中写道："人生必须有目标，而赚钱是最坏的目标，没有一种偶像崇拜比崇拜财富更坏的了。"

很多女人在刚跨入社会，都希望能够得到一份有很高薪水的工作，为此她们放弃了自己的兴趣爱好，专业知识。但是这些女人往往忽略了工作是人生的一种需要，生命的价值寓于工作之中。我们不光要从工作中获得金钱，同时还需要获取乐趣和成就感。生活中，女人们避谈金钱是一种虚伪，而只谈金钱是一种浅薄。

每个女人都希望能够挣大钱，但是也应该时时牢记：薪水不是你工作的唯一目的。只为薪水而工作的女人把工作下降到同吃饭、睡觉等生理需求等同的地位。她们往往对自己说："我只拿这点钱，凭什么去做那么多工作？我的活对得起这些钱就行了。"于是，她们在自己的絮絮叨叨中忽略了发展工作技能，增加工作经验以及职业素养，这样的女人注定只能碌碌无为地度过一生，上帝从来不会眷顾拜金女郎。

炎炎夏日，一群工人正在公司门口外的花圃里修剪着花。一辆豪华汽车缓缓驶来，眼尖的工人一眼就认出那是总经理的汽车，纷纷停下了手上的工作，议论纷纷。忽然，汽车停在了花圃前面，车窗缓缓打开，一个友善的声音从里面传出："老王，是你吗？"工人队长老王回答说："是的，陈林。能够看到你真高兴。"聊了十几分钟后，总裁才握手和老王告别。

等到车子离开后，工人们立刻把老王围住，对他居然是公司总经理的朋友而感到吃惊。老王告诉工友，10 年前，他是和陈林同时开始为公司工作的，并且在一起工作很长时间。一个工友半开玩笑半调侃地问老王："为什么陈林已经成为了总经理，而你却还在太阳下工作呢？"老王叹了一口气，意味深长地说："10 年前我为每小时 2 元的工资工作，而陈林却是为了公司的未来而奋斗！"

老王的话一针见血地点出了两人之所以有着这么大区别的原因：为薪水而工作与为事业而工作，其结果是截然不同的。工作本身有着比薪水更为丰富的内涵。女人们必须学会积极地、创造性地进行工作，才能取得成就感，才能体会到成就带给你的快乐。

工作是生活中的学校。有益的工作能够使人思想丰富，智慧增进。假如女人们工作只是为了能多挣一些工资，把工作当作解决自己生计问题的一种手段，那就得不偿失了。工资虽然是最直接的工作报酬，但是它只能是短期的利益，在工作中所学到的知识、经验才是更重要的，才是无价之宝。

晨星和王琳是一所著名高校的优秀毕业生，两个女孩不仅天资聪慧，才能出众，有着相近的兴趣和爱好，在生活中两人也是很好的朋友。

毕业后，在导师的推荐下，两人到一家刚刚创办的小型公司应聘一个经理助理的职位。面试后，公司对两人都非常满意，有意把两人都留下来。但是王琳却对这家企业极为不满意，她私下对晨星说："这家公司只能给我一个月 800 元的工资，但是另外一家企业愿意出 1500 元应聘我做文员。经理助理又有什么了不起的？我还不如去当个小文员呢！"晨星却不这么认为，她说："我觉得这家企业很有发展潜质，而且这个岗位更能发挥我的特长。我在这里能多学到一些本领，虽然薪水低一些，但也是值得的。我觉得，我在这里工作肯定会更有前途。"

由于理念不同，两人分道扬镳。王琳到另一家企业当起了文员，而晨星则开始了自己的奋斗史。5 年的时间过去了，王琳依然是个小文员，由当初 1 500 元的月薪涨到了 2500 元，可晨星却已经从经理助理做到了总经理的位子，深得老板的器重，她的公司也蒸蒸日上。她的月薪由 800 元上升到了 20000 元，外加期权和红利。

区区 5 年的时间，两个当年在同一起跑线上的人却有了惊天动地的变化。这到底是为什么呢？非常明显，当初王琳被所谓的高薪蒙蔽了眼睛，而晨星对工作的选择却是从多学习和积累经验出发的。

金钱与人的能力是不能相提并论的，成功的女人具有的创造能力、决策能力以及敏锐的洞察力着实让人们羡慕，可是，这些能力她们并不是天生就拥有，而是在长年累月的学习和工作中积累起来的，应该说这些能力是工作赋予这些女人最珍贵的回报。

生活中有很多女人专为薪水而工作，她们不尊重自己的工作，认为工作是生活的代价、是不可避免的劳碌。金钱固然能解决生存问题，但是比生存更可贵的，就是在工作中发展自己的潜能和才干，做正直而纯洁的事情。如果女人们工作仅仅是为了生存，那么生命的价值也未免太低了。

女人们，从现在开始努力吧！抛弃仅仅为薪水工作的习惯，不要被金钱蒙蔽了双眼。我们要明白，一个立志在职场上打拼的女人，出发点应该是在工作中让自己的能力得到很好的发挥，积累自己的经验和其他一些成功资源，这才是最重要的。

女人更要勇于承担责任

工作就意味着责任，责任意识会让女人们表现得更加卓越。只有勇于承担责任的女人才会对工作负责，才会得到老板赏识和器重。

俗话说："在其位，谋其政。"在职场中，每个女人都有自己的一个位置，一个职位就是一份责任。工作就意味着责任，责任意识会让女人们表现得更加卓越。只有有着勇于承担责任的工作习惯的女人才会对工作负责，才会得到老板赏识和器重。

我们每一个人从诞生那天起，就生活在复杂的社会关系中，和他人、集体、社会之间存在着这样那样的责任关系。因此，女人们工作上的任何决定在付诸行动时，都应该考虑对个人、对家庭、对他人、对公司乃至社会所应当承担的责任。这种高度的责任感是成功的女人必须具备的基本品德，也是女人们学会做人的基点。

勇于承担责任，不仅意味着敢于承担个人的责任，而且意味着在出现错误时，要勇敢承担，犯错就是犯错，不要讲"我以为，我认为……"为自己不停地辩解，而要说"我错了"。

凌霞和张敏同时到一家公司当业务员，被分为搭档。她们工作一直都很认真努力，领导对她们俩都很满意，准备一过试用期就马上提拔两人。然而，一件事改变了两个人的命运。

一天，凌霞和张敏负责接待一个公司的大客户，出发前领导反复强调这个客户对公司的重要性，叮嘱她们要小心接待。这个客户是一个陶艺爱好者，于是凌霞和张敏就陪着这个客人逛陶艺市场。开始一切都进行得很顺利，那个客户因为买到了一个喜欢的陶瓷瓶而欣喜不已。凌霞好心地要帮客户拿陶瓷瓶，没想到意外就这样发生了。因为交接时客户的手抖了一下，陶瓷瓶摔得“粉身碎骨”。客户大为恼火，把责任全部推到凌霞和张敏身上，怪两人没有看好陶瓷瓶，拒绝再和他们公司谈生意。

领导知道这件事后对她俩进行了严厉的批评。凌霞因为害怕，趁着张敏不注意，偷偷来到办公室对领导说：“这不是我的错，是张敏不小心弄坏的。”领导诧异地看了凌霞一眼，然后平静地说：“谢谢你，我知道了。”随后，领导把张敏叫到了办公室问她事情发生的经过。张敏就把事情的原委告诉了领导，最后张敏说：“这件事情是我们的失职，我愿意承担责任。”

结果三天后，领导把凌霞和张敏都叫到了办公室，对她俩说：“其实，客户已经把事情的过程详细地告诉我了。还有，我也看到了问题出现后你们两个人的反应。所以我决定，张敏留下继续工作。而凌霞，你不用来了，我们公司不需要不敢承担错误的员工。”

事实上，在职场上每个女人都有自己的位置和角色，都承担着角色赋予或者说加之于你的责任。责任无处不在。现代社会，每个女人都必须勇敢地承担起自己的责任。如果女人们在工作后还不明确自己的职责是什么，那么她就还没有真正地工作。

在职场上，责任心就是工作使命感。当你很容易选择推卸责任的时候，证明你已经有了做错的念头，因为这样你就会抱着一种得过且过的心理去应付工作，但假如在每一次工作降临到你头上的时候，你的第一反应就是“这是我挑战自己的开始”，那么你就会以最高度的责任感去把它做到极致，从而为自己在领导心目中赢得信任票。

英国首相温斯顿·丘吉尔曾说:“伟大的代价就是责任。”可以说,一个女人担当的责任越大,取得的成功也就越大。

一天,吴霄被人力资源部经理叫进办公室。原来公司有位同事突然辞职,留下了许多需要紧急处理的工作。

人力资源部经理已与其他人谈过这件事情了,想找人暂时接管那个同事的工作,可他们都以手中的工作繁忙为由委婉推辞了。人力资源部经理问吴霄是否能够暂时接管这一工作。其实,吴霄也十分为难,因为她也非常忙,而且无法确定自己是否能够同时胜任两份工作。不过,她认为既然人力资源部经理这么信任自己,自己就应该尽力而为。因此,她当即答应接管那个同事的工作,而且保证尽力去完成。

接下来的一个星期,吴霄忙得都没有歇口气。无止境地加班,赶计划,一有空闲的时间吴霄就认真思考如何提高工作效率,如何在同一时间内做好两份工作。经过她的努力和奋斗,未来搁置的计划和未完成的策划都顺利完成,而吴霄也因为勇于承担责任的优秀表现,被老板提拔为业务主管。

现实生活中,具有勇于负责习惯的女人都是人们敬佩的对象。女人只有拥有了勇于负责的习惯,她的能力才能够得到充分的发挥,潜力才能够得到最大限度的挖掘。勇于承担责任的女人往往会得到同事的喜爱、老板的器重。对职场女性而言,承担责任是高收入的源泉,是成功的保证。

美国西点军校有句名言:“没有责任感的军官不是合格的军官,没有责任感的员工不是优秀的员工,没有责任感的公民不是好公民。”女人们,自己的人生需要靠自己去奋斗,自己的责任需要靠自己去承担,自己的未来需要靠自己去开创。

一个女人担负的责任越大,付出越多,成功的几率就越高。可以说,一个女人想得到高收入,想实现心中的梦想,想改变自己的生活状况,首先需要改变的就是自己的思想与认识。女人们只有正确认识自己所从事的事业,努力培养勇于承担责任的习惯,才能在职场上风生水起,才能取得最后的成功。

参考文献

[1] 宿春礼. 思路决定出路[M]. 北京:中国和平出版社,2006.

[2] 吴维库. 阳光心态[M]. 北京:机械工业出版社,2006.

[3] 李欣频. 十四堂人生创意课[M]. 北京:电子工业出版社,2008.

[4] 李开复. 做最好的自己[M]. 北京:人民出版社,2005.